AutoCAD 2024 中文版

实战从入门到精通

吕 磊 ◎ 主编

人民邮电出版社

北 京

图书在版编目（CIP）数据

AutoCAD 2024中文版实战从入门到精通 / 吕磊主编
. — 北京：人民邮电出版社，2024.3
ISBN 978-7-115-63435-1

Ⅰ．①A… Ⅱ．①吕… Ⅲ．①AutoCAD软件 Ⅳ.
①TP391.72

中国国家版本馆CIP数据核字(2024)第015940号

内 容 提 要

本书以服务零基础读者为宗旨，用实例引导读者学习，深入浅出地介绍 AutoCAD 2024 中文版的相关知识和应用方法。

本书共 13 章：第 1～2 章主要介绍 AutoCAD 2024 的基础知识，包括 AutoCAD 2024 的入门知识和基本设置；第 3～9 章主要介绍 AutoCAD 2024 的二维绘图，包括绘制基本二维图形、编辑二维图形对象、特殊的绘图和编辑命令、辅助绘图工具、文字和表格、尺寸标注，以及智能标注和编辑标注；第 10～11 章主要介绍 AutoCAD 2024 的三维绘图，包括三维建模基础和三维建模；第 12～13 章主要介绍 AutoCAD 2024 的行业应用，包括建筑设计实战案例和机械设计实战案例等。

本书不仅适合 AutoCAD 2024 的零基础读者学习，而且可以作为各类院校相关专业学生和辅助设计培训班学员的教材或辅导用书。

◆ 主　编　吕　磊
　　责任编辑　李永涛
　　责任印制　胡　南

◆ 人民邮电出版社出版发行　　北京市丰台区成寿寺路 11 号
　　邮编　100164　　电子邮件　315@ptpress.com.cn
　　网址　https://www.ptpress.com.cn
　　固安县铭成印刷有限公司印刷

◆ 开本：787×1092　1/16
　　印张：20　　　　　　　　　　　　2024 年 3 月第 1 版
　　字数：512 千字　　　　　　　　2024 年 3 月河北第 1 次印刷

定价：79.90 元

读者服务热线：(010)81055410　印装质量热线：(010)81055316
反盗版热线：(010)81055315
广告经营许可证：京东市监广登字 20170147 号

为满足零基础读者对计算机辅助设计相关知识的学习需要，我们针对不同学习对象的接受能力，总结了多位计算机辅助设计高手、高级设计师的经验，精心编写了本书。

本书特色

◎ 零基础、入门级的讲解

即便读者未曾从事辅助设计相关行业，不了解 AutoCAD 2024，也能在本书中找到合适的起点。本书细致的讲解可以帮助读者快速地从新手迈入高手行列。

◎ 精选内容，实用至上

全书内容经过精心选取和编排，在贴近实际应用的同时，突出重点、难点，帮助读者深化理解所学知识，触类旁通。

◎ 实例为主，图文并茂

在讲解过程中，知识点配有实例辅助讲解，操作步骤配有对应的插图。这种图文并茂的形式能够使读者在学习过程中直观、清晰地看到操作过程和效果，有利于读者理解和掌握。

◎ 高手指导，扩展学习

本书以"疑难解答"的形式为读者提供了各种操作难题的解决思路和扩展知识，总结了大量系统且实用的操作方法，以便读者学习更多内容。

◎ 单双栏混合排版，超大容量

本书采用单双栏排版相结合的形式，大大扩充了信息容量，为读者展示了更多的知识和实战案例。

◎ 视频教程，互动教学

本书配套的视频教程与书中知识紧密结合并相互补充，可以帮助读者感受实际工作环境，掌握日常所需的知识和技能以及处理各种问题的方法，学以致用。

学习资源

◎ 全程同步视频教程

视频教程详细讲解每个实战案例的操作过程和关键要点，可以帮助读者轻松地掌握书中的知识和技巧。

◎ 超多、超值资源大放送

本书配有 AutoCAD 2024 常用命令速查手册、AutoCAD 2024 快捷键查询手册、AutoCAD 官方认证考试大纲和样题、1200 个 AutoCAD 常用图块集、110 套 AutoCAD 行业图纸、100 套 AutoCAD 设计源文件、3 小时 AutoCAD 建筑设计视频教程、6 小时 AutoCAD 机械设计视频教程、7 小时 AutoCAD 室内装潢设计视频教程、7 小时 3ds Max 视频教程、50 套精选 3ds Max 设计源文件、15 小时 Photoshop CC 视频教程等超值电子资源，以便读者扩展学习。

要获得以上资源，您可以扫描下方二维码，根据指引领取。

编读互动

　　本书由河南工业大学吕磊主编。编者和编辑尽最大努力来确保书中内容的准确性，但难免会存在疏漏。欢迎您将发现的问题反馈给我们，帮助我们提升图书的质量。

　　当您发现差错时，请登录异步社区（https://www.epubit.com），按书名搜索，进入本书页面，单击"发表勘误"，输入差错相关信息，单击"提交勘误"按钮即可（见下图）。本书的编者和编辑会对您提交的勘误进行审核，确认并接受后，您将获赠异步社区的 100 积分。积分可用于在异步社区兑换优惠券、样书或奖品。

编者

2023 年 11 月

目录

第1章　AutoCAD 2024入门 ……………… 1

1.1　AutoCAD 2024的启动与退出 ……… 2

1.2　AutoCAD图形文件管理 ……………… 3

　　1.2.1　新建图形文件 …………………… 3
　　1.2.2　打开图形文件 …………………… 4
　　1.2.3　保存图形文件 …………………… 4
　　1.2.4　关闭图形文件 …………………… 5

1.3　命令的调用方法 …………………… 6

　　1.3.1　输入命令 ………………………… 6
　　1.3.2　退出命令执行状态 ……………… 6
　　1.3.3　命令行提示 ……………………… 7
　　1.3.4　重复执行命令 …………………… 7
　　1.3.5　透明命令 ………………………… 7

1.4　AutoCAD 2024的坐标系统 ……… 8

　　1.4.1　了解坐标系统 …………………… 8
　　1.4.2　坐标值的几种输入方式 ………… 9

1.5　AutoCAD 2024的新增功能 ……… 9

疑难解答 1.为什么我的命令行不能浮动 … 12
　　　　 2.如何打开备份文件和临时文件 … 12

第2章　AutoCAD 2024的基本设置 …… 13

2.1　图层设置 …………………………… 14

　　2.1.1　图层特性管理器 ………………… 14
　　2.1.2　图层管理 ………………………… 14
　　2.1.3　更改图层的控制状态 …………… 15
　　2.1.4　实例——更改图层的控制状态 … 15
　　2.1.5　练习——创建"皮带轮"图层 … 17

2.2　常用设置 …………………………… 20

　　2.2.1　对象捕捉设置 …………………… 20
　　2.2.2　三维对象捕捉设置 ……………… 21
　　2.2.3　打印设置 ………………………… 22
　　2.2.4　实例——打印住宅立面图 ……… 23
　　2.2.5　练习——打印三维模型 ………… 25

2.3　综合应用——创建样板文件 …… 26

疑难解答 1.如何控制选项卡和面板的显示 ……27
　　　　 2.AutoCAD版本与保存格式之间的
　　　　　 关系 ……………………………… 28

第3章　绘制基本二维图形 …………… 29

3.1　绘制点 ……………………………… 30

　　3.1.1　设置点样式 ……………………… 30
　　3.1.2　单点与多点 ……………………… 30
　　3.1.3　定数等分点 ……………………… 31
　　3.1.4　定距等分点 ……………………… 32
　　3.1.5　实例——绘制拼花图案 ………… 32
　　3.1.6　练习——绘制燃气灶的开关和
　　　　　 灶盘 ……………………………… 34

3.2　绘制直线类图形 ………………… 35

　　3.2.1　直线 ……………………………… 35
　　3.2.2　构造线和射线 …………………… 36
　　3.2.3　实例——直线、构造线和射线的综合
　　　　　 应用 ……………………………… 37
　　3.2.4　练习——绘制转角楼梯平面图 … 39

3.3　绘制圆和圆弧 …………………… 40

　　3.3.1　圆 ………………………………… 40
　　3.3.2　圆弧 ……………………………… 41
　　3.3.3　实例——绘制排球 ……………… 44
　　3.3.4　练习——绘制优盘 ……………… 45

3.4　绘制椭圆和椭圆弧 ……………… 46

　　3.4.1　椭圆 ……………………………… 46
　　3.4.2　椭圆弧 …………………………… 47
　　3.4.3　实例——绘制单盆洗手池 ……… 48
　　3.4.4　练习——绘制香薰盖 …………… 49

3.5　绘制矩形和正多边形 …………… 50

　　3.5.1　矩形 ……………………………… 50
　　3.5.2　正多边形 ………………………… 52
　　3.5.3　实例——绘制气缸 ……………… 53
　　3.5.4　练习——绘制五角星 …………… 53

3.6　绘制圆环 …………………………… 54

　　3.6.1　圆环 ……………………………… 54
　　3.6.2　实例——绘制钥匙扣 …………… 55
　　3.6.3　练习——绘制月牙 ……………… 55

3.7 综合实例——绘制电感符号·········· **56**

疑难解答 1.绘制圆弧可以使用的要素和流程 ··· 57

2.如何精确选择重叠对象 ··········· 58

第4章 编辑二维图形对象 ·············**59**

4.1 选择对象············· **60**

4.1.1 选择单个对象 ·········· 60

4.1.2 选择多个对象 ·········· 60

4.2 调整对象的位置········· **61**

4.2.1 移动 ··········· 61

4.2.2 旋转 ··········· 62

4.2.3 实例——调整座椅位置 ····· 62

4.2.4 练习——绘制曲柄 ······· 63

4.3 复制类编辑对象········· **64**

4.3.1 复制 ··········· 64

4.3.2 偏移 ··········· 65

4.3.3 镜像 ··········· 66

4.3.4 阵列 ··········· 66

4.3.5 实例——绘制银桦 ······· 67

4.3.6 练习——绘制计算器 ······ 68

4.4 改变对象的大小········· **70**

4.4.1 缩放 ··········· 70

4.4.2 拉伸 ··········· 71

4.4.3 拉长 ··········· 72

4.4.4 修剪 ··········· 72

4.4.5 延伸 ··········· 73

4.4.6 实例——绘制轮毂键槽 ····· 73

4.4.7 练习——绘制接地开关 ····· 75

4.5 构造类编辑对象········· **77**

4.5.1 圆角 ··········· 77

4.5.2 倒角 ··········· 77

4.5.3 合并 ··········· 78

4.5.4 打断 ··········· 79

4.5.5 打断于点 ········· 80

4.5.6 实例——绘制螺纹孔 ······ 80

4.5.7 练习——绘制阶梯轴 ······ 82

4.6 分解和删除对象········· **83**

4.6.1 分解 ··········· 83

4.6.2 删除 ··········· 84

4.6.3 实例——分解内六角螺栓图块 ··· 85

4.6.4 练习——删除餐具 ······· 85

4.7 综合应用——绘制连杆 ·········· **86**

疑难解答 1.如何快速找回被误删除的对象 ······ 88

2.【圆角】命令创建的圆弧的方向和
长度与拾取点的关系 ········· 88

第5章 特殊的绘图和编辑命令 ·············**89**

5.1 绘制和编辑多段线········· **90**

5.1.1 绘制多段线 ········ 90

5.1.2 编辑多段线 ········ 91

5.1.3 实例——绘制箭头 ······ 91

5.1.4 练习——绘制雨伞 ······ 92

5.2 绘制和编辑多线········· **93**

5.2.1 多线样式 ········· 93

5.2.2 绘制多线 ········· 94

5.2.3 编辑多线 ········· 94

5.2.4 实例——设置多线样式 ····· 96

5.2.5 练习——绘制墙体 ······ 97

5.3 绘制和编辑样条曲线········· **99**

5.3.1 绘制样条曲线 ······· 99

5.3.2 编辑样条曲线 ······· 100

5.3.3 实例——绘制景观平台结构侧
立面图 ·········· 100

5.3.4 练习——编辑样条曲线 ···· 101

5.4 绘制面域和边界········· **102**

5.4.1 绘制面域 ········· 102

5.4.2 绘制边界 ········· 103

5.4.3 实例——创建弹簧垫圈面域 ··· 104

5.4.4 练习——创建台灯边界 ···· 104

5.5 创建和编辑图案填充········· **105**

5.5.1 图案填充 ········· 105

5.5.2 编辑图案填充 ······· 105

5.5.3 实例——创建图案填充 ···· 106

5.5.4 练习——修改夹线体剖面图案 ··· 107

5.6 【特性】选项板········· **107**

5.6.1 实例——改变多段线的颜色和
线宽 ·········· 108

5.6.2 练习——通过【特性】选项板改变
填充图案 ········· 109

5.7 综合应用——绘制护栏 ·············· 110
疑难解答 1.如何填充个性化图案 ········· 114
2.巧妙屏蔽不需要显示的对象 ········ 114

第6章 辅助绘图工具 ·········· 115

6.1 图块·························· 116
6.1.1 创建内部图块 ············· 116
6.1.2 创建全局图块（写块） ········ 117
6.1.3 实例——创建方头紧定螺钉图块 ··· 118
6.1.4 练习——创建活节螺栓图块 ····· 118

6.2 插入和编辑图块 ·············· 119
6.2.1 【块】选项板 ············· 119
6.2.2 块编辑器 ··············· 120
6.2.3 实例——插入窗户图块 ······· 120
6.2.4 练习——编辑蝴蝶结图块 ······ 122

6.3 创建和编辑带属性的块·········· 122
6.3.1 定义属性 ··············· 123
6.3.2 修改属性定义 ············· 123
6.3.3 实例——创建带属性的图块 ····· 123
6.3.4 练习——修改图块属性定义 ····· 124

6.4 查询对象信息 ·············· 125
6.4.1 查询距离 ··············· 125
6.4.2 查询半径 ··············· 126
6.4.3 查询角度 ··············· 127
6.4.4 查询面积和周长 ··········· 127
6.4.5 查询体积 ··············· 128
6.4.6 列表查询 ··············· 129
6.4.7 查询点坐标 ············· 130
6.4.8 快速查询 ··············· 130
6.4.9 练习——查询吊灯信息 ······· 131

6.5 综合应用——创建并插入带属性的
粗糙度图块 ················ 132
疑难解答 1.以图块的形式打开无法修复的
文件 ··················· 133
2.如何使用"设计中心"插入AutoCAD
自带的图块 ·············· 134

第7章 文字和表格 ·········· 135

7.1 创建文字·················· 136

7.1.1 文字样式 ··············· 136
7.1.2 单行文字 ··············· 137
7.1.3 多行文字 ··············· 138
7.1.4 实例——填写锥齿轮标题栏和技术
要求 ·················· 139

7.2 表格······················ 141
7.2.1 表格样式 ··············· 141
7.2.2 创建表格 ··············· 142
7.2.3 编辑表格 ··············· 143
7.2.4 实例——创建锥齿轮参数表 ····· 143

7.3 综合应用——完善夹层平面图······ 145
疑难解答 1.输入的字体为什么是"？？？" ···148
2.如何替换原文中找不到的字体 ····· 148
3.字体中的特殊符号 ··········· 148

第8章 尺寸标注 ·············· 149

8.1 尺寸标注的规则和组成·········· 150
8.1.1 尺寸标注的规则 ··········· 150
8.1.2 尺寸标注的组成 ··········· 150

8.2 尺寸标注样式管理器 ·········· 151
8.2.1 线 ·················· 152
8.2.2 符号和箭头 ············· 153
8.2.3 文字 ················· 153
8.2.4 调整 ················· 154
8.2.5 主单位 ················ 155
8.2.6 单位换算和公差 ··········· 156

8.3 尺寸标注类型 ·············· 157
8.3.1 线性标注和对齐标注 ········· 157
8.3.2 角度标注 ··············· 158
8.3.3 弧长标注 ··············· 159
8.3.4 半径标注 ··············· 159
8.3.5 直径标注 ··············· 160
8.3.6 基线标注 ··············· 161
8.3.7 连续标注 ··············· 161
8.3.8 折弯线性标注 ············· 162
8.3.9 折弯标注 ··············· 163
8.3.10 坐标标注 ·············· 164
8.3.11 圆心标记 ·············· 164
8.3.12 检验标注 ·············· 165
8.3.13 快速标注 ·············· 165

8.3.14 实例——给滚花螺母添加标注 … 166
8.3.15 练习——标注电动车轴对象 … 168

8.4 多重引线标注 ········· **169**
8.4.1 多重引线样式 ········· 169
8.4.2 多重引线 ········· 170
8.4.3 多重引线的编辑 ········· 170
8.4.4 实例——多重引线标注 ········· 172

8.5 标注尺寸公差和形位公差 ········· **175**
8.5.1 标注尺寸公差 ········· 175
8.5.2 标注形位公差 ········· 175
8.5.3 实例——创建尺寸公差 ········· 176
8.5.4 练习——创建形位公差 ········· 178

8.6 综合应用——标注阶梯轴 ········· **180**

疑难解答 对齐标注的水平竖直标注与线性标注
的区别 ·········186

第9章 智能标注和编辑标注 ········· **187**

9.1 智能标注 ········· **188**
实例——使用智能标注功能标注图形 … 189

9.2 编辑标注 ········· **190**
9.2.1 DIMEDIT（DED）编辑标注 ······ 190
9.2.2 文字对齐方式 ········· 190
9.2.3 标注间距调整 ········· 191
9.2.4 标注打断处理 ········· 191
9.2.5 使用夹点编辑标注 ········· 192
9.2.6 实例——使用夹点编辑标注 ········· 192
9.2.7 练习——对图形进行标注并调整 … 193

**9.3 综合应用——给电视柜图形添加
标注** ········· **194**

疑难解答 1.编辑关联性 ·········196
2.关联的中心标记和中心线 ·········197

第10章 三维建模基础 ········· **199**

10.1 三维建模空间与三维视图 ········· **200**
10.1.1 三维建模空间 ········· 200
10.1.2 三维视图 ········· 201

10.2 视觉样式 ········· **202**

10.2.1 切换视觉样式 ········· 202
10.2.2 视觉样式管理器 ········· 202

10.3 坐标系 ········· **203**
10.3.1 创建UCS ········· 203
10.3.2 重命名UCS ········· 204
10.3.3 实例——自定义UCS ········· 204
10.3.4 练习——重命名UCS ········· 205

**10.4 综合应用——对双人沙发三维模型进行
观察** ········· **205**

疑难解答 1.为什么坐标系会自动变化 ·········206
2.如何多方向同时观察模型 ·········207
3.右手定则的使用 ·········208

第11章 三维建模 ········· **209**

11.1 三维实体建模 ········· **210**
11.1.1 长方体建模 ········· 210
11.1.2 圆柱体建模 ········· 210
11.1.3 球体建模 ········· 211
11.1.4 圆锥体建模 ········· 212
11.1.5 圆环体建模 ········· 213
11.1.6 楔体建模 ········· 213
11.1.7 棱锥体建模 ········· 214
11.1.8 多段体建模 ········· 215
11.1.9 拉伸成型 ········· 216
11.1.10 放样成型 ········· 216
11.1.11 旋转成型 ········· 217
11.1.12 扫掠成型 ········· 218
11.1.13 实例——创建中性笔模型 ········· 219
11.1.14 练习——绘制烟感报警器模型 … 221

11.2 编辑三维模型 ········· **223**
11.2.1 布尔运算 ········· 223
11.2.2 三维对齐 ········· 225
11.2.3 三维镜像 ········· 226
11.2.4 三维旋转 ········· 226
11.2.5 圆角边 ········· 227
11.2.6 倒角边 ········· 228
11.2.7 剖切 ········· 228
11.2.8 抽壳 ········· 229
11.2.9 实例——绘制泵盖模型 ········· 230
11.2.10 练习——绘制收纳箱模型 ········· 232

11.3 综合应用——插卡音响建模 ······· **234**

疑难解答 1.通过圆环体命令创建特殊实体 ……238
　　　　2.如何在三维实体中进行尺寸标注 ……238
　　　　3.适用于三维绘图的二维编辑命令 ……240

第12章　建筑设计实战 …………………… 241

12.1 小区居民住宅楼平面布置图 …… 242
12.1.1 小区居民住宅楼的设计标准 …… 242
12.1.2 小区居民住宅楼设计的注意
　　　 事项 ………………………… 242
12.1.3 小区居民住宅楼的绘制思路 …… 243
12.1.4 设置绘图环境 ………………… 244
12.1.5 绘制墙线 …………………… 246
12.1.6 绘制门洞及窗洞 ……………… 248
12.1.7 绘制门 ……………………… 249
12.1.8 绘制窗 ……………………… 250
12.1.9 布置房间 …………………… 251
12.1.10 添加文字注释 ……………… 258

12.2 城市广场总平面图设计 ………… 260
12.2.1 城市广场的设计标准 ………… 260
12.2.2 城市广场设计的注意事项 …… 260
12.2.3 城市广场总平面图的绘制思路 … 261
12.2.4 设置绘图环境 ………………… 262
12.2.5 绘制轴线 …………………… 263
12.2.6 绘制广场轮廓线和人行道 …… 264
12.2.7 绘制广场内部建筑 …………… 266

12.2.8 插入图块、填充图形并绘制
　　　 指北针 ………………… 273
12.2.9 给图形添加文字和标注 ……… 275
疑难解答 家庭装修设计中的注意事项 …………276

第13章　机械设计实战 …………………… 277

13.1 绘制箱体三视图 …………………… 278
13.1.1 箱体零件的设计标准 ………… 278
13.1.2 箱体零件的设计注意事项 …… 278
13.1.3 箱体三视图的绘制思路 ……… 278
13.1.4 绘制主视图 ………………… 280
13.1.5 绘制俯视图 ………………… 283
13.1.6 绘制左视图 ………………… 285
13.1.7 完善三视图 ………………… 287
13.1.8 给三视图添加尺寸标注和文字
　　　 说明等 ……………………… 290

13.2 阀体绘制 …………………………… 292
13.2.1 阀体的设计标准 ……………… 292
13.2.2 阀体设计的注意事项 ………… 293
13.2.3 阀体的绘制思路 ……………… 294
13.2.4 绘制俯视图 ………………… 295
13.2.5 绘制主视图 ………………… 301
13.2.6 绘制左视图 ………………… 305
13.2.7 添加注释 …………………… 308
疑难解答 如何理解机械设计过程中的优化
设计 …………………………310

第 1 章

AutoCAD 2024入门

 **学习内容**

　　要学好AutoCAD 2024，首先需要对AutoCAD 2024的启动与退出、图形文件管理、命令的调用方法、坐标系统以及新增功能等基本知识有充分的了解。

 **学习效果**

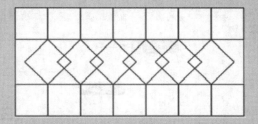

1.1 AutoCAD 2024的启动与退出

本节将介绍启动和退出AutoCAD 2024的步骤和操作方法。通过学习本节，读者能够熟练掌握启动和退出AutoCAD 2024的方法，为学习该软件打下良好的基础。

启动AutoCAD 2024的常用方法有以下两种。

（1）在【开始】菜单中选择【AutoCAD 2024 -简体中文（Simplified Chinese）】➤【AutoCAD 2024-简体中文（Simplified Chinese）】命令，如下图所示。

（2）双击桌面上的AutoCAD 2024快捷图标或已经保存过的AutoCAD文件。

启动AutoCAD 2024的具体步骤如下。

步骤01 双击AutoCAD 2024快捷图标，弹出【开始】选项卡，如下图所示。

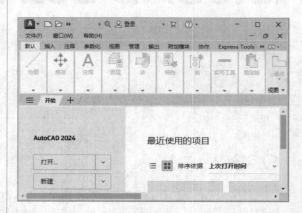

步骤02 单击【新建】按钮，即可进入AutoCAD 2024工作界面，如下图所示。

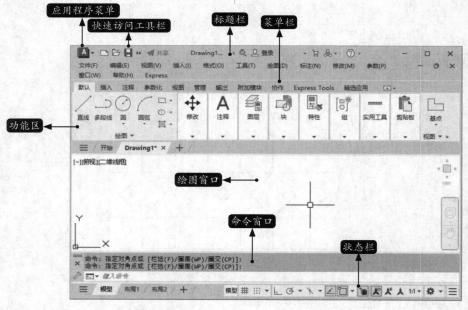

退出AutoCAD 2024的常用方法有以下5种。

- 在命令行中输入"QUIT"，按【Enter】键确定。
- 单击标题栏中的【关闭】按钮×，或在标题栏空白位置处单击鼠标右键，在弹出的快捷菜单中选择【关闭】命令。

- 使用【Alt+F4】组合键。
- 双击【应用程序菜单】按钮。
- 单击【应用程序菜单】按钮，在弹出的菜单中单击【退出Autodesk AutoCAD 2024】按钮。

> **小提示**
>
> 【Alt+F4】组合键表示同时按下键盘上的【Alt】键和【F4】键。全书在介绍组合键时均如此表示。

1.2 AutoCAD图形文件管理

在AutoCAD中，图形文件管理一般包括新建图形文件、打开图形文件、保存图形文件及关闭图形文件等。下面分别介绍各种图形文件的管理操作。

1.2.1 新建图形文件

在AutoCAD 2024中新建图形文件的常用方法有以下6种。

- 选择【文件】➤【新建】菜单命令，如下左图所示。
- 单击【应用程序菜单】按钮，然后选择【新建】➤【图形】命令，如下中图所示。
- 单击快速访问工具栏中的【新建】按钮，如下右图所示。

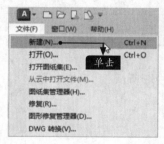
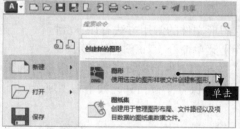

- 在命令行中输入"NEW"命令并按空格键。
- 使用【Ctrl+N】组合键。
- 使用文件选项卡菜单（详见1.5节）。

AutoCAD 2024提供了多种样板文件，调用新建图形命令之后，系统会弹出【选择样板】对话框，在对话框中选择对应的样板（初学者一般选择样板文件acadiso.dwt即可），单击【打开】按钮，软件即会以对应的样板为模板建立新图形文件，如右图所示。

1.2.2 打开图形文件

在AutoCAD 2024中打开图形文件的常用方法有以下6种。

● 选择【文件】➤【打开】菜单命令，如下左图所示。

● 单击【应用程序菜单】按钮 A，然后选择【打开】➤【图形】命令，如下中图所示。

● 单击快速访问工具栏中的【打开】按钮 ，如下右图所示。

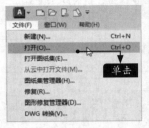  

● 在命令行中输入"OPEN"命令并按空格键。

● 使用【Ctrl+O】组合键。

● 使用文件选项卡菜单（详见1.5节）。

调用打开图形命令之后，系统会弹出【选择文件】对话框，选择要打开的图形文件，单击【打开】按钮即可打开该图形文件，如右图所示。

1.2.3 保存图形文件

在AutoCAD 2024中保存图形文件的常用方法有以下6种。

● 选择【文件】➤【保存】菜单命令，如下左图所示。

● 单击【应用程序菜单】按钮 A，然后选择【保存】命令，如下中图所示。

● 单击快速访问工具栏中的【保存】按钮 ，如下右图所示。

 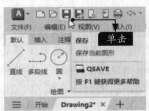

● 在命令行中输入"QSAVE"命令并按空格键。

● 使用【Ctrl+S】组合键。

● 使用文件选项卡菜单（详见1.5节）。

在图形文件第一次被保存时会弹出【图形另存为】对话框，如下页图所示，需要用户指定图形文件的保存位置及文件名。如果图形文件已经保存过，只是在原有图形文件基础上重新对图形文件进行保存，则直接保存而不弹出【图形另存为】对话框。

如果需要将已经命名的图形文件以新名称进行保存，可以执行【另存为】命令，调用【另存为】命令的方法有以下4种。
- 选择【文件】➤【另存为】菜单命令。
- 在命令行中输入"SAVEAS"命令并按空格键。
- 单击【应用程序菜单】按钮▲，选择【另存为】命令。
- 在快速访问工具栏中单击【另存为】按钮。

1.2.4 关闭图形文件

在AutoCAD 2024中关闭图形文件的常用方法有以下5种。
- 选择【文件】➤【关闭】菜单命令，如下左图所示。
- 单击【应用程序菜单】按钮▲，然后选择【关闭】➤【当前图形】命令，如下中图所示。
- 在绘图窗口中单击【关闭】按钮✕，如下右图所示。

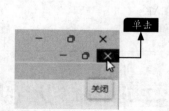

- 在命令行中输入"CLOSE"命令并按空格键。
- 使用文件选项卡菜单（详见1.5节）。

在绘图窗口中单击【关闭】按钮✕，系统弹出【AutoCAD】提示框，如下页图所示。单击【是】按钮，将保存并关闭该图形文件；单击【否】按钮，将不保存并关闭该图形文件；单击

【取消】按钮，将放弃当前操作。

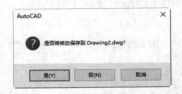

1.3 命令的调用方法

通常，命令的基本调用方法可分为通过菜单栏调用、通过功能区选项板调用、通过工具栏调用、通过命令行调用4种。其中，前3种调用方法基本相同，找到相应按钮或选项后单击即可。通过命令行调用命令则需要在命令行中输入相应指令，并配合空格（或【Enter】）键执行。

1.3.1 输入命令

在命令行中输入命令，如直线的命令为"LINE"（或L）、圆弧的命令为"ARC"（或A）等，然后按【Enter】键或空格键即可执行命令。下表提供了部分较为常用的图形命令及其缩写。

命令全名	简写	对应操作	命令全名	简写	对应操作
POINT	PO	绘制点	LINE	L	绘制直线
XLINE	XL	绘制构造线	PLINE	PL	绘制多段线
MLINE	ML	绘制多线	SPLINE	SPL	绘制样条曲线
POLYGON	POL	绘制正多边形	RECTANGLE	REC	绘制矩形
CIRCLE	C	绘制圆	ARC	A	绘制圆弧
DONUT	DO	绘制圆环	ELLIPSE	EL	绘制椭圆
REGION	REG	面域	MTEXT	MT/T	多行文本
BLOCK	B	图块定义	INSERT	I	插入图块
WBLOCK	W	定义图块文件	DIVIDE	DIV	定数等分
BHATCH	H	填充	COPY	CO/CP	复制
MIRROR	MI	镜像	ARRAY	AR	阵列
OFFSET	O	偏移	ROTATE	RO	旋转
MOVE	M	移动	EXPLODE	X	分解
TRIM	TR	修剪	EXTEND	EX	延伸
STRETCH	S	拉伸	SCALE	SC	比例缩放
BREAK	BR	打断	CHAMFER	CHA	倒角
PEDIT	PE	编辑多段线	DDEDIT	ED	修改文本
PAN	P	平移	ZOOM	Z	视图缩放

1.3.2 退出命令执行状态

退出命令执行状态通常分为两种情况：一种是命令执行完成后退出，另一种是调用命令后不执行就退出（即直接退出）。第一种情况可通过按空格键、【Enter】键或【Esc】键来完成退出操作，第二种情况通常通过按【Esc】键来完成。用户可以根据实际情况选择退出方式。

1.3.3　命令行提示

无论采用哪一种方法调用AutoCAD命令，执行指令后，命令行都会自动出现相关提示及选项。下面以执行矩形命令为例进行详细介绍。

（1）在命令行中输入"rec"后按空格键确认，命令行提示如下。

> 命令：REC
> RECTANG
> 指定第一个角点或 [倒角 (C)/ 标高 (E)/ 圆角 (F)/ 厚度 (T)/ 宽度 (W)]:

（2）命令行提示指定矩形的第一个角点，并附有相应选项"倒角(C)/标高(E)/圆角(F)/厚度(T)/宽度(W)"。指定相应坐标点即可指定矩形的第一个角点。在命令行中输入相应选项代码（如"宽度"选项代码"W"）后按【Enter】键确认，即可执行宽度设置。

1.3.4　重复执行命令

如果要重复执行的命令是刚结束的上个命令，直接按【Enter】键或空格键即可。

单击鼠标右键，通过【重复】或【最近的输入】命令可以重复执行最近执行的命令，如下左图所示。此外，也可以单击命令行中的【最近使用的命令】下拉按钮，在弹出的下拉列表中选择最近执行的命令，如下右图所示。

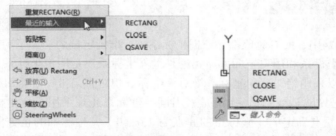

1.3.5　透明命令

透明命令是一类命令的统称，这类命令可以在不中断其他当前正在执行的命令的状态下进行调用。透明命令可以极大地方便用户的操作，尤其在对当前所绘制图形的即时观察方面。

在AutoCAD 2024中调用透明命令的方法通常有以下3种。

● 选择相应的菜单命令。

● 单击工具栏中的相应按钮。

● 通过命令行。

AutoCAD 2024中的常用透明命令如下表所示。需要注意的是，所有透明命令的前面都带有符号"'"。

透明命令	对应操作	透明命令	对应操作	透明命令	对应操作
'Color	设置当前对象颜色	'Dist	查询距离	'Layer	管理图层
'Linetype	设置当前对象线型	'ID	点坐标	'PAN	实时平移
'Lweight	设置当前对象线宽	'Time	时间查询	'Redraw	重画
'Style	文字样式	'Status	状态查询	'Redrawall	全部重画
'Dimstyle	样注样式	'Setvar	设置变量	'Zoom	缩放
'Ddptype	点样式	'Textscr	文本窗口	'Units	单位控制

续表

透明命令	对应操作	透明命令	对应操作	透明命令	对应操作
'Base	基点设置	'Thickness	厚度	'Limits	模型空间界限
'Adcenter	CAD设计中心	'Matchprop	特性匹配	'Help或' ?	CAD帮助
'Adcclose	CAD设计中心关闭	'Filter	过滤器	'About	关于CAD
'Script	执行脚本	'Cal	计算器	'Osnap	对象捕捉
'Attdisp	属性显示	'Dsettlngs	草图设置	'Plinewid	多段线变量设置
'Snapang	十字光标角度	'Textsize	文字高度	'Cursorsize	十字光标大小
'Filletrad	倒圆角半径	'Osmode	对象捕捉模式	'Clayer	设置当前层

1.4 AutoCAD 2024的坐标系统

本节将对AutoCAD 2024的坐标系统及坐标值的几种输入方式进行详细介绍。

1.4.1 了解坐标系统

在AutoCAD 2024中，所有对象都是依据坐标系进行准确定位的。为了满足用户的不同需求，坐标系又分为世界坐标系和用户坐标系。无论是世界坐标系还是用户坐标系，坐标值的输入方式都是相同的，都可以采用绝对直角坐标、绝对极坐标、相对直角坐标、相对极坐标中的任意一种方式输入坐标值。另外需要注意，无论是采用世界坐标系还是采用用户坐标系，坐标值的大小都是依据坐标系的原点确定的，坐标系的原点为（0，0），坐标轴的正方向取正值，反方向取负值。

1.世界坐标系

启动AutoCAD 2024后，在绘图窗口的左下角会看到坐标系，即默认的世界坐标系（WCS），包含x轴和y轴，如下左图所示。如果是在三维空间中，则还有z轴，如下右图所示。

二维世界坐标　　　三维世界坐标

2.用户坐标系

有时为了更方便地使用AutoCAD进行辅助设计，需要对坐标系的原点和方向进行相关设置和修改，即将世界坐标系更改为用户坐标系。用户坐标系中的x、y、z轴仍然互相垂直，但是其方向和位置可以任意指定，具有很强的灵活性。

1.4.2 坐标值的几种输入方式

下面对AutoCAD 2024中的各种坐标值输入方式进行详细介绍。

1.绝对直角坐标值的输入

绝对直角坐标是从原点出发的位移，其表示方式为（x，y），其中x、y分别对应坐标轴上的数值。

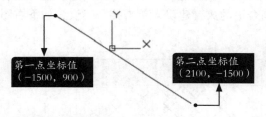

2.绝对极坐标值的输入

绝对极坐标也是从原点出发的位移，但绝对极坐标的参数是距离和角度，其中距离和角度之间用"<"分开，角度值是表示距离的线段和x轴正方向之间的夹角。

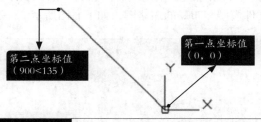

3.相对直角坐标值的输入

相对直角坐标是指相对某一点的x轴和y轴的距离，具体表示方式是在绝对直角坐标表达式的前面加上"@"符号。

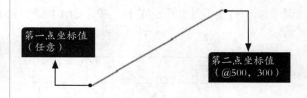

4.相对极坐标值的输入

相对极坐标是指相对某一点的距离和角度，具体表示方式是在绝对极坐标表达式的前面加上"@"符号。

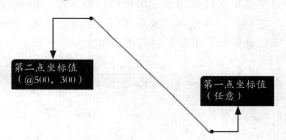

1.5 AutoCAD 2024的新增功能

AutoCAD 2024对许多功能进行了改进，例如智能图块（放置）、文件选项卡菜单等。

1.智能图块

智能图块功能可以根据图形中该图块现有的放置方式，推断出相同图块的下次放置方式，在执行该图块的插入时提供放置建议。例如，下左图所示为原始图形，下右图所示为调用"插入块"命令后，图块在空白位置的状态。

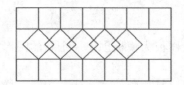

将十字光标移动到原始图形附近，可以发现部分原始图形产生了亮显，如下左图所示。按【Ctrl】键，原始图形的亮显部分发生了变化，图块的放置建议发生了切换，如下右图所示。

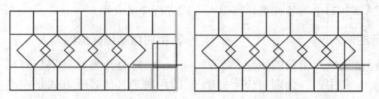

按住组合键【Shift+[】或【Shift+W】，可以临时关闭放置建议，如下左图所示。松开组合键【Shift+[】或【Shift+W】，按【Ctrl】键切换到合适的放置建议，单击接受建议，如下右图所示。

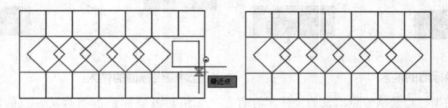

2. 文件选项卡菜单

使用文件选项卡菜单可以切换图形、创建或打开图形、保存所有图形以及关闭所有图形等。单击展开文件选项卡菜单可以在当前已经打开的图形文件之间进行切换，如下左图所示。将鼠标指针悬停在当前已经打开的文件上面，可以查看该文件模型和布局的缩略图，如下右图所示。

将鼠标指针悬停在模型或布局上面，系统会临时显示"打印"和"发布"的图标，如下图所示。

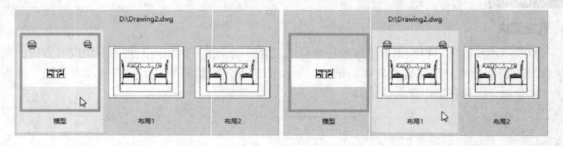

单击"新图形"按钮，系统会以默认样板为模板创建一个新的图形文件，不弹出"选择样板"对话框。

单击"新建"按钮，和单击快速访问工具栏中的"新建"按钮一样，系统会弹出"选择样板"对话框，如下图所示。选择相应的样板，单击"打开"按钮，即可以对应的样板为模板创建一个新的图形文件。

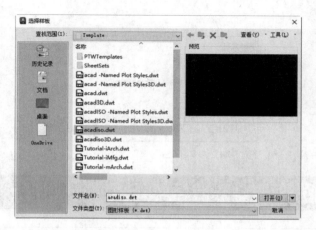

单击"打开"按钮，和单击快速访问工具栏中的"打开"按钮一样，系统会弹出"选择文件"对话框，如下图所示。选择相应的文件，单击"打开"按钮即可。

单击"全部保存"按钮，所有当前已打开的文件全部执行保存操作，如果当前已打开的文件中包含之前从未执行过保存操作的文件，则系统会弹出"图形另存为"对话框，如下图所示，需要用户指定文件的名称、保存类型、存储位置等。

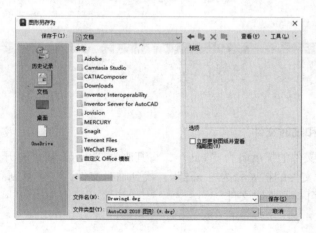

单击"全部关闭"按钮，所有当前已打开的文件全部执行关闭操作，如果当前已打开的文件中包含未保存的操作，则系统会弹出"AutoCAD"提示框，如下图所示，该对话框的含义可参考1.2.4小节中的内容。

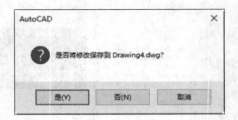

 疑难解答

1.为什么我的命令行不能浮动

AutoCAD的命令行、选项卡、面板是可以浮动的，但当不小心选择了【固定窗口】【固定工具栏】选项，那么命令行、选项卡、面板将不能浮动。

新建一个.dwg文件，按住鼠标左键拖曳命令窗口，将命令窗口拖曳至合适位置后放开鼠标左键，如下左图所示。单击【窗口】，在弹出的下拉菜单中选择【锁定位置】➤【全部】➤【锁定】命令，如下右图所示。

再次按住鼠标左键拖曳命令窗口时，发现鼠标指针变成了 ⊘，无法拖曳命令窗口。

小提示

选择【解锁】命令后，命令行又可以重新浮动了。

2.如何打开备份文件和临时文件

AutoCAD中备份文件的扩展名为".bak"，将其改为".dwg"即可打开备份文件。

AutoCAD中临时文件的扩展名为".ac$"，找到临时文件，将它复制到其他位置，然后将扩展名改为".dwg"即可打开临时文件。

第 **2** 章

AutoCAD 2024的基本设置

学习内容 ——

在绘图前，需要充分了解AutoCAD 2024的基本设置。通过这些设置，用户可以精确、方便地绘制图形。AutoCAD 2024的基本设置，主要包括图层设置及常用设置等。

学习效果 ——

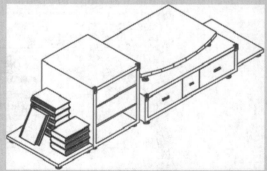

2.1 图层设置

　　图层相当于透明图纸，图纸上面的图形都具有自己的颜色、线宽、线型等特性。将所有图层上面的图形绘制完成后，可以根据需要对图层进行相应的隐藏或显示，从而得到最终的结果。为方便对AutoCAD对象进行统一管理和修改，用户可以把类型相同或相似的对象放到同一图层中。

2.1.1 图层特性管理器

在AutoCAD 2024中调用【图层特性管理器】选项板的方法有以下3种。

- 选择【格式】➤【图层】菜单命令，如下左图所示。
- 在命令行中输入"LAYER/LA"命令并按空格键。
- 单击【默认】选项卡【图层】面板中的【图层特性】按钮，如下右图所示。

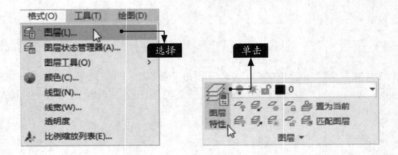

2.1.2 图层管理

在AutoCAD 2024中调用【删除图层】命令的常用方法如下。

- 在【图层特性管理器】选项板中选择相应图层，单击【删除图层】按钮，如下图所示。

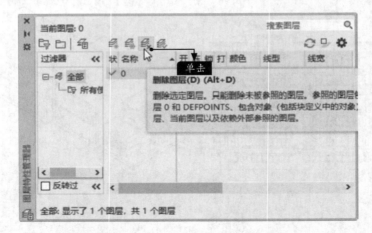

在AutoCAD 2024中改变图形对象所在图层的常用方法如下。

- 选择相应对象，在【图层】面板中选择相应图层，如下页图所示。

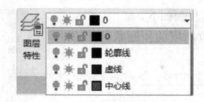

在AutoCAD 2024中切换当前图层的方法通常有以下3种，如下图所示。
- 利用【图层特性管理器】选项板，切换当前图层。
- 利用【图层】面板切换当前图层。
- 利用【图层工具】菜单命令切换当前图层。

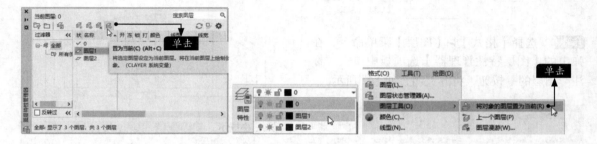

2.1.3 更改图层的控制状态

对图层状态进行控制，可便于对图形进行管理和编辑。在AutoCAD 2024中更改图层的控制状态的常用方法有以下3种。
- 利用【图层特性管理器】选项板更改图层的控制状态，如下左图所示。
- 利用【图层】面板更改图层的控制状态，如下中图所示。
- 利用快速访问工具栏更改图层的控制状态，如下右图所示。

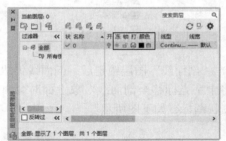

2.1.4 实例——更改图层的控制状态

更改图层的控制状态的过程会运用到关闭图层、冻结图层、锁定图层等操作，思路如下图所示。

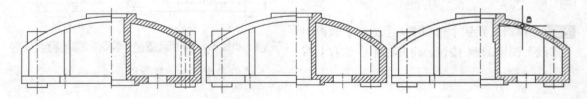

更改图层的控制状态的具体步骤如下。

步骤 01 打开"素材\CH02\更改图层的控制状态.dwg"文件，如下图所示。

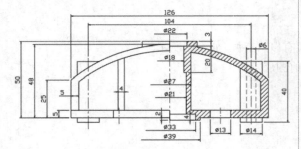

步骤 02 选择【格式】➤【图层】菜单命令，在弹出的【图层特性管理器】选项板中单击"标注"图层的 🔆 按钮，将其关闭，如下图所示。

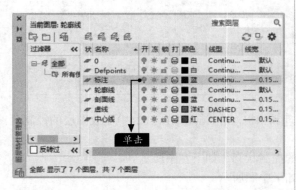

步骤 03 关闭【图层特性管理器】选项板，返回绘图窗口中可以看到尺寸标注不再显示，如下图所示。

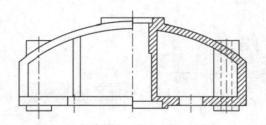

> **小提示**
>
> 再次单击"标注"图层的 🔆 按钮，将其打开，尺寸标注会重新显示出来。

步骤 04 单击【默认】选项卡➤【图层】面板中"虚线"图层的 🔆 按钮，将其冻结，如右上图所示。

步骤 05 在绘图窗口中可以看到"虚线"图层上的对象不再显示，如下图所示。

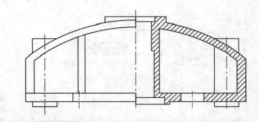

> **小提示**
>
> 再次单击"虚线"图层的 🔆 按钮，将其解冻，"虚线"图层上的对象会重新显示出来。

步骤 06 单击快速访问工具栏中"剖面线"图层的 🔓 按钮，将其锁定，如下图所示。

步骤 07 "剖面线"图层锁定后，剖面线仍然可见，将十字光标移至剖面线对象上面时会出现一个锁状图标，如下图所示。

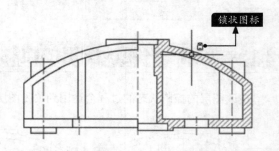

> **小提示**
>
> 再次单击"剖面线"图层的 🔒 按钮，可将其解锁。

2.1.5 练习——创建"皮带轮"图层

创建"皮带轮"图层的过程会运用到【图层特性管理器】选项板和【图层】面板，创建思路如下图所示。

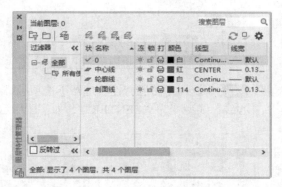

创建"皮带轮"图层的具体步骤如下。

1. 新建图层

步骤 01 打开"素材\CH02\皮带轮.dwg"文件，如下图所示。

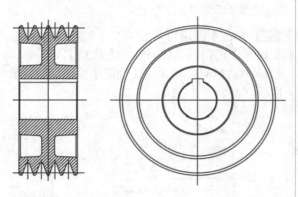

步骤 02 选择【格式】➤【图层】菜单命令，在弹出的【图层特性管理器】选项板中单击【新建图层】按钮，AutoCAD会自动创建一个名称为"图层1"的图层，如下图所示。

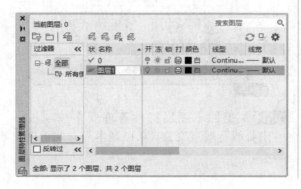

步骤 03 将"图层1"的名称更改为"中心线"，结果如下图所示。

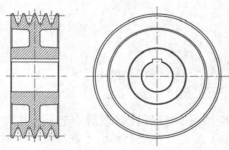

步骤 04 在【图层特性管理器】选项板中单击【颜色】按钮，系统会弹出【选择颜色】对话框，选择"红色"，单击【确定】按钮，如下图所示。

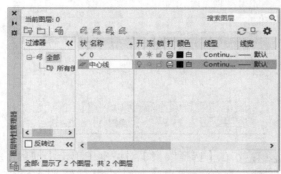

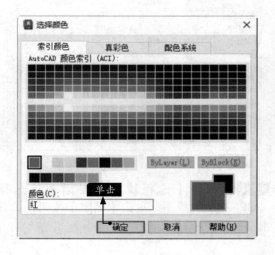

步骤 05 返回【图层特性管理器】选项板，"中心线"颜色变为红色，如下图所示。

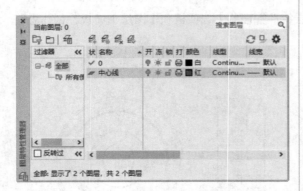

步骤 06 在【图层特性管理器】选项板中单击【线型】按钮，系统会弹出【选择线型】对话框，如下图所示。

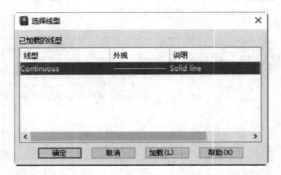

步骤 07 在【选择线型】对话框中单击【加载】按钮，系统会弹出【加载或重载线型】对话框，选择"CENTER"线型，单击【确定】按钮，如下图所示。

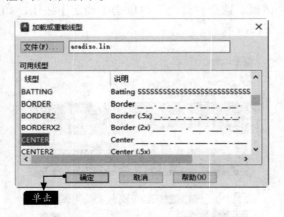

步骤 08 返回【选择线型】对话框后选择"CENTER"线型，单击【确定】按钮，如右上图所示。

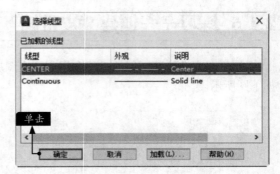

步骤 09 返回【图层特性管理器】选项板，"中心线"线型变为"CENTER"，如下图所示。

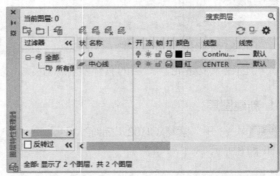

步骤 10 在【图层特性管理器】选项板中单击【线宽】按钮，系统会弹出【线宽】对话框，选择"0.13 mm"，单击【确定】按钮，如下图所示。

步骤 11 返回【图层特性管理器】选项板，"中心线"线宽变为"0.13毫米"，如下页图所示。

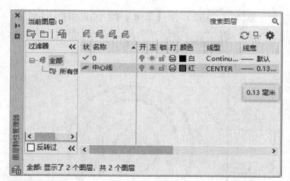

步骤 ⑫ 继续进行其他图层的创建，结果如下图所示。

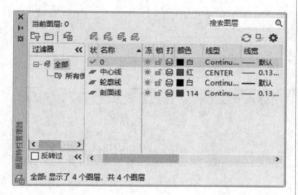

2. 管理图层

步骤 ① 关闭【图层特性管理器】选项板，在绘图窗口中选择下图所示的图形对象。

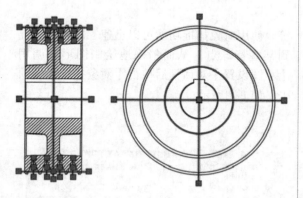

步骤 ② 单击【默认】选项卡【图层】面板中的"中心线"图层，如下图所示。

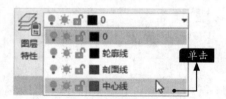

步骤 ③ 按【Esc】键取消对图形对象的选择，结果如下图所示。

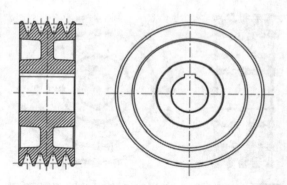

步骤 ④ 在绘图窗口中选择下图所示的图形对象。

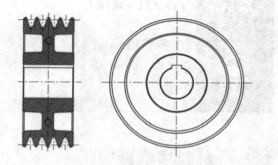

步骤 ⑤ 通过【图层】面板将所选图形放置到"剖面线"图层，按【Esc】键取消对图形对象的选择，结果如下图所示。

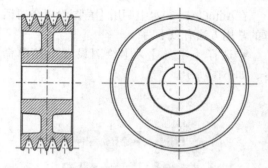

步骤 ⑥ 在【图层】面板中将"中心线"图层和"剖面线"图层关闭，如下图所示。

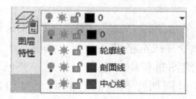

步骤 **07** 在绘图窗口中选择全部图形对象，如下图所示。

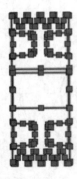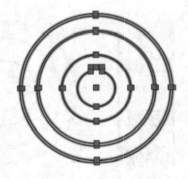

步骤 **08** 通过【图层】面板将所选图形放置到

"轮廓线"图层，按【Esc】键取消对图形对象的选择，将"中心线"图层和"剖面线"图层打开，结果如下图所示。

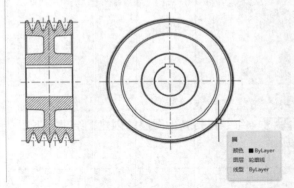

2.2 常用设置

在使用AutoCAD的工作过程中常用的设置主要有对象捕捉设置、三维对象捕捉设置、打印设置。

2.2.1 对象捕捉设置

在AutoCAD中绘制图形时，用户在不知道坐标的情况下也可以进行精确定位。这些设置都是在【草图设置】对话框中进行的。

在AutoCAD 2024中调用【草图设置】对话框的常用方法有以下两种。

● 选择【工具】➤【绘图设置】菜单命令，如下图所示。

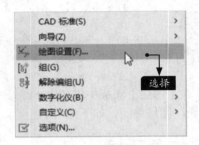

● 在命令行中输入 "DSETTINGS/DS/SE/OS" 命令并按空格键。

在绘图过程中，经常要指定一些已有对象上的点，例如端点、圆心和两个对象的交点

等。使用对象捕捉功能可以迅速、准确地捕捉到某些特殊点，从而精确地绘制图形。调用【草图设置】对话框后单击【对象捕捉】选项卡，如下图所示。

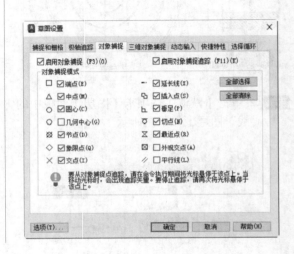

【对象捕捉】选项卡中部分选项的含义如下。

- 【端点】：捕捉圆弧、椭圆弧、直线、多线、多段线线段、样条曲线等的端点。
- 【中点】：捕捉圆弧、椭圆、椭圆弧、直线、多线、多段线线段、面域、实体、样条曲线或参照线的中点。
- 【圆心】：捕捉圆心。
- 【几何中心】：捕捉多段线、二维多段线和二维样条曲线的几何中心点。
- 【节点】：捕捉点对象、标注定义点或标注文字起点。
- 【象限点】：捕捉圆弧、圆、椭圆或椭圆弧的象限点。
- 【交点】：捕捉圆弧、圆、椭圆、椭圆弧、直线、多线、多段线、射线、面域、样条曲线或参照线的交点。
- 【延长线】：当十字光标经过对象的端点时，显示临时延长线或圆弧，以便用户在延长线或圆弧上指定点。
- 【插入点】：捕捉属性、图块、图形或文字的插入点。
- 【垂足】：捕捉圆弧、圆、椭圆、椭圆弧、直线、多线、多段线、射线、面域、实体、样条曲线或参照线的垂足。
- 【切点】：捕捉圆弧、圆、椭圆、椭圆弧或样条曲线的切点。
- 【最近点】：捕捉圆弧、圆、椭圆、椭圆弧、直线、多线、点、多段线、射线、样条曲线或参照线的最近点。
- 【外观交点】：捕捉不在同一平面但看起来可能在当前视图中相交的两个对象的外观交点。
- 【平行线】：将线段、多段线线段、射线或构造线限制为与其他线性对象平行。

2.2.2　三维对象捕捉设置

使用三维对象捕捉功能可以控制三维对象的对象捕捉设置。使用三维对象捕捉设置，可以在对象上的精确位置指定捕捉点。选择多个选项后，将应用选定的捕捉模式，以返回距离靶框中心最近的点。单击【三维对象捕捉】选项卡，如下图所示。

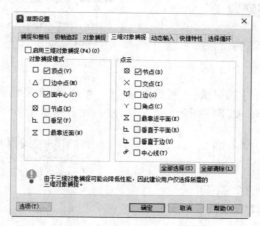

【三维对象捕捉】选项卡中部分选项的含义如下。

（1）【对象捕捉模式】栏中的选项。

- 【顶点】：捕捉三维对象的最近顶点。
- 【边中点】：捕捉边的中点。
- 【面中心】：捕捉面的中心。

- 【节点】：捕捉样条曲线上的节点。
- 【垂足】：捕捉垂直于面的点。
- 【最靠近面】：捕捉最靠近三维对象面的点。

（2）【点云】栏中的选项。

- 【节点】：捕捉点云中最近的点。
- 【交点】：捕捉界面线矢量的交点。
- 【边】：捕捉两个平面的相交线最近的点。
- 【角点】：捕捉三条线段的交点。
- 【最靠近平面】：捕捉点云的平面线段上最近的点。
- 【垂直于平面】：捕捉与点云的平面线段垂直的点。
- 【垂直于边】：捕捉与两个平面的相交线垂直的点。
- 【中心线】：捕捉推断圆柱体中心线的最近点。

（3）部分按钮的功能。

- 【全部选择】按钮：打开所有三维对象捕捉模式。
- 【全部清除】按钮：关闭所有三维对象捕捉模式。

2.2.3 打印设置

用户在使用AutoCAD创建图形以后，通常要将其打印到图纸上。打印的内容可以是包含图形的单一视图，也可以是更为复杂的视图排列。要根据不同的需要来设置选项，以决定打印的内容和图形在图纸上的布置。

在AutoCAD 2024中调用【打印-模型】对话框的常用方法有以下6种。

- 选择【文件】➤【打印】菜单命令，如下图所示。

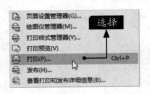

- 单击【应用程序菜单】按钮 A，然后选择【打印】➤【打印】命令，如下图所示。

- 单击【输出】选项卡【打印】面板中的【打印】按钮，如下图所示。

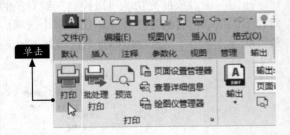

- 单击快速访问工具栏中的【打印】按钮，如下图所示。

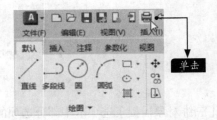

- 在命令行中输入"PRINT/PLOT"命令并按空格键。
- 使用【Ctrl+P】组合键。

2.2.4 实例——打印住宅立面图

打印住宅立面图的过程中会运用到【打印-模型】对话框，思路如下图所示。

打印住宅立面图的具体步骤如下。

步骤01 打开"素材\CH02\住宅立面图.dwg"文件，如下图所示。

步骤02 选择【文件】▶【打印】菜单命令，在弹出的【打印 - 模型】对话框中选择要使用的打印机，如下图所示。

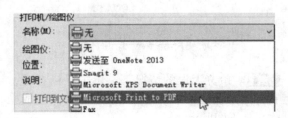

步骤03 在【打印区域】栏的【打印范围】下拉列表中有多种打印区域选择方式，其中【窗口】方式较为常用，如下图所示。

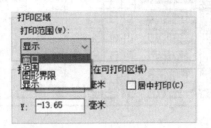

步骤04 选择【窗口】选项，在绘图窗口中单击

指定打印区域第一点，如下图所示。

步骤05 在绘图窗口中单击指定打印区域第二点，如下图所示。

步骤06 返回【打印 - 模型】对话框，在【打印偏移】栏中勾选【居中打印】复选框，如下图所示。

步骤07 在【打印比例】栏中取消勾选【布满

图纸】复选框，可以选择打印比例，如下图所示，本实例勾选【布满图纸】复选框。

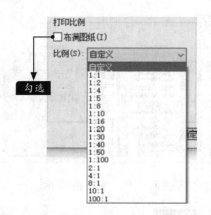

步骤 08 在【图形方向】栏中可以根据需要选择【纵向】或【横向】，本实例选择【横向】选项，如下图所示。

步骤 09 在【打印样式表（画笔指定）】栏中可以根据需要选择设置或不设置，其中的选项如下图所示。

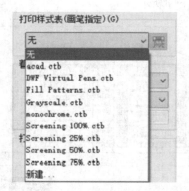

步骤 10 选择相应的打印样式表后弹出【问题】对话框，可以根据需求单击【是】或【否】按钮，如下图所示。

步骤 11 选择打印样式表后，其文本框右侧的【编辑】按钮由原来的不可用状态变为可用状态。单击此按钮，打开【打印样式表编辑器】对话框，在对话框中可以编辑打印样式，如下图所示。

步骤 12 设置完成后，在【打印-模型】对话框中单击【预览】按钮，如下图所示。

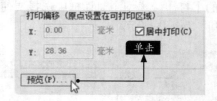

步骤 13 预览无误的情况下，单击鼠标右键，在弹出的快捷菜单中选择【打印】命令完成操作，如下图所示。

2.2.5 练习——打印三维模型

打印三维模型的过程中会运用到【打印-模型】对话框，思路如下图所示。

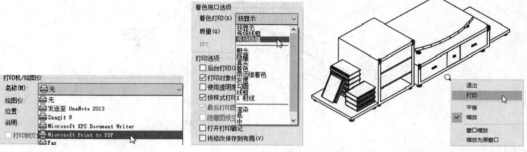

打印三维模型的具体步骤如下。

步骤 01 打开"素材\CH02\电视柜.dwg"文件，如下图所示。

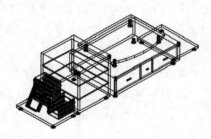

步骤 02 选择【文件】➤【打印】菜单命令，在弹出的【打印 - 模型】对话框中选择合适的打印机，如下图所示。

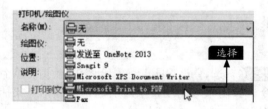

步骤 03 在【打印区域】栏的【打印范围】下拉列表中选择【窗口】选项，在绘图窗口中单击指定打印区域第一点，如下图所示。

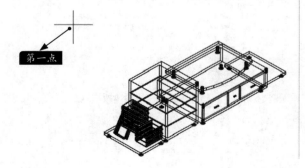

步骤 04 在绘图窗口中单击指定打印区域第二点，如下图所示。

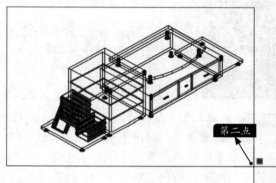

步骤 05 返回【打印 - 模型】对话框，在【打印偏移】栏中勾选【居中打印】复选框，在【打印比例】栏中勾选【布满图纸】复选框。在【着色视口选项】栏的【着色打印】下拉列表中选择【传统隐藏】选项，如下图所示。

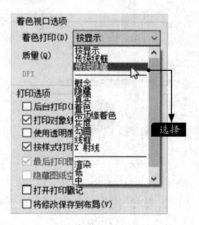

步骤 06 在【图形方向】栏中选择【横向】选项，单击【预览】按钮，预览无误的情况下，

单击鼠标右键，在弹出的快捷菜单中选择【打印】命令完成操作。

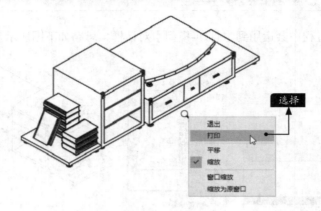

2.3 综合应用——创建样板文件

创建样板文件的过程中主要用到【选项】对话框、【草图设置】对话框和【打印-模型】对话框，具体操作步骤如下。

步骤01 新建一个.dwg文件，选择【工具】➤【选项】菜单命令，弹出【选项】对话框，选择【显示】选项卡，单击【颜色】按钮，在弹出的【图形窗口颜色】对话框中，将二维模型空间的统一背景改为白色，如下图所示。

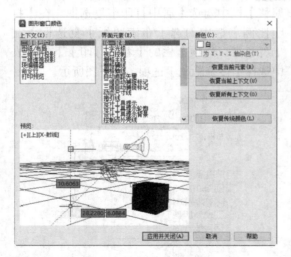

步骤02 单击【应用并关闭】按钮，回到【选项】对话框，单击【确定】按钮，回到绘图窗口后，按【F7】键将栅格关闭，结果如右上图所示。

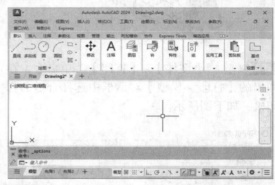

步骤03 选择【工具】➤【绘图设置】菜单命令，弹出【草图设置】对话框，选择【对象捕捉】选项卡，进行下图所示的设置。

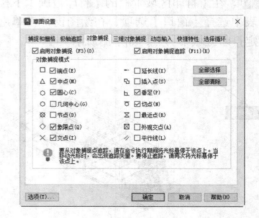

步骤 04 选择【动态输入】选项卡，进行下图所示的设置，单击【确定】按钮。

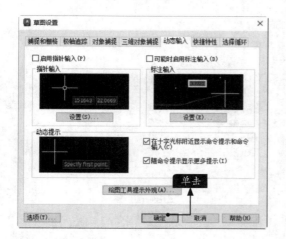

步骤 05 选择【文件】➤【打印】菜单命令，弹出【打印-模型】对话框，进行下图所示的设置。

步骤 06 单击【应用到布局】按钮，然后单击【确定】按钮，关闭【打印-模型】对话框。按【Ctrl+S】组合键，在弹出的【图形另存为】对话框中设置【文件类型】为【AutoCAD 图形样板（*.dwt）】，然后输入样板的名字，如右上图所示。

步骤 07 单击【保存】按钮，在弹出的【样板选项】对话框中设置测量单位，单击【确定】按钮，如下图所示。

步骤 08 创建完成后，再次启动AutoCAD，然后单击【新建】按钮，在弹出的【选择样板】对话框中选择刚创建的样板文件，单击【打开】按钮，系统会以该样板创建一个新的AutoCAD文件。

 疑难解答

1.如何控制选项卡和面板的显示

在AutoCAD 2024中，用户可以根据自己的习惯控制哪些选项卡和面板显示，哪些选项卡和面板不显示等。在选项卡或面板的空白处单击鼠标右键，在弹出的快捷菜单上选择【显示选项卡】

或【显示面板】命令，对于需要显示的选项卡或面板，可以在其前面打"√"，对于不需要显示的选项卡或面板，可以将其前面的"√"去掉，如下图所示。

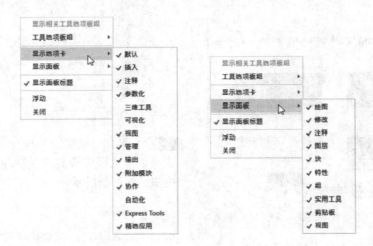

2.AutoCAD版本与保存格式之间的关系

AutoCAD有多种保存格式，在保存文件时打开【文件类型】下拉列表即可看到AutoCAD支持的保存格式，如下图所示。

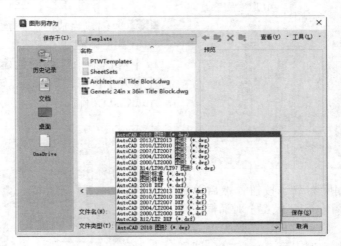

AutoCAD常用的保存格式与适用版本的对应关系如下表所示。

保存格式	适用版本
AutoCAD 2000	AutoCAD 2000 ~ 2002
AutoCAD 2004	AutoCAD 2004 ~ 2006
AutoCAD 2007	AutoCAD 2007 ~2009
AutoCAD 2010	AutoCAD 2010 ~ 2012
AutoCAD 2013	AutoCAD 2013 ~ 2017
AutoCAD 2018	AutoCAD 2018 ~ 2024

第 **3** 章

绘制基本二维图形

绘制二维图形是AutoCAD的核心功能。任何复杂的图形都是由点、线等基本的二维图形组合而成的。熟练掌握基本二维图形的绘制与布置，将有利于提高绘制复杂二维图形的准确度，同时提高绘图效率。

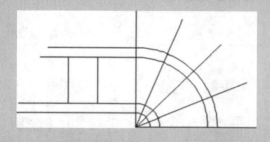

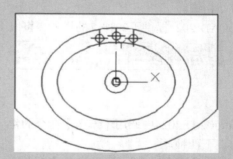

3.1 绘制点

点是图形的基础，通常可以这样理解：点构成线，线构成面，面构成体。在AutoCAD 2024中，点可以作为绘制复杂图形的辅助点使用，也可以作为某项标识使用，还可以作为直线、圆、矩形、圆弧、椭圆的相应特征的划分点使用。

3.1.1 设置点样式

在AutoCAD 2024中调用【点样式】命令的常用方法有以下3种。

● 选择【格式】➤【点样式】菜单命令，如下左图所示。

● 单击【默认】选项卡【实用工具】面板中的【点样式】按钮，如下右图所示。

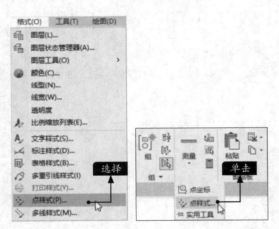

● 在命令行中输入"DDPTYPE/PTYPE"命令并按空格键。

AutoCAD 2024提供了20种点的样式，可以根据绘图需要进行选择。调用【点样式】命令之后，系统会弹出【点样式】对话框，如下图所示。

【点大小】文本框：用于设置点在屏幕中显示的大小比例。

【相对于屏幕设置大小】单选按钮：选中此单选按钮，点的大小将根据计算机屏幕而定，不随图形的缩放而改变。

【按绝对单位设置大小】单选按钮：选中此单选按钮后，当对图形进行缩放时，点的大小会随之变化。

3.1.2 单点与多点

1. 单点

在AutoCAD 2024中调用【单点】命令的常用方法有以下两种。

● 选择【绘图】➤【点】➤【单点】菜单命令，如右图所示。

● 在命令行中输入"POINT/PO"命令并按空格键。

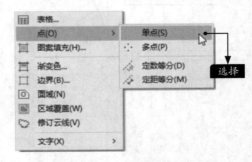

绘制单点的具体方法参见下页表。

绘制对象	绘制步骤	结果图形	相应命令行显示
单点	通过单击或输入坐标的方式指定点的位置		命令: _point 当前点模式：PDMODE＝97 PDSIZE＝0.0000 指定点: //指定点的位置

2. 多点

在AutoCAD 2024中调用【多点】命令的常用方法有以下两种。

- 选择【绘图】➤【点】➤【多点】菜单命令，如下左图所示。
- 单击【默认】选项卡【绘图】面板中的【多点】按钮，如下右图所示。

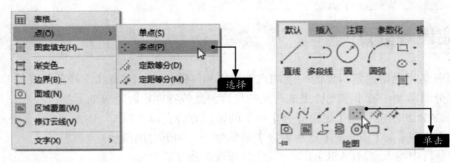

绘制多点的具体方法参见下表。

绘制对象	绘制步骤	结果图形	相应命令行显示
多点	1. 通过单击或输入坐标的方式依次指定点的位置 2. 按【Esc】键结束【多点】命令		命令: _point 当前点模式：PDMODE＝97 PDSIZE＝0.0000 指定点: //依次指定点的位置

3.1.3 定数等分点

定数等分是指将选定对象按照指定的数目进行等分，所生成的点（节点）通常被用作对象捕捉点或某种标识使用的辅助点。

在AutoCAD 2024中调用【定数等分】命令的常用方法有以下3种。

- 选择【绘图】➤【点】➤【定数等分】菜单命令，如下左图所示。
- 在命令行中输入"DIVIDE/DIV"命令并按空格键。
- 单击【默认】选项卡【绘图】面板中的【定数等分】按钮，如下右图所示。

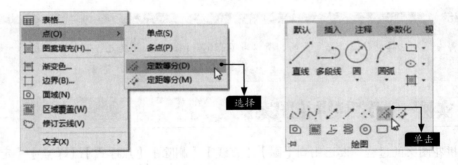

绘制定数等分点的具体方法参见下表。

绘制对象	绘制步骤	结果图形	相应命令行显示
定数等分点	1. 选择需要执行定数等分操作的对象； 2. 指定定数等分的线段数目，按【Enter】键确认		命令: _divide 选择要定数等分的对象: 输入线段数目或 [块(B)]: 3

提示

在命令行中指定线段数目为"3"，表示将当前所选对象进行三等分。对于闭合图形（例如圆），等分点数和等分段数相等；对于开放图形，等分点数为等分段数n减1。

3.1.4 定距等分点

定距等分是指根据选定对象的一个端点划分出相等的长度。对直线、样条曲线等非闭合图形进行定距等分时需要注意十字光标点选对象的位置，此位置即定距等分的起始位置。

在AutoCAD 2024中调用【定距等分】命令的常用方法有以下3种。

- 选择【绘图】➤【点】➤【定距等分】菜单命令，如下左图所示。
- 在命令行中输入"MEASURE/ME"命令并按空格键。
- 单击【默认】选项卡【绘图】面板中的【定距等分】按钮，如下右图所示。

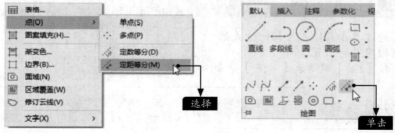

绘制定距等分点的具体方法参见下表。

绘制对象	绘制步骤	结果图形	相应命令行显示
定距等分点	1. 选择需要执行定距等分操作的对象； 2. 指定定距等分的线段长度，按【Enter】键确认	200 200 100	命令: _measure 选择要定距等分的对象: 指定线段长度或 [块(B)]: 200

提示

定距等分是从选择的位置开始等分的，所以当不能完全按输入的长度进行等分时，最后一段的长度会小于指定的长度。

3.1.5 实例——绘制拼花图案

绘制拼花图案的过程主要运用到【圆】【直线】【删除】【点样式】【单点】【定数等分】

【定距等分】命令，【圆】命令参考3.3节的内容，【直线】命令参考3.2节的内容，【删除】命令参考4.6节的内容，绘制思路如下图所示。

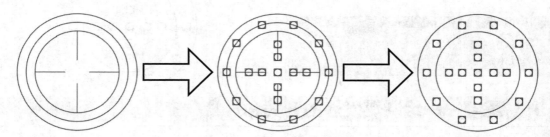

绘制拼花图案的具体步骤如下。

步骤 01 新建一个.dwg文件，选择【绘图】▷【圆】▷【圆心、半径】菜单命令，在任意位置绘制半径分别为50、42.5、35的同心圆，如下图所示。

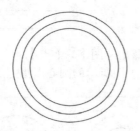

步骤 02 选择【绘图】▷【直线】菜单命令，分别捕捉半径为35的圆形的象限点作为直线起点，绘制长度为25的水平及竖直线段，如下图所示。

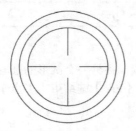

步骤 03 选择【格式】▷【点样式】菜单命令，进行相关参数设置，如下图所示。

步骤 04 选择【绘图】▷【点】▷【单点】菜单命令，捕捉半径为35的圆形的圆心以指定点的位置，如下图所示。

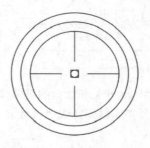

步骤 05 选择【绘图】▷【点】▷【定数等分】菜单命令，选择半径为42.5的圆形作为需要定数等分的对象，线段数目设置为10，如下图所示。

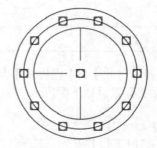

步骤 06 选择【绘图】▷【点】▷【定距等分】菜单命令，分别选择4条线段作为需要定距等分的对象，线段长度设置为11，如下图所示。

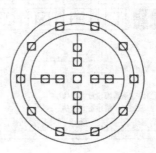

步骤 07 选择半径为42.5的圆形和4条线段并删除，结果如右图所示。

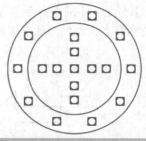

3.1.6 练习——绘制燃气灶的开关和灶盘

绘制燃气灶开关和灶盘的过程主要运用到【多点】和【定数等分】命令，绘制思路如下图所示。

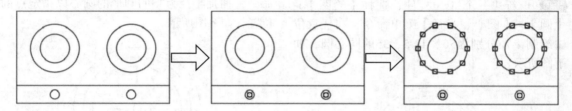

绘制燃气灶开关和灶盘的具体步骤如下。

步骤 01 打开"素材\CH03\燃气灶.dwg"文件，如下图所示。

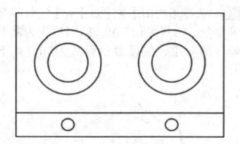

步骤 02 选择【格式】➤【点样式】菜单命令，进行相关参数设置，如下图所示。

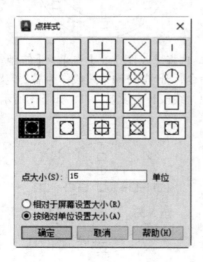

步骤 03 选择【绘图】➤【点】➤【多点】菜单命令，捕捉下图所示的圆心以指定点的位置。

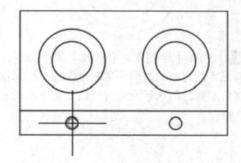

步骤 04 继续捕捉另一个圆形的圆心以指定点的位置，并按【Esc】键结束【多点】命令，如下图所示。

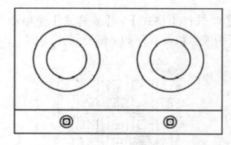

步骤 05 选择【绘图】➤【点】➤【定数等分】菜单命令，选择下页图所示的圆形作为需要定数等分的对象。

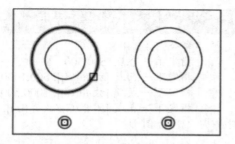

步骤 06 线段数目设置为10，结果如下图所示。

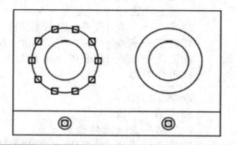

步骤 07 重复步骤 05、步骤 06 的操作，对另外一个圆形进行定数等分操作，结果如下图所示。

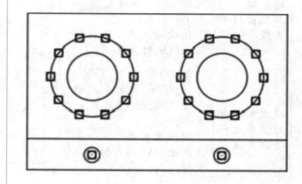

3.2 绘制直线类图形

直线类图形包括直线、构造线和射线等。

3.2.1 直线

在AutoCAD 2024中调用【直线】命令的常用方法有以下3种。

- 选择【绘图】➤【直线】菜单命令，如下左图所示。
- 在命令行中输入"LINE/L"命令并按空格键。
- 单击【默认】选项卡【绘图】面板中的【直线】按钮，如下右图所示。

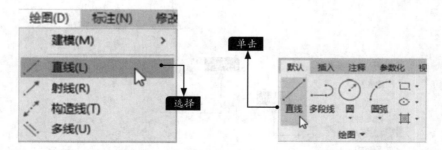

　　AutoCAD中默认的绘制直线的方法是两点绘制，即连接任意两点即可绘制一条直线。除了两点绘制方法外，还可以通过绝对坐标、相对直角坐标、相对极坐标等绘制直线。绘制直线的具体方法参见下页表。

绘制方法	绘制步骤	结果图形	相应命令行显示
通过输入绝对坐标绘制直线	1. 指定第一点（或输入绝对坐标确定第一点）； 2. 依次输入第二点、第三点的绝对坐标	(500,1000) (500,500) (1000,500)	命令：_LINE 指定第一个点：500,500 指定下一点或 [放弃(U)]：500,1000 指定下一点或 [放弃(U)]：1000,500 指定下一点或 [闭合(C)/放弃(U)]：c //闭合图形

通过输入相对直角坐标绘制直线	1. 指定第一点（或输入绝对坐标确定第一点）；
	2. 依次输入第二点、第三点相对前一点的直角坐标
		第二点
		
		第一点 第三点
			命令：_ LINE
			指定第一个点：
			//任意单击一点作为第一点
			指定下一点或 [放弃(U)]：@0,500
			指定下一点或 [放弃(U)]：@500,−500
			指定下一点或 [闭合(C)/放弃(U)]：c
			//闭合图形

通过输入相对极坐标绘制直线	1. 指定第一点（或输入绝对坐标确定第一点）；
	2. 依次输入第二点、第三点相对前一点的极坐标
		第三点
		
		第二点 第一点
			命令：_ LINE
			指定第一个点：
			//任意单击一点作为第一点
			指定下一点或 [放弃(U)]：@500<180
			指定下一点或 [放弃(U)]：@500<90
			指定下一点或 [闭合(C)/放弃(U)]：c
			//闭合图形

3.2.2 构造线和射线

本小节介绍AutoCAD中的构造线和射线。

1. 构造线

构造线是两端无限延伸的直线，可以用来作为创建其他对象时的参考线。在执行一次【构造线】命令的情况下，可以连续绘制出多条通过一个公共点的构造线。

在AutoCAD 2024中调用【构造线】命令的常用方法有以下3种。

- 选择【绘图】➤【构造线】菜单命令，如下左图所示。
- 在命令行中输入"XLINE/XL"命令并按空格键。
- 单击【默认】选项卡【绘图】面板中的【构造线】按钮，如下右图所示。

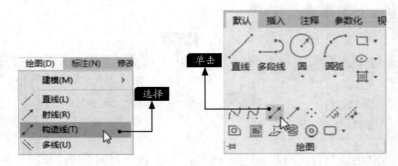

绘制构造线的具体方法参见下页表。

绘制对象法	绘制步骤	结果图形	相应命令行显示
构造线	1. 通过单击或输入坐标的方式指定构造线的中点； 2. 依次指定构造线的通过点； 3. 构造线绘制完成后按【Enter】键结束【构造线】命令		命令: _xline 指定点或 [水平(H)/垂直(V)/角度(A)/二等分(B)/偏移(O)]: //指定构造线的中点 指定通过点: //依次指定构造线的通过点 指定通过点: //按【Enter】键结束【构造线】命令

提示

构造线没有端点，但是有中点。绘制构造线时，指定的第一个点就是构造线的中点。

2. 射线

射线是一端固定，另一端无限延伸的直线。使用【射线】命令，可以创建一系列始于同一点并无限延伸的直线。射线有端点，但是没有中点。绘制射线时，指定的第一个点就是射线的端点。

在AutoCAD 2024中调用【射线】命令的常用方法有以下3种。

● 选择【绘图】➤【射线】菜单命令，如下左图所示。
● 在命令行中输入"RAY"命令并按空格键。
● 单击【默认】选项卡【绘图】面板中的【射线】按钮，如下右图所示。

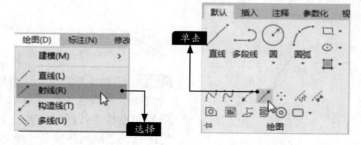

绘制射线的具体方法参见下表。

绘制对象	绘制步骤	结果图形	相应命令行显示
射线	1. 通过单击或输入坐标的方式指定射线的端点； 2. 依次指定射线的通过点； 3. 射线绘制完成后按【Enter】键结束【射线】命令		命令: _ray 指定起点: //指定射线的端点 指定通过点: //依次指定射线的通过点 指定通过点: //按【Enter】键结束【射线】命令

3.2.3 实例——直线、构造线和射线的综合应用

本案例的绘制过程主要运用到【圆】【构造线】【射线】【直线】命令，绘制思路如下页图所示。

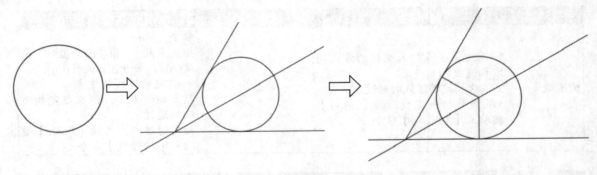

具体绘制步骤如下。

步骤 01 新建一个.dwg文件，选择【绘图】➢【圆】➢【圆心、半径】菜单命令，在任意位置绘制一个半径为15的圆，如下图所示。

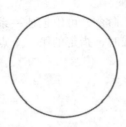

步骤 02 选择【绘图】➢【构造线】菜单命令，通过圆形的象限点绘制一条水平构造线，如下图所示。

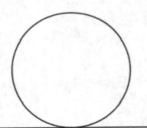

步骤 03 继续进行构造线的绘制，捕捉圆心作为构造线的中点，在命令行输入"@20<30"以指定构造线的通过点，按两次【Enter】键，结果如下图所示。

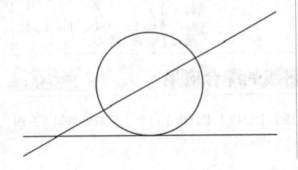

步骤 04 选择【绘图】➢【射线】菜单命令，捕捉两个构造线的交点作为射线的起点，捕捉圆形的切点作为射线的通过点，结果如下图所示。

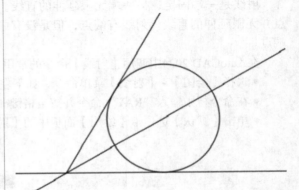

步骤 05 选择【绘图】➢【直线】菜单命令，分别捕捉水平构造线和圆形的交点以及射线和圆形的交点作为线段的起点，捕捉圆心作为线段的终点，绘制两条线段，结果如下图所示。

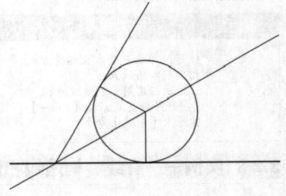

3.2.4 练习——绘制转角楼梯平面图

绘制转角楼梯平面图的过程主要运用到【圆】【射线】【构造线】【直线】【修剪】命令，【圆】命令参考3.3节的内容，【修剪】命令参考4.3节的内容，绘制思路如下图所示。

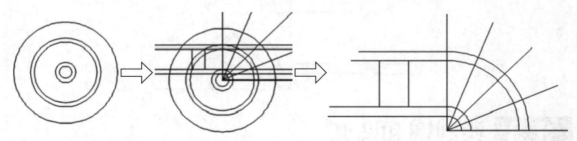

绘制转角楼梯平面图的具体步骤如下。

步骤01 新建一个.dwg文件，选择【绘图】▶【圆】▶【圆心、半径】菜单命令，在任意位置绘制半径分别为300、500、1500、1700、2500的同心圆，如下图所示。

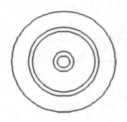

步骤02 选择【绘图】▶【射线】菜单命令，捕捉圆心作为射线的起点，然后依次指定射线的通过点，结果如下图所示。

```
命令：_ray 指定起点：  // 捕捉圆心
指定通过点：@100<0
指定通过点：@100<22.5
指定通过点：@100<45
指定通过点：@100<67.5
指定通过点：@100<90
指定通过点：    // 按【Enter】键确认
```

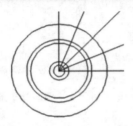

步骤03 选择【绘图】▶【构造线】菜单命令，在命令行中输入"h"，依次捕捉内侧4个圆的象限点作为通过点，结果如右上图所示。

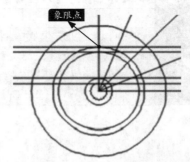

步骤04 选择【绘图】▶【直线】菜单命令，捕捉圆与构造线的交点作为线段的起点，捕捉垂足作为线段的终点，如下图所示。

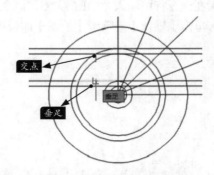

步骤05 继续进行线段的绘制，结果如下图所示。

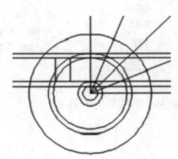

步骤 06 选择【修改】➤【修剪】菜单命令，选择需要修剪的对象，修剪结束后将最外侧的大圆删除，最终结果如下图所示。

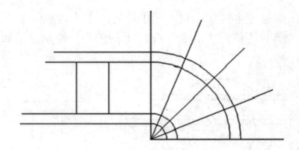

3.3 绘制圆和圆弧

可以通过指定圆心、半径、直径、圆周上的点或其他对象上的点等不同的方法绘制圆。绘制圆弧的默认方法是指定三点绘制圆弧。此外，圆弧还可以通过设置起点、方向、中点、角度和弦长等参数来绘制。

3.3.1 圆

在AutoCAD 2024中调用【圆】命令的常用方法有以下3种。

- 选择【绘图】➤【圆】菜单命令，选择一种绘制圆的方法，如下左图所示。
- 在命令行中输入"CIRCLE/C"命令并按空格键。
- 单击【默认】选项卡【绘图】面板中的【圆】按钮，如下右图所示。

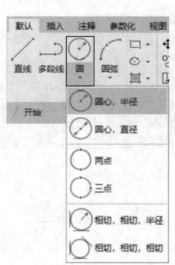

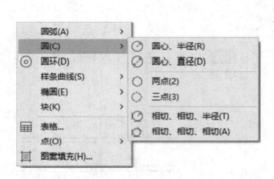

绘制圆的方法参见下页表。

绘制方法	绘制步骤	结果图形	相应命令行显示
指定圆心、半径/直径绘圆法	1.指定圆心； 2.输入圆的半径/直径		命令: _circle 指定圆的圆心或 [三点(3P)/两点(2P)/切点、切点、半径(T)]: 指定圆的半径或 [直径(D)]: 45

两点绘圆法	1.调用【两点】命令；
	2.指定直径上的第一个点；
	3.指定直径上的第二个点或输入直径长度
			命令: _circle
			指定圆的圆心或 [三点(3P)/两点(2P)/切点、切点、半径(T)]:
			_2p
			指定圆直径的第一个端点:
			//指定第一个点
			指定圆直径的第二个端点: 80
			//输入直径长度或指定第二个点

三点绘圆法	1.调用【三点】命令； 2.指定圆周上的第一个点； 3.指定圆周上的第二个点； 4.指定圆周上的第三个点		命令: _circle 指定圆的圆心或 [三点(3P)/两点(2P)/切点、切点、半径(T)]: _3p 指定圆上的第一个点: 指定圆上的第二个点: 指定圆上的第三个点:
相切、相切、半径绘圆法	1.调用【相切、相切、半径】命令； 2.选择与圆相切的两个对象； 3.输入圆的半径		命令: _circle 指定圆的圆心或 [三点(3P)/两点(2P)/切点、切点、半径(T)]: _ttr 指定对象与圆的第一个切点: 指定对象与圆的第二个切点: 指定圆的半径 <35.0000>: 45
相切、相切、相切绘圆法	1.调用【相切、相切、相切】命令； 2.选择与圆相切的3个对象		命令: _circle 指定圆的圆心或 [三点(3P)/两点(2P)/切点、切点、半径(T)]: _3p 指定圆上的第一个点: _tan 到 指定圆上的第二个点: _tan 到 指定圆上的第三个点: _tan 到

3.3.2 圆弧

在AutoCAD 2024中调用【圆弧】命令的常用方法有以下3种。

● 选择【绘图】➤【圆弧】菜单命令，选择一种绘制圆弧的方法，如下页左图所示。

- 在命令行中输入"ARC/A"命令并按空格键。
- 单击【默认】选项卡【绘图】面板中的【圆弧】按钮，如下右图所示。

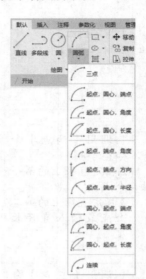

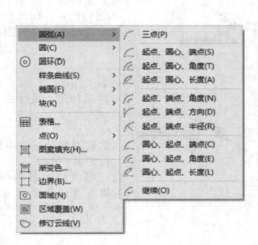

绘制圆弧的方法参见下表。

绘制方法	绘制步骤	结果图形	相应命令行显示
三点绘制法	1.调用【三点】命令； 2.指定不在同一条直线上的3个点		命令: _arc 指定圆弧的起点或 [圆心(C)]: 指定圆弧的第二个点或 [圆心(C)/端点(E)]: 指定圆弧的端点:
指定起点、圆心、端点绘制法	1.调用【起点、圆心、端点】命令； 2.指定圆弧的起点； 3.指定圆弧的圆心； 4.指定圆弧的端点		命令: _arc 指定圆弧的起点或 [圆心(C)]: 指定圆弧的第二个点或 [圆心(C)/端点(E)]: _c 指定圆弧的圆心: 指定圆弧的端点或 [角度(A)/弦长(L)]:
指定起点、圆心、角度绘制法	1.调用【起点、圆心、角度】命令； 2.指定圆弧的起点； 3.指定圆弧的圆心； 4.指定圆弧所包含的角度。 提示：当输入的角度为正值时，圆弧沿起点方向逆时针生成；当输入的角度为负值时，圆弧沿起点方向顺时针生成		命令: _arc 指定圆弧的起点或 [圆心(C)]: 指定圆弧的第二个点或 [圆心(C)/端点(E)]: _c 指定圆弧的圆心: 指定圆弧的端点或 [角度(A)/弦长(L)]: _a 指定包含角: 120

续表

绘制方法	绘制步骤	结果图形	相应命令行显示
指定起点、圆心、长度绘制法	1.调用【起点、圆心、长度】命令； 2.指定圆弧的起点； 3.指定圆弧的圆心； 4.指定圆弧的弦长。 提示：弦长为正值时得到的圆弧为"劣弧（小于180°）"，弦长为负值时得到的圆弧为"优弧（大于180°）"		命令: _arc 指定圆弧的起点或 [圆心(C)]: 指定圆弧的第二个点或 [圆心(C)/端点(E)]: _c 指定圆弧的圆心: 指定圆弧的端点或 [角度(A)/弦长(L)]: _l 指定弦长: 30
指定起点、端点、角度绘制法	1.调用【起点、端点、角度】命令； 2.指定圆弧的起点； 3.指定圆弧的端点； 4.指定圆弧的角度。 提示：当输入的角度为正值时，起点和端点沿圆弧成逆时针关系；当输入的角度为负值时，起点和端点沿圆弧成顺时针关系		命令: _arc 指定圆弧的起点或 [圆心(C)]: 指定圆弧的第二个点或 [圆心(C)/端点(E)]: _e 指定圆弧的端点: 指定圆弧的圆心或 [角度(A)/方向(D)/半径(R)]: _a 指定包含角: 137
指定起点、端点、方向绘制法	1.调用【起点、端点、方向】命令； 2.指定圆弧的起点； 3.指定圆弧的端点； 4.指定圆弧的起点切向		命令: _arc 指定圆弧的起点或 [圆心(C)]: 指定圆弧的第二个点或 [圆心(C)/端点(E)]: _e 指定圆弧的端点: 指定圆弧的圆心或 [角度(A)/方向(D)/半径(R)]: _d 指定圆弧的起点切向:
指定起点、端点、半径绘制法	1.调用【起点、端点、半径】命令； 2.指定圆弧的起点； 3.指定圆弧的端点； 4.指定圆弧的半径。 提示：当输入的半径值为正值时，得到的圆弧是"劣弧"；当输入的半径值为负值时，得到的圆弧为"优弧"		命令: _arc 指定圆弧的起点或 [圆心(C)]: 指定圆弧的第二个点或 [圆心(C)/端点(E)]: _e 指定圆弧的端点: 指定圆弧的圆心或 [角度(A)/方向(D)/半径(R)]: _r 指定圆弧的半径: 140
指定圆心、起点、端点绘制法	1.调用【圆心、起点、端点】命令； 2.指定圆弧的圆心； 3.指定圆弧的起点； 4.指定圆弧的端点		命令: _arc 指定圆弧的起点或 [圆心(C)]: _c 指定圆弧的圆心: 指定圆弧的起点: 指定圆弧的端点或 [角度(A)/弦长(L)]:

续表

绘制方法	绘制步骤	结果图形	相应命令行显示
指定圆心、起点、角度绘制法	1.调用【圆心、起点、角度】命令； 2.指定圆弧的圆心； 3.指定圆弧的起点； 4.指定圆弧的角度		命令: _arc 指定圆弧的起点或 [圆心(C)]: _c 指定圆弧的圆心: 指定圆弧的起点: 指定圆弧的端点或 [角度(A)/弦长(L)]: _a 指定包含角: 170
指定圆心、起点、长度绘制法	1.调用【圆心、起点、长度】命令； 2.指定圆弧的圆心； 3.指定圆弧的起点； 4.指定圆弧的弦长。 提示：弦长为正值时得到的圆弧为"劣弧"，弦长为负值时得到的圆弧为"优弧"		命令: _arc 指定圆弧的起点或 [圆心(C)]: _c 指定圆弧的圆心: 指定圆弧的起点: 指定圆弧的端点或 [角度(A)/弦长(L)]: _l 指定弦长: 60

提示

　　绘制圆弧时，输入的半径值和圆心角有正负之分。对于半径，当输入的半径值为正值时，生成的圆弧是劣弧；反之，生成的是优弧。对于圆心角，当输入的角度为正值时，系统沿逆时针方向绘制圆弧；反之，沿顺时针方向绘制圆弧。

3.3.3 实例——绘制排球

　　绘制排球的过程主要运用到【圆】【直线】【点样式】【定数等分】【圆弧】【删除】命令，【删除】命令参考4.6节的内容，绘制思路如下图所示。

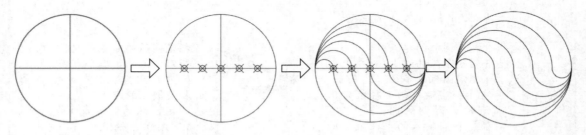

　　绘制排球的具体步骤如下。

步骤01 新建一个.dwg文件，选择【绘图】➤【圆】➤【圆心、半径】菜单命令，在任意位置绘制一个半径为40的圆形，如右图所示。

步骤 02 选择【绘图】▶【直线】菜单命令，连接圆形象限点绘制两条线段，如下图所示。

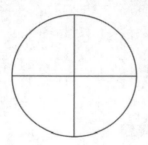

步骤 03 选择【格式】▶【点样式】菜单命令，进行点样式的相关设置，如下图所示。

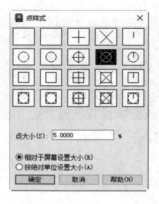

步骤 04 选择【绘图】▶【点】▶【定数等分】菜单命令，将水平线段六等分，如下图所示。

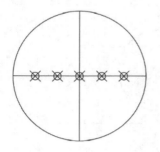

步骤 05 选择【绘图】▶【圆弧】▶【起点、端点、角度】菜单命令，进行圆弧的绘制，其中角度设置为180°，如下图所示。

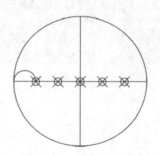

步骤 06 继续进行圆弧的绘制，结果如下图所示。

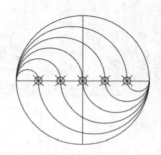

步骤 07 选择所有直线和节点对象，按【Delete】键将它们全部删除，结果如下图所示。

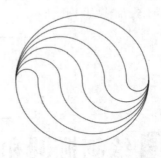

3.3.4 练习——绘制优盘

绘制优盘的过程主要运用到【直线】【圆弧】和【圆】命令，绘制思路如下图所示。

绘制优盘的具体步骤如下。

步骤 01 新建一个.dwg文件，选择【绘图】➤【直线】菜单命令，命令行提示如下。

```
命令：_line
指定第一个点：    // 在绘图窗口任意单击一点即可
指定下一点或 [ 放弃(U)]: @-40,0
指定下一点或 [ 放弃(U)]: @0,20
指定下一点或 [ 闭合(C)/ 放弃(U)]: @40,0
指定下一点或 [ 闭合(C)/ 放弃(U)]:     // 按【Enter】键确认
```

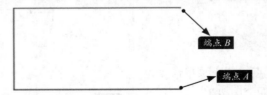

步骤 02 选择【绘图】➤【圆弧】➤【起点、端点、半径】菜单命令，命令行提示如下。

```
命令：_arc
指定圆弧的起点或 [ 圆心(C)]:      // 捕捉端点 A
指定圆弧的第二个点或 [ 圆心(C)/ 端点(E)]: _e
指定圆弧的端点：    // 捕捉端点 B
指定圆弧的中心点( 按住 Ctrl 键以切换方向) 或 [ 角度(A)/ 方向(D)/ 半径(R)]: _r
指定圆弧的半径( 按住 Ctrl 键以切换方向): 10
```

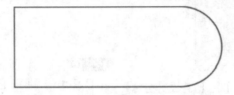

步骤 03 选择【绘图】➤【圆】➤【圆心、半径】菜单命令，捕捉圆弧的圆心点作为圆形的圆心，半径指定为1.5，结果如下图所示。

3.4　绘制椭圆和椭圆弧

椭圆和椭圆弧类似，都是到两点之间的距离之和为定值的点的集合。

3.4.1　椭圆

在AutoCAD 2024中调用【椭圆】命令的常用方法有以下3种。

- 选择【绘图】➤【椭圆】菜单命令，选择一种绘制椭圆的方法，如下左图所示。
- 在命令行中输入"ELLIPSE/EL"命令并按空格键。
- 单击【默认】选项卡【绘图】面板中的【椭圆】按钮，如下右图所示。

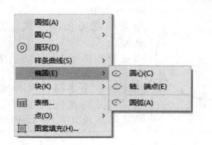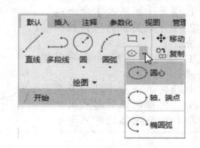

绘制椭圆的方法参见下表。

绘制方法	绘制步骤	结果图形	相应命令行显示
"中心"绘制法	1.指定椭圆的中心； 2.指定一条轴的端点； 3.指定或输入另一条半轴的长度	65	命令: _ellipse 指定椭圆的轴端点或 [圆弧(A)/中心点(C)]: 指定轴的另一个端点: 指定另一条半轴长度或 [旋转(R)]: 65
"端点"绘制法	1.指定一条轴的端点； 2.指定该条轴的另一个端点； 3.指定或输入另一条半轴的长度		命令: _ellipse 指定椭圆的轴端点或 [圆弧(A)/中心点(C)]: 指定轴的另一个端点: 指定另一条半轴长度或 [旋转(R)]: 32

3.4.2 椭圆弧

椭圆弧为椭圆某一角度到另一角度的图形。在AutoCAD中，椭圆弧的绘制实际上是先绘制一个椭圆，然后根据命令行提示指定椭圆弧的起点角度和端点角度。

在AutoCAD 2024中调用【椭圆弧】命令的常用方法有以下3种。

- 选择【绘图】➤【椭圆】➤【圆弧】菜单命令，如下左图所示。
- 在命令行中输入"ELLIPSE/EL"命令并按空格键。
- 单击【默认】选项卡【绘图】面板中的【椭圆弧】按钮，如下右图所示。

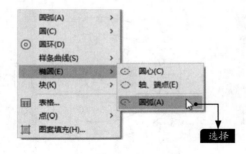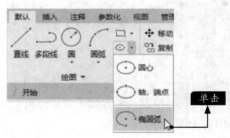

绘制椭圆弧的具体方法参见下表。

绘制对象	绘制步骤	结果图形	相应命令行显示
椭圆弧	1. 调用【椭圆弧】命令； 2. 指定椭圆弧的一条轴的端点； 3. 指定该条轴的另一个端点； 4. 指定另一条半轴的长度； 5. 指定椭圆弧的起点角度； 6. 指定椭圆弧的终点角度	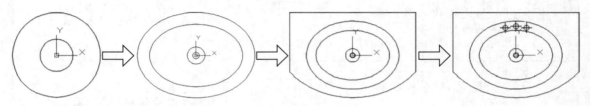 端点 起点	命令：_ellipse 指定椭圆的轴端点或 [圆弧(A)/中心点(C)]: _a 指定椭圆弧的轴端点或[中心点(C)]: 指定轴的另一个端点: 指定另一条半轴长度或[旋转(R)]: 指定起点角度或[参数(P)]: 指定端点角度或[参数(P)/包含角度(I)]:

3.4.3 实例——绘制单盆洗手池

绘制单盆洗手池的过程主要运用到【圆】【椭圆】【直线】【圆弧】【点样式】【多点】命令，绘制思路如下图所示。

绘制单盆洗手池的具体步骤如下。

步骤01 选择【绘图】➤【圆】➤【圆心、半径】菜单命令，以坐标系原点为圆心，绘制两个半径分别为15和40的圆形。

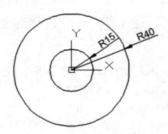

步骤02 选择【绘图】➤【椭圆】➤【圆心】菜单命令，命令行提示如下。

命令：_ellipse
指定椭圆的轴端点或 [圆弧(A)/中心点(C)]: _c
指定椭圆的中心点：   // 以坐标原点为中心点
指定轴的端点：210,0
指定另一条半轴长度或 [旋转(R)]: 145
结果如右上图所示。

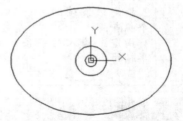

步骤03 选择【绘图】➤【椭圆】➤【轴、端点】菜单命令，命令行提示如下。

命令：_ellipse
指定椭圆的轴端点或 [圆弧(A)/中心点(C)]: 265,0
指定轴的另一个端点：-265,0
指定另一条半轴长度或 [旋转(R)]: 200
结果如下图所示。

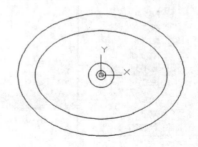

步骤 04 选择【绘图】➤【直线】菜单命令，命令行提示如下。

命令：_line
指定第一点：-360,-100
指定下一点或 [放弃 (U)]: -360,250
指定下一点或 [放弃 (U)]: 360,250
指定下一点或 [闭合 (C)/ 放弃 (U)]:
360,-100
指定下一点或 [闭合 (C)/ 放弃 (U)]:   // 按
【Enter】键确认

结果如下图所示。

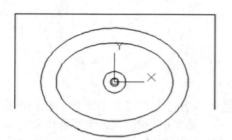

步骤 05 选择【绘图】➤【圆弧】➤【起点、端点、半径】菜单命令，分别捕捉下图所示的 *A* 点和 *B* 点作为起点和端点，然后输入半径值 500，结果如下图所示。

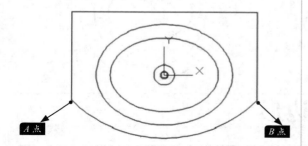

步骤 06 选择【格式】➤【点样式】菜单命令，进行点样式的相关设置，如下图所示。

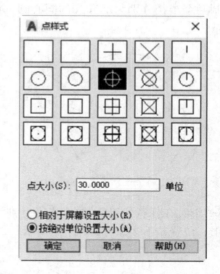

步骤 07 选择【绘图】➤【点】➤【多点】菜单命令，设置3个点的坐标分别为（-60,160）（0,170）（60,160），结果如下图所示。

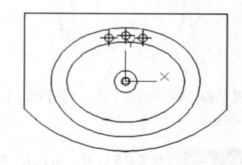

3.4.4 练习——绘制香薰盖

绘制香薰盖的过程主要运用到【圆】【椭圆】【椭圆弧】命令，绘制思路如下图所示。

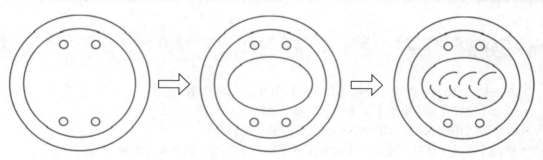

绘制香薰盖的具体步骤如下。

步骤 01 新建一个.dwg文件，选择【绘图】➤【圆】➤【圆心、半径】菜单命令，在任意位置绘制两个半径分别为25和20的同心圆，如下图所示。

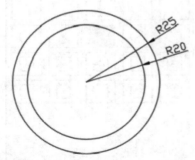

步骤 02 继续在任意位置绘制4个半径分别为1.5的圆形，位置差不多即可，如下图所示。

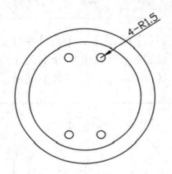

步骤 03 选择【绘图】➤【椭圆】➤【圆心】菜单命令，命令行提示如下。

```
命令：_ellipse
指定椭圆的轴端点或 [ 圆弧 (A)/ 中心点
(C)]：_c
指定椭圆的中心点：  // 捕捉 R25 的圆形
的圆心点
指定轴的端点：@15,0
指定另一条半轴长度或 [ 旋转 (R)]：10
结果如下图所示。
```

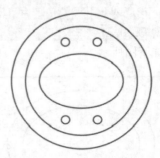

步骤 04 选择【绘图】➤【椭圆】➤【圆弧】菜单命令，绘制6个椭圆弧，大小及位置差不多即可，结果如下图所示。

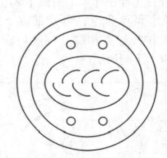

3.5 绘制矩形和正多边形

矩形为4条线段首尾相接且4个角均为直角的四边形，正多边形是由至少3条长度相同的线段首尾相接组合成的规则图形。

3.5.1 矩形

在AutoCAD 2024中调用【矩形】命令的常用方法有以下3种。

● 选择【绘图】➤【矩形】菜单命令，如下页左图所示。

● 在命令行中输入"RECTANG/REC"命令并按空格键。

● 单击【默认】选项卡【绘图】面板中的【矩形】按钮，如下页右图所示。

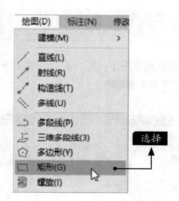

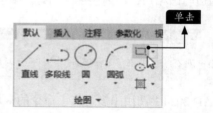

系统默认绘制矩形的方法为指定两点绘制矩形，此外AutoCAD还提供了面积绘制法、尺寸绘制法和旋转绘制法等绘制方法，具体的绘制方法参见下表。

绘制方法	绘制步骤	结果图形	相应命令行显示
面积绘制法	1. 指定第一个角点； 2. 输入"a"选择面积绘制法； 3. 输入矩形的面积值； 4. 指定矩形的长度或宽度	8 12.5	命令:_RECTANG 指定第一个角点或 [倒角(C)/标高(E)/圆角(F)/厚度(T)/宽度(W)]: //单击指定第一角点 指定另一个角点或 [面积(A)/尺寸(D)/旋转(R)]: a 输入以当前单位计算的矩形面积<100.0000>: //按空格键接受默认值 计算矩形标注时依据 [长度(L)/宽度(W)] <长度>: //按空格键接受默认值 输入矩形长度 <10.0000>: 8
尺寸绘制法	1.指定第一个角点； 2.输入"d"选择尺寸绘制法； 3.指定矩形的长度和宽度； 4.拖曳鼠标指定矩形的放置位置	8 12.5	命令:_RECTANG 指定第一个角点或 [倒角(C)/标高(E)/圆角(F)/厚度(T)/宽度(W)]: //单击指定第一角点 指定另一个角点或 [面积(A)/尺寸(D)/旋转(R)]: d 指定矩形的长度 <8.0000>: 8 指定矩形的宽度 <12.5000>: 12.5 指定另一个角点或 [面积(A)/尺寸(D)/旋转(R)]: //拖曳鼠标指定矩形的放置位置
旋转绘制法	1.指定第一个角点； 2.输入"r"选择旋转绘制法； 3.输入旋转的角度； 4.拖曳鼠标指定矩形的另一个角点或输入"a""d"，通过面积或尺寸确定矩形的另一个角点	45°	命令:_RECTANG 指定第一个角点或 [倒角(C)/标高(E)/圆角(F)/厚度(T)/宽度(W)]: //单击指定第一角点 指定另一个角点或 [面积(A)/尺寸(D)/旋转(R)]: r 指定旋转角度或 [拾取点(P)] <0>: 45 指定另一个角点或 [面积(A)/尺寸(D)/旋转(R)]: //拖曳鼠标指定矩形的另一个角点

3.5.2 正多边形

AutoCAD中正多边形的绘制方法可以分为外切于圆绘制法和内接于圆绘制法两种。外切于圆是指多边形的边与圆相切，而内接于圆则是指多边形的顶点与圆相接。

> **提示**
>
> AutoCAD中没有绘制非正多边形的命令，下面调用的命令绘制的多边形都是正多边形。

在AutoCAD 2024中调用【多边形】命令的常用方法有以下3种。
- 选择【绘图】➤【多边形】菜单命令，如下左图所示。
- 在命令行中输入"POLYGON/POL"命令并按空格键。
- 单击【默认】选项卡【绘图】面板中的【多边形】按钮，如下右图所示。

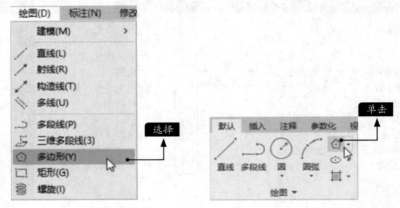

绘制多边形的具体方法参见下表。

绘制方法	绘制步骤	结果图形	相应命令行显示
内接于圆绘制法	1.指定多边形的侧面数； 2.通过单击或输入坐标的方式指定多边形的中心点； 3.选择内接于圆的绘制方式； 4.通过单击或输入坐标的方式指定圆的半径值	R200	命令: _polygon 输入侧面数 <4>: 6 //指定侧面数 指定正多边形的中心点或 [边(E)]: //指定多边形的中心点 输入选项 [内接于圆(I)/外切于圆(C)] <I>: //采用默认设置，按【Enter】键确认 指定圆的半径: 200 //指定圆的半径值
外切于圆绘制法	1.指定多边形的侧面数； 2.通过单击或输入坐标的方式指定多边形的中心点； 3.选择外切于圆的绘制方式； 4.通过单击或输入坐标的方式指定圆的半径值	R200	命令: _polygon 输入侧面数 <6>: 6 //指定侧面数 指定正多边形的中心点或 [边(E)]: //指定多边形的中心点 输入选项 [内接于圆(I)/外切于圆(C)] <I>: c //选择外切于圆的绘制方式 指定圆的半径: 200 //指定圆的半径值

3.5.3 实例——绘制气缸

绘制气缸的过程主要运用到【矩形】【直线】命令，绘制思路如下图所示。

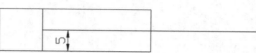

绘制气缸的具体步骤如下。

步骤 01 新建一个.dwg文件，选择【绘图】➤【矩形】菜单命令，绘制一个35×10的矩形，如下图所示。

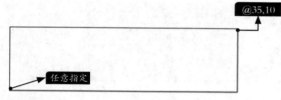

步骤 02 选择【绘图】➤【直线】菜单命令，绘制一条长度为10的竖直线段，位置如右上图所示。

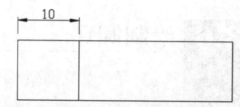

步骤 03 继续绘制一条长度为50的水平线段，位置如下图所示。

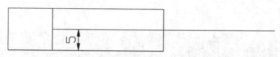

3.5.4 练习——绘制五角星

绘制五角星的过程主要运用到【多边形】【直线】【删除】命令，【删除】命令参考4.6节的内容，绘制思路如下图所示。

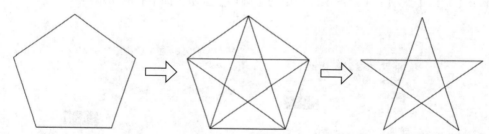

绘制五角星的具体步骤如下。

步骤 01 新建一个.dwg文件，选择【绘图】➤【多边形】菜单命令，在任意位置绘制一个内接于半径为30的圆的正五边形，如下图所示。

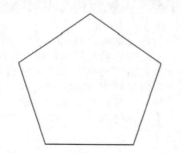

步骤 02 选择【绘图】➤【直线】菜单命令，分别捕捉正五边形的端点绘制5条线段，如下图所示。

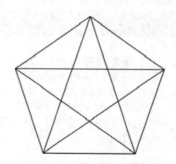

步骤 03 选择 步骤 01 绘制的正五边形，按【Delete】键将其删除，结果如下图所示。

3.6 绘制圆环

圆环是填充环或实体填充圆，即带有宽度的闭合多段线。

3.6.1 圆环

在AutoCAD 2024中调用【圆环】命令的常用方法有以下3种。

- 选择【绘图】➤【圆环】菜单命令，如下左图所示。
- 在命令行中输入"DONUT/DO"命令并按空格键。
- 单击【默认】选项卡【绘图】面板中的【圆环】按钮，如下右图所示。

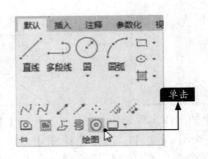

绘制圆环的具体方法参见下表。

绘制对象	绘制步骤	结果图形	相应命令行显示
圆环	1.指定圆环的内径值； 2.指定圆环的外径值； 3.通过单击或输入坐标的方式指定圆环的中心点； 4.按【Enter】键退出【圆环】命令	⌀10 ⌀5	命令: _donut 指定圆环的内径 <0.5000>: 5 指定圆环的外径 <1.0000>: 10 指定圆环的中心点或 <退出>: //指定圆环的中心点 指定圆环的中心点或 <退出>: //按【Enter】键

3.6.2 实例——绘制钥匙扣

绘制钥匙扣的过程主要运用到【圆环】命令，绘制思路如下图所示。

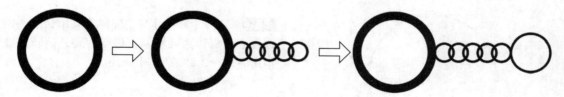

绘制钥匙扣的具体步骤如下。

步骤 01 新建一个.dwg文件，选择【绘图】➤
【圆环】菜单命令，在任意位置绘制一个内径
为16，外径为20的圆环，如下图所示。

步骤 02 继续绘制5个内径为4，外径为5的圆
环，位置差不多即可，如右上图所示。

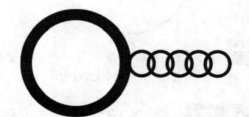

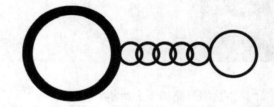

步骤 03 继续绘制1个内径为9，外径为10的圆
环，位置差不多即可，如下图所示。

3.6.3 练习——绘制月牙

绘制月牙的过程主要运用到【圆环】【旋转】命令，【旋转】命令参考4.2节的内容，绘制思
路如下图所示。

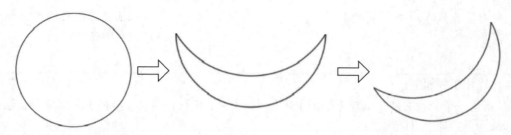

绘制月牙的具体步骤如下。

步骤 01 新建一个.dwg文件，选择【绘图】➤
【圆环】菜单命令，在任意位置绘制一个内径
和外径都为10的圆环，如右图所示。

步骤02 按组合键【Ctrl+A】全选，单击选择下图所示的夹点。

步骤04 选择【修改】➤【旋转】菜单命令，以圆环中心点作为旋转基点进行旋转，旋转角度指定为30°，结果如下图所示。

步骤03 将所选择的夹点拖动到一个适当的位置，按【Esc】键取消选择，如右上图所示。

3.7 综合实例——绘制电感符号

绘制电感符号的过程中主要应用到【圆弧】【直线】命令。

具体绘制思路如下表所示。

序号	绘图方法	结果	备注
1	利用【圆弧】命令绘制4个圆弧对象		捕捉当前圆弧的最后一点作为新圆弧的起点
2	利用【直线】命令绘制两个竖直线段		捕捉圆弧的端点作为线段的起点

具体操作步骤如下。

步骤01 新建一个.dwg文件，选择【绘图】➤【圆弧】➤【起点、端点、半径】菜单命令，绘制半径为10的圆弧，如下页图所示。

```
命令：_arc
指定圆弧的起点或 [ 圆心 (C)]：        // 在适当的位置任意单击
指定圆弧的第二个点或 [ 圆心 (C)/ 端点 (E)]：_e
指定圆弧的端点：@-20,0
指定圆弧的中心点 ( 按住 Ctrl 键以切换方向 ) 或 [ 角度 (A)/ 方向 (D)/ 半径 (R)]：_r
指定圆弧的半径 ( 按住 Ctrl 键以切换方向 )：10
```

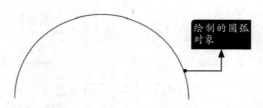

绘制的圆弧
对象

步骤 02 重复**步骤 01**的操作，分别以当前圆弧的最后一点作为新圆弧的起点，绘制3个圆弧，如下图所示。

步骤 03 选择【绘图】➤【直线】菜单命令，分别捕捉圆弧的端点作为线段的起点，绘制两条长度为35的竖直线段，结果如下图所示。

35

疑难解答

1.绘制圆弧可以使用的要素和流程

想要弄清【圆弧】命令的所有选项似乎不太容易，但是只要理解圆弧中所包含的各种要素，就能根据需要使用相应选项。下图所示为绘制圆弧时可以使用的各种要素。

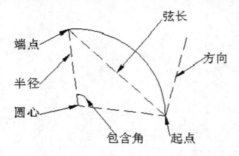

弦长

端点

方向

半径

圆心

包含角   起点

除了知道绘制圆弧所需的要素外，还要知道AutoCAD提供绘制圆弧选项的流程示意图，开始执行ARC命令时，只有两个选项：指定起点或圆心，可根据已有信息选择后面的选项。下页图所示为绘制圆弧的流程图。

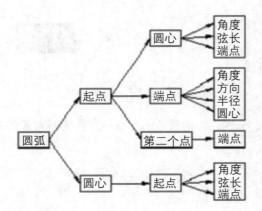

2.如何精确选择重叠对象

用户可以在状态栏中将【选择循环】 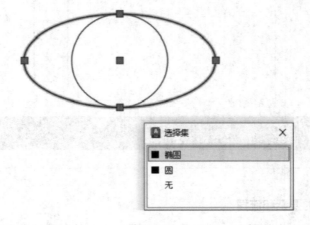 功能开启，选择对象时只要将十字光标靠近需要选择的目标对象并单击，在【选择集】对话框中可以对目标对象进行快速精确的选择。

第4章

编辑二维图形对象

学习内容

单纯地使用绘图命令，只能绘制一些基本的图形。如果要绘制复杂的图形，在很多情况下必须借助图形编辑命令。AutoCAD 2024提供了强大的图形编辑功能，可以帮助用户合理地构造和组织图形，既保证了绘图的精确性，又简化了绘图操作，从而极大地提高了绘图效率。

学习效果

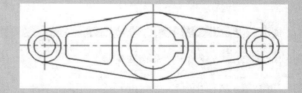

4.1 选择对象

在AutoCAD中创建的每个几何图形都是一个AutoCAD对象。AutoCAD对象具有很多形式，直线、圆、标注、文字、多边形等都是对象。

在AutoCAD中，选择对象是非常重要的操作，通常在执行编辑命令前需要先选择对象。

提示

在AutoCAD中，多数命令对选择对象和执行命令的顺序没有严格的要求。也就是说，既可以先执行命令再选择对象，也可以先选择对象再执行命令，这两种操作顺序都不会影响最终的结果。

4.1.1 选择单个对象

将十字光标移至需要选择的图形对象上并单击即可选中该对象，如下左图所示。选择对象时可以选择单个对象，也可以选择多个对象。

对于重叠对象，可以在【草图设置】对话框中单击【选择循环】选项卡，勾选【允许选择循环】复选框，利用选择循环功能对相应的对象进行选择，如下右图所示。

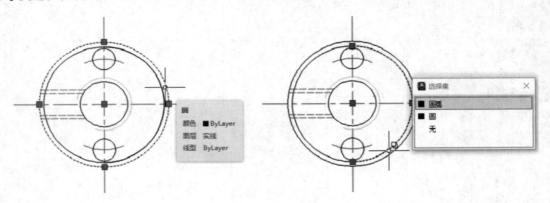

提示

按【Esc】键可以取消对象的选择状态。

4.1.2 选择多个对象

可以采用窗口选择和交叉选择这两种方法中的任意一种选择多个对象。使用窗口选择方法时，只有整个对象都在选择框中时，对象才会被选择，如下页左图所示。而交叉选择方法时，只要对象和选择框相交就会被选择，如下页右图所示。

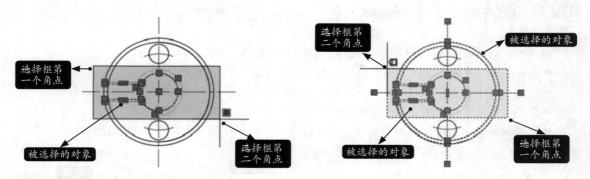

4.2 调整对象的位置

在AutoCAD中调整对象位置主要涉及【移动】【旋转】命令，下面对这两个命令的调用方法及操作方法进行详细介绍。

4.2.1 移动

在AutoCAD 2024中调用【移动】命令的常用方法有以下4种。

- 选择【修改】➤【移动】菜单命令，如下左图所示。
- 在命令行中输入"MOVE/M"命令并按空格键。
- 单击【默认】选项卡【修改】面板中的【移动】按钮，如下中图所示。
- 选择对象后单击鼠标右键，在弹出的快捷菜单中选择【移动】命令，如下右图所示。

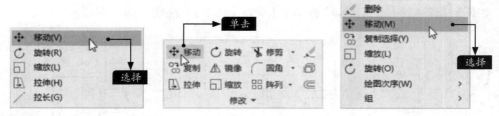

移动的具体操作方法参见下表。

操作内容	操作步骤	结果图形	相应命令行显示
移动（虚线显示的对象为移动之前的对象，实线显示的对象为移动之后的对象）	1. 选择需要移动的对象； 2. 指定对象移动基点的位置； 3. 指定对象移动目标点的位置	100	命令: _move 选择对象: //选择由圆弧和线段组成的对象 选择对象: //按【Enter】键 指定基点或 [位移(D)] <位移>: 0,0 指定第二个点或 <使用第一个点作为位移>: @100,0

4.2.2 旋转

在AutoCAD 2024中调用【旋转】命令的常用方法有以下4种。

- 选择【修改】➤【旋转】菜单命令，如下左图所示。
- 在命令行中输入"ROTATE/RO"命令并按空格键。
- 单击【默认】选项卡【修改】面板中的【旋转】按钮，如下中图所示。
- 选择对象后单击鼠标右键，在弹出的快捷菜单中选择【旋转】命令，如下右图所示。

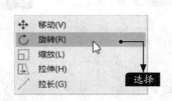 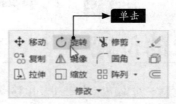 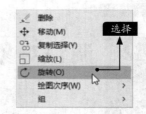

旋转的具体操作方法参见下表。

操作内容	操作步骤	结果图形	相应命令行显示
旋转	1.选择需要旋转的对象； 2.指定对象旋转基点的位置； 3.指定对象所需旋转的角度值		命令: _rotate UCS 当前的正角方向：ANGDIR=逆时针 ANGBASE=0 选择对象: //选择矩形对象 选择对象: //按【Enter】键 指定基点:0,0 指定旋转角度，或 [复制(C)/参照(R)] <60>: 45

4.2.3 实例——调整座椅位置

调整座椅位置过程中会运用到【移动】【旋转】命令，绘制思路如下图所示。

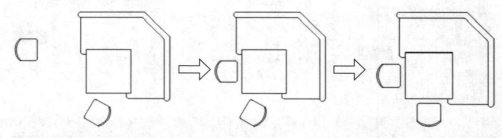

调整座椅位置的具体步骤如下。

步骤01 打开"素材\CH04\调整座椅位置.dwg"文件，如右图所示。

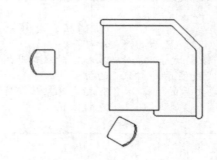

步骤 **02** 单击【默认】选项卡【修改】面板中的【移动】按钮✛，选择左侧的座椅作为需要移动的对象，以任意点作为移动的基点，移动的第二点指定为"@1000，-500"，结果如下图所示。

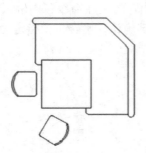

步骤 **03** 单击【默认】选项卡【修改】面板中的【旋转】按钮↻，选择下方的座椅作为需要

旋转的对象，捕捉椅子靠背的中点作为旋转的基点，然后输入旋转角度值-60，结果如下图所示。

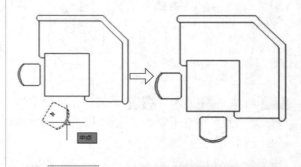

提示

AutoCAD 默认逆时针为正方向旋转，顺时针为负方向旋转。

4.2.4 练习——绘制曲柄

绘制曲柄的过程主要运用到【圆】【移动】【直线】【旋转】命令，绘制思路如下图所示。

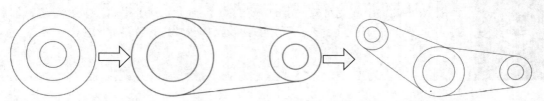

绘制曲柄的具体步骤如下。

步骤 **01** 单击【默认】选项卡【绘图】面板中的【圆心，半径】按钮◠，在任意位置绘制半径分别为16、10和5的同心圆，如下图所示。

步骤 **02** 单击【默认】选项卡【修改】面板中的【移动】按钮✛，选择半径为5的圆形作为需要移动的对象，以任意点作为移动的基点，移动的第二点指定为"@48，0"，结果如下图所示。

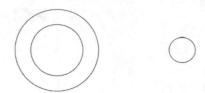

步骤 **03** 重复【圆心，半径】命令，绘制半径为5的圆形的同心圆，半径指定为10，如下图所示。

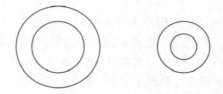

步骤 **04** 单击【默认】选项卡【绘图】面板中的【直线】按钮╱，按住【Shift】键的同时在绘图窗口的空白位置单击鼠标右键，在弹出的快捷菜单中选择【切点】命令，如下图所示。

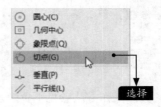

步骤 **05** 在半径为16的圆形的圆周上单击指定线

段的第一点，如下图所示。

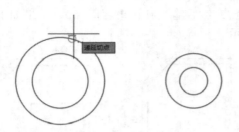

步骤 06 重复 **步骤 04** ~ **步骤 05** 的操作，指定线段的下一点，并进行另外一条线段的绘制，结果如下图所示。

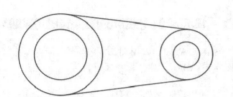

步骤 07 单击【默认】选项卡【修改】面板中的【旋转】按钮，选择右侧半径为5和10的圆形及两条线段作为需要旋转的对象，捕捉半径为16的圆形的圆心作为旋转的基点，当命令行提示"指定旋转角度，或[复制（C）/参照（R）]"时，在命令行中输入"C"并按【Enter】键确认，旋转角度指定为150°，结果如下图所示。

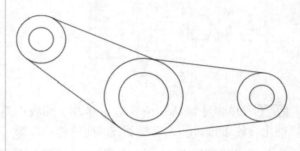

4.3 复制类编辑对象

在AutoCAD中改变对象大小的命令主要包括【复制】【偏移】【镜像】【阵列】等，下面将对这4个命令的调用方法及操作步骤进行详细介绍。

4.3.1 复制

复制，通俗地讲就是得到一个及以上的与源对象完全一样的对象。调用一次【复制】命令，可以实现连续多次复制同一个对象，退出【复制】命令后终止复制操作。

在AutoCAD 2024中调用【复制】命令的常用方法有以下4种。

- 选择【修改】➤【复制】菜单命令，如下左图所示。
- 在命令行中输入"COPY/CO/CP"命令并按空格键。
- 单击【默认】选项卡【修改】面板中的【复制】按钮，如下中图所示。
- 选择对象后单击鼠标右键，在弹出的快捷菜单中选择【复制选择】命令，如下右图所示。

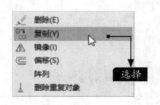
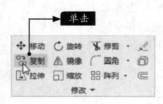
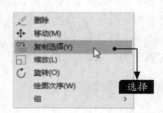

复制的具体操作方法参见下页表。

操作内容	操作步骤	结果图形	相应命令行显示
复制	1. 选择需要复制的对象； 2. 指定对象复制基点的位置； 3. 指定对象复制第二个点的位置，不退出当前操作的情况下，可以连续指定复制第二个点的位置	75	命令: _copy 选择对象: //选择由圆弧和线段组成的对象 选择对象: //按【Enter】键 当前设置: 复制模式 = 多个 指定基点或 [位移(D)/模式(O)] <位移>: 0,0 指定第二个点或 [阵列(A)] <使用第一个点作为位移>: @0,75 指定第二个点或 [阵列(A)/退出(E)/放弃(U)] <退出>: //按【Enter】键

4.3.2 偏移

利用【偏移】命令可以创建与源对象平行的新对象。

在AutoCAD 2024中调用【偏移】命令的常用方法有以下3种。

- 选择【修改】➤【偏移】菜单命令，如下左图所示。
- 在命令行中输入"OFFSET/O"命令并按空格键。
- 单击【默认】选项卡【修改】面板中的【偏移】按钮，如下右图所示。

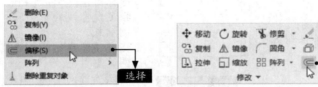

偏移的具体操作方法参见下表。

操作内容	操作步骤	结果图形	相应命令行显示
偏移	1. 指定偏移距离，数值必须为正值； 2. 选择需要偏移的对象； 3. 指定偏移方向	15	命令: _offset 当前设置: 删除源＝否　图层＝源 OFFSETGAPTYPE=0 指定偏移距离或 [通过(T)/删除(E)/图层(L)] <通过>: 15 选择要偏移的对象，或 [退出(E)/放弃(U)] <退出>: //选择矩形 指定要偏移的那一侧上的点，或 [退出(E)/多个(M)/放弃(U)] <退出>: //在矩形的内部单击 选择要偏移的对象，或 [退出(E)/放弃(U)] <退出>: //按【Enter】键

提示

偏移的对象如果是直线，那么偏移的结果相当于复制。偏移的对象如果是圆，偏移的结果是一个和源对象同圆心的圆，偏移距离即两个圆的半径差。偏移的对象如果是矩形，偏移结果是一个和源对象同中心的矩形，偏移距离即两个矩形平行边之间的距离。

4.3.3 镜像

镜像操作对创建对称的对象非常有用。对于对称的对象，通常可以快速地绘制半个对象，然后将其镜像，而不必绘制整个对象。

在AutoCAD 2024中调用【镜像】命令的常用方法有以下3种。

- 选择【修改】➤【镜像】菜单命令，如下左图所示。
- 在命令行中输入"MIRROR/MI"命令并按空格键。
- 单击【默认】选项卡【修改】面板中的【镜像】按钮，如下右图所示。

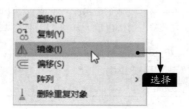
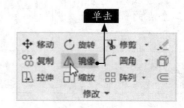

镜像的具体操作方法参见下表。

操作内容	操作步骤	结果图形	相应命令行显示
镜像	1. 选择需要镜像的对象； 2. 指定镜像线； 3. 指定是否保留源对象	源对象 镜像得到的对象	命令: _mirror 选择对象: //选择除中心线外的所有对象 选择对象: //按【Enter】键 指定镜像线的第一点: //捕捉中心线左侧端点 指定镜像线的第二点: //捕捉中心线右侧端点 要删除源对象吗? [是(Y)/否(N)] <否>: //按【Enter】键

4.3.4 阵列

使用阵列功能可以快速创建多个对象的副本，阵列分为矩形阵列、路径阵列以及环形阵列（极轴阵列）。

在AutoCAD 2024中调用【阵列】命令的常用方法有以下3种。

- 选择【修改】➤【阵列】菜单命令，选择一种阵列方法，如下左图所示。
- 在命令行中输入"ARRAY/AR"命令并按空格键。
- 单击【默认】选项卡【修改】面板中的【阵列】按钮，如下右图所示。

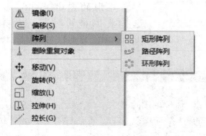

阵列的具体操作方法参见下页表。

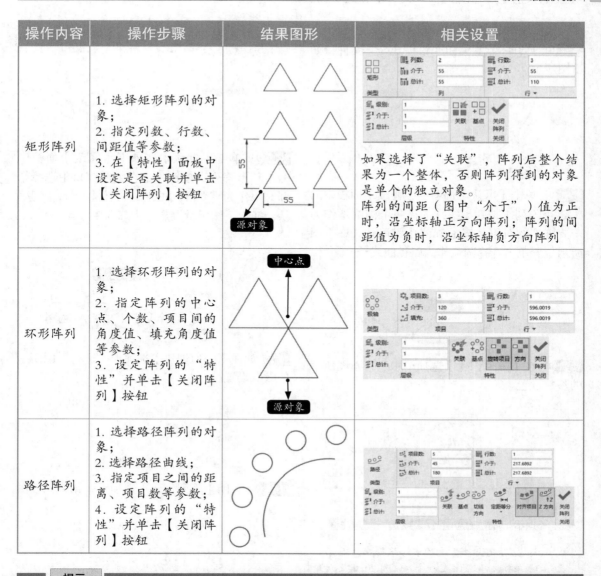

操作内容	操作步骤	结果图形	相关设置
矩形阵列	1. 选择矩形阵列的对象； 2. 指定列数、行数、间距值等参数； 3. 在【特性】面板中设定是否关联并单击【关闭阵列】按钮		如果选择了"关联"，阵列后整个结果为一个整体，否则阵列得到的对象是单个的独立对象。 阵列的间距（图中"介于"）值为正时，沿坐标轴正方向阵列；阵列的间距值为负时，沿坐标轴负方向阵列
环形阵列	1. 选择环形阵列的对象； 2. 指定阵列的中心点、个数、项目间的角度值、填充角度值等参数； 3. 设定阵列的"特性"并单击【关闭阵列】按钮		
路径阵列	1. 选择路径阵列的对象； 2. 选择路径曲线； 3. 指定项目之间的距离、项目数等参数； 4. 设定阵列的"特性"并单击【关闭阵列】按钮		

提示

阵列参数除了可以通过【阵列创建】选项卡设定，还可以根据命令行提示一步步进行设定。

4.3.5 实例——绘制银桦

绘制银桦的过程会运用到【路径阵列】【环形阵列】命令，绘制思路如下图所示。

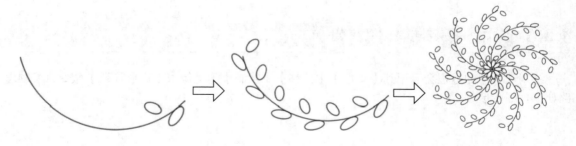

绘制银桦的具体步骤如下。

步骤01 打开"素材\CH04\银桦.dwg"文件，如下图所示。

步骤02 单击【默认】选项卡【修改】面板中的【路径阵列】按钮，选择两个椭圆形作为需要阵列的对象，按【Enter】键确认，在下图所示位置单击选择圆弧作为路径曲线。

选择圆弧

步骤03 在【阵列创建】选项卡中进行下图所示的参数设置。

路径	项目数:	6
	介于:	0.3
	总计:	1.5
类型		项目

提示

AutoCAD默认将所选对象沿路径定距或定数完全填充，因此只需设置一个参数（项目数或介于）即可。

本例中如果读者不需要完全填充，可以单击【项目数】按钮，将其激活，然后输入项目数和距离。

步骤04 关闭【阵列创建】选项卡，结果如右上图所示。

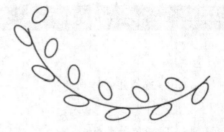

步骤05 单击【默认】选项卡【修改】面板中的【环形阵列】按钮，在绘图窗口中选择全部对象作为需要阵列的对象，按【Enter】键确认，捕捉下图所示端点作为阵列中心点。

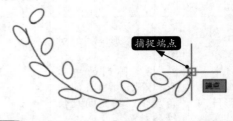

捕捉端点

端点

步骤06 在【阵列创建】选项卡中进行下图所示的参数设置。

极轴	项目数:	9
	介于:	40
	填充:	360
类型		项目

步骤07 关闭【阵列创建】选项卡，结果如下图所示。

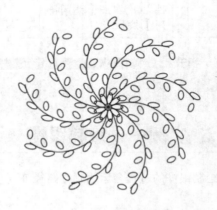

4.3.6 练习——绘制计算器

绘制计算器的过程会运用到【矩形】【偏移】【复制】【镜像】【矩形阵列】命令，绘制思路如下页图所示。

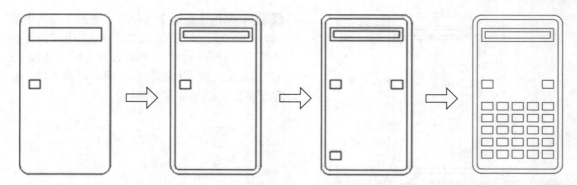

绘制计算器的具体步骤如下。

步骤 01 单击【默认】选项卡【绘图】面板中的【矩形】按钮□，命令行提示如下。

```
命令 : _rectang
指定第一个角点或 [ 倒角 (C)/ 标高 (E)/
圆角 (F)/ 厚度 (T)/ 宽度 (W)]: f
指定矩形的圆角半径 <0.0000>: 8
指定第一个角点或 [ 倒角 (C)/ 标高 (E)/
圆角 (F)/ 厚度 (T)/ 宽度 (W)]: // 在绘图窗口
的位置空白任意单击
指定另一个角点或 [ 面积 (A)/ 尺寸 (D)/
旋转 (R)]: @80,145 // 按【Enter】键确认
```

结果如下图所示。

步骤 02 重复矩形命令，圆角半径设置为0，分别绘制64×12和10×7的矩形，命令行提示如下。

```
命令 : RECTANG
当前矩形模式 : 圆角 =8.0000
指定第一个角点或 [ 倒角 (C)/ 标高 (E)/
圆角 (F)/ 厚度 (T)/ 宽度 (W)]: f
指定矩形的圆角半径 <8.0000>: 0
指定第一个角点或 [ 倒角 (C)/ 标高 (E)/
圆角 (F)/ 厚度 (T)/ 宽度 (W)]: fro
基点 : // 捕捉上边中点
< 偏移 >: @-32,-12
指定另一个角点或 [ 面积 (A)/ 尺寸 (D)/
旋转 (R)]: @64,-12
命令 :RECTANG
```

```
指定第一个角点或 [ 倒角 (C)/ 标高 (E)/
圆角 (F)/ 厚度 (T)/ 宽度 (W)]: fro
基点 : // 捕捉下边中点
< 偏移 >: @-32,78
指定另一个角点或 [ 面积 (A)/ 尺寸 (D)/
旋转 (R)]: @10,7
```

结果如下图所示。

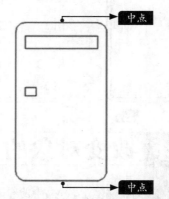

中点

中点

步骤 03 单击【默认】选项卡【修改】面板中的【偏移】按钮⊆，将圆角矩形向内侧偏移4，64×12的矩形向内侧偏移3，结果如下图所示。

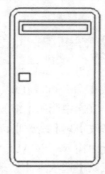

步骤 04 单击【默认】选项卡【修改】面板中的【复制】按钮，选择上方的10×7的矩形作为需要复制的对象，复制的基点可以任意指定，复制的第二点可以指定为 "@0,-64"，结果如下页图所示。

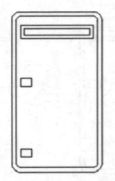

步骤 05 单击【默认】选项卡【修改】面板中的【镜像】按钮⚠，选择上方的10×7的矩形作为需要镜像的对象，将其沿竖直中心线进行镜像，结果如下图所示。

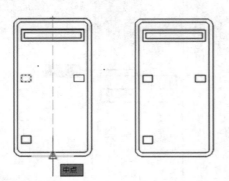

步骤 06 单击【默认】选项卡【修改】面板中的【矩形阵列】按钮⬚，选择下方的10×7的矩形作为需要阵列的对象，列数设置为5，列间距设置为13.5，行数设置为5，行间距设置为11，取消关联性，结果如下图所示。

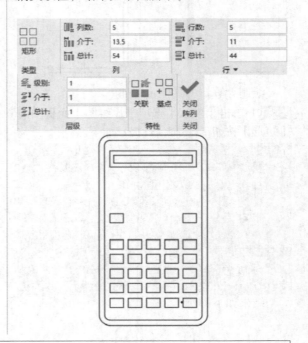

4.4 改变对象的大小

在AutoCAD中改变对象大小的命令主要包括【缩放】【拉伸】【拉长】【修剪】【延伸】等，下面将对这5个命令的调用方法及操作步骤进行详细介绍。

4.4.1 缩放

使用【缩放】命令可以在x、y和z坐标上同比例放大或缩小对象。

在AutoCAD 2024中调用【缩放】命令的常用方法有以下4种。

- 选择【修改】➤【缩放】菜单命令，如下页左图所示。
- 在命令行中输入"SCALE/SC"命令并按空格键。
- 单击【默认】选项卡【修改】面板中的【缩放】按钮，如下页中图所示。
- 选择对象后单击鼠标右键，在弹出的快捷菜单中选择【缩放】命令，如下页右图所示。

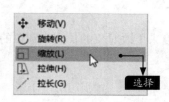
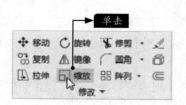
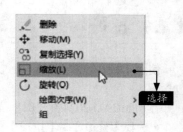

缩放的具体操作方法参见下表。

操作内容	操作步骤	结果图形	相应命令行显示
缩放 （虚线显示部分为缩放之前的圆形，实线显示部分为缩放之后的圆形）	1. 选择缩放的对象； 2. 指定对象缩放基点的位置； 3. 指定对象缩放的比例因子	R25 R70	命令: _scale 选择对象: //选择圆形 选择对象: //按【Enter】键 指定基点: //捕捉圆心 指定比例因子或 [复制(C)/参照(R)]: 0.5

4.4.2 拉伸

使用【拉伸】命令可以对对象进行形状或比例上的改变，该命令主要用于非等比例缩放。【缩放】命令是对对象的整体进行放大或缩小，也就是说，缩放前后对象的大小发生改变，但其图形元素之间的比例和形状保持不变。

在AutoCAD 2024中调用【拉伸】命令的常用方法有以下3种。

● 选择【修改】➤【拉伸】菜单命令，如下左图所示。
● 在命令行中输入"STRETCH/S"命令并按空格键。
● 单击【默认】选项卡【修改】面板中的【拉伸】按钮，如下右图所示。

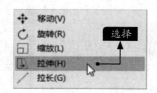
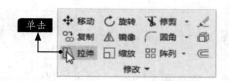

拉伸的具体操作方法参见下表。

操作内容	操作步骤	结果图形	相应命令行显示
拉伸 （虚线显示的圆弧为拉伸之前的对象，实线显示的圆弧为拉伸之后的对象）	1.以交叉窗口或交叉多边形的方式选择拉伸的对象，全部被选择的对象将被移动，部分被选择的对象将被拉伸； 2.指定拉伸基点的位置； 3.指定拉伸第二个点的位置		命令: _stretch 以交叉窗口或交叉多边形选择要拉伸的对象... 选择对象: //以交叉窗口的方式选择圆弧上侧端点部分 选择对象: //按【Enter】键 指定基点或 [位移(D)] <位移>: //在任意位置单击 指定第二个点或 <使用第一个点作为位移>: @0,-10

4.4.3 拉长

使用【拉长】命令可以通过指定百分比、增量、最终长度或角度来更改对象的长度和圆弧的包含角。

在AutoCAD 2024中调用【拉长】命令的常用方法有以下3种。

- 选择【修改】➤【拉长】菜单命令，如下左图所示。
- 在命令行中输入"LENGTHEN/LEN"命令并按空格键。
- 单击【默认】选项卡【修改】面板中的【拉长】按钮，如下右图所示。

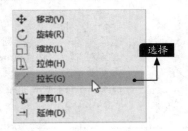

拉长的具体操作方法参见下表。

操作内容	操作步骤	结果图形	相应命令行显示
拉长（虚线显示部分为拉长结果）	1.在【拉长】命令提示状态下选择一个适当的选项，本实例选择"增量"选项； 2.指定长度增量值，即本实例中线段需要拉长的长度值； 3.选择本实例中需要改变长度值的线段		命令: _lengthen 选择要测量的对象或 [增量(DE)/百分比(P)/总计(T)/动态(DY)] <总计(T)>: de 输入长度增量或 [角度（A）]<0.0000>: 5 选择要修改的对象或 [放弃(U)]: //选择右侧竖直线段 选择要修改的对象或 [放弃(U)]: //按【Enter】键

4.4.4 修剪

在AutoCAD 2024中调用【修剪】命令的常用方法有以下3种。

- 选择【修改】➤【修剪】菜单命令，如下左图所示。
- 在命令行中输入"TRIM/TR"命令并按空格键。
- 单击【默认】选项卡【修改】面板中的【修剪】按钮，如下右图所示。

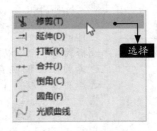
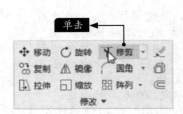

修剪的具体操作方法参见下页表。

操作内容	操作步骤	结果图形	相应命令行显示
修剪 （虚线显示部分为被修剪掉的部分）	依次选择需要修剪的对象		命令：_trim 当前设置：投影=UCS,边=无,模式=快速 选择要修剪的对象，或按住 Shift 键选择要延伸的对象或 [剪切边(T)/窗交(C)/模式(O)/投影(P)/删除(R)]：//依次选择中间直线上方的线条 选择要修剪的对象，或按住Shift键选择要延伸的对象或 [剪切边(T)/窗交(C)/模式(O)/投影(P)/删除(R)/放弃(U)]：//按【Enter】键

4.4.5 延伸

修剪和延伸是一对相反的操作，在绘图过程中会非常频繁地使用这两个操作，在执行【延伸】命令时按住【Shift】键，可以直接切换到【修剪】命令，在执行【修剪】命令时同理。

在AutoCAD 2024中调用【延伸】命令的常用方法有以下3种。

● 选择【修改】➤【延伸】菜单命令，如下左图所示。

● 在命令行中输入"EXTEND/EX"命令并按空格键。

● 单击【默认】选项卡【修改】面板中的【延伸】按钮，如下右图所示。

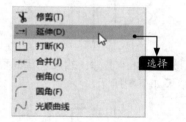

延伸的具体操作方法参见下表。

操作内容	操作步骤	结果图形	相应命令行显示
延伸 （虚线显示部分为延伸结果）	依次选择需要延伸的对象		命令：_extend 当前设置：投影=UCS,边=无,模式=快速 选择要延伸的对象，或按住 Shift 键选择要修剪的对象或 [边界边(B)/窗交(C)/模式(O)/投影(P)]：//选择图形中最短的线段 选择要延伸的对象，或按住 Shift 键选择要修剪的对象或 [边界边(B)/窗交(C)/模式(O)/投影(P)/放弃(U)]：//按【Enter】键

4.4.6 实例——绘制轮毂键槽

绘制轮毂键槽的过程会运用到【圆】【直线】【偏移】【延伸】【修剪】命令，绘制思路如下页图所示。

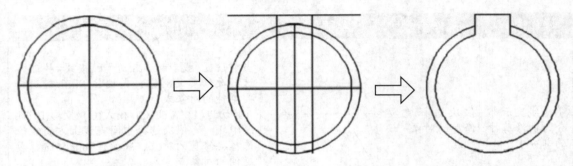

绘制轮毂键槽的具体步骤如下。

步骤 01 单击【默认】选项卡【绘图】面板中的【圆心，半径】按钮 ⊘，在任意位置绘制两个同心圆，半径分别指定为15和13，如下图所示。

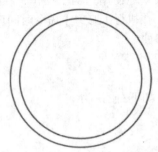

步骤 02 单击【默认】选项卡【绘图】面板中的【直线】按钮 ╱，绘制半径为15的圆的两条直径，位置如下图所示。

步骤 03 单击【默认】选项卡【修改】面板中的【偏移】按钮 ⊏，将竖直线向两侧各偏移4，水平线向上偏移17，结果如下图所示。

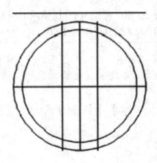

步骤 04 单击【默认】选项卡【修改】面板中的【延伸】按钮 ⟶，将偏移后的两条竖直线延伸到最上边的水平线（延伸后不要退出命令），结果如下图所示。

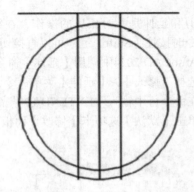

步骤 05 按住【Shift】键，然后选择需要删除的对象，结果如下图所示。

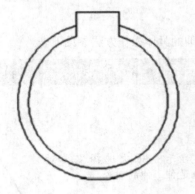

> **提示**
>
> 在执行【延伸】命令时，按住【Shift】键将切换为【修剪】功能。

4.4.7 练习——绘制接地开关

绘制接地开关的过程会运用到【直线】【偏移】【拉伸】【缩放】【拉长】【延伸】命令，绘制思路如下图所示。

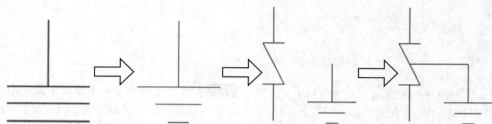

绘制接地开关的具体步骤如下。

步骤01 单击【默认】选项卡【绘图】面板中的【直线】按钮╱，在任意位置绘制一条长度为30的竖直线段和一条长度为36的水平线段，如下图所示。

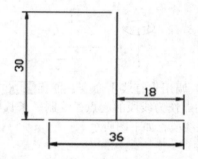

步骤02 单击【默认】选项卡【修改】面板中的【偏移】按钮⊏，将水平线段向上偏移8，然后将偏移后的线段再向下偏移8，结果如下图所示。

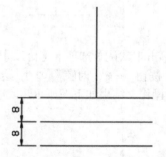

步骤03 单击【默认】选项卡【修改】面板中的【拉伸】按钮▲，以交叉窗口的方式选择右上图所示的对象，按【Enter】键确认。

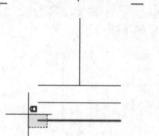

提示

在选择对象时，必须采用交叉选择（从右向左拖动鼠标）的方式选择对象。

步骤04 拉伸基点可以任意指定，拉伸的第二点指定为"@13.5，0"，结果如下图所示。

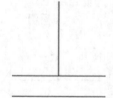

步骤05 对线段另一端进行相同的拉伸操作，拉伸的第二点指定为"@-13.5，0"，结果如下图所示。

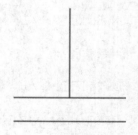

步骤 06 单击【默认】选项卡【修改】面板中的【缩放】按钮，根据命令行提示，进行如下操作。

命令：_SCALE
选择对象：找到 1 个   // 选择中间的水平线段
选择对象：   // 按【Enter】键结束选择
指定基点：   // 选择中间水平线的段中点
指定比例因子或 [复制 (C)/ 参照 (R)]：r
指定参照长度 <1.0000>：36
指定新的长度或 [点 (P)] <1.0000>：20
结果如下图所示。

步骤 07 调用【直线】命令，在命令行提示下输入 "fro" 按【Enter】键确认，捕捉下图所示端点作为参考点。

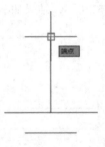

命令行提示如下。

< 偏移 >：@-44,44
指定下一点或 [放弃 (U)]：@0,-28
指定下一点或 [放弃 (U)]：@-8,0
指定下一点或 [闭合 (C)/ 放弃 (U)]：@16,-32
指定下一点或 [闭合 (C)/ 放弃 (U)]：@-8,0
指定下一点或 [闭合 (C)/ 放弃 (U)]：@0,-28
指定下一点或 [闭合 (C)/ 放弃 (U)]：// 按【Enter】键确认

结果如下图所示。

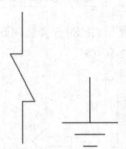

步骤 08 选择【修改】▷【拉长】菜单命令，在命令行提示下输入 "DE" 按【Enter】键确认，增量值指定为8，对下图所示的两条线段进行拉长操作。

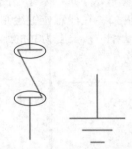

步骤 09 调用【直线】命令，捕捉 步骤 07 中所示的端点作为线段的起点，绘制一条长度任意的水平线段，如下图所示。

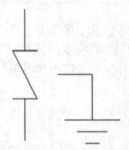

步骤 10 单击【默认】选项卡【修改】面板中的【延伸】按钮，对 步骤 09 中绘制的线段执行延伸操作，结果如下图所示。

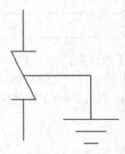

注意线段对象的选择位置，应该在线段对象的左半部分进行单击选择。

4.5 构造类编辑对象

AutoCAD中的构造类编辑命令主要包括【圆角】【倒角】【合并】【打断】【打断于点】等，下面将对这5个命令的调用方法及操作步骤进行详细介绍。

4.5.1 圆角

在AutoCAD 2024中调用【圆角】命令的常用方法有以下3种。

- 选择【修改】➤【圆角】菜单命令，如下左图所示。
- 在命令行中输入"FILLET/F"命令并按空格键。
- 单击【默认】选项卡【修改】面板中的【圆角】按钮，如下右图所示。

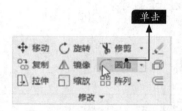

圆角的具体操作方法参见下表。

操作内容	操作步骤	结果图形	相应命令行显示

圆角（虚线显示的线段为圆角之前的对象，实线显示的圆弧为圆角之后的对象）	1. 设置圆角半径值；
	2. 选择需要圆角的对象
		R3	命令：_fillet
			当前设置：模式 = 修剪，半径 = 0.0000
			选择第一个对象或 [放弃(U)/多段线(P)/半径(R)/修剪(T)/多个(M)]: r
			指定圆角半径 <0.0000>: 3
			选择第一个对象或 [放弃(U)/多段线(P)/半径(R)/修剪(T)/多个(M)]:
			//选择线段
			选择第二个对象，或按住 Shift 键选择对象以应用角点或 [半径(R)]:
			//选择另外一条线段

4.5.2 倒角

在AutoCAD 2024中调用【倒角】命令的常用方法有以下3种。

- 选择【修改】➤【倒角】菜单命令，如下左图所示。
- 在命令行中输入"CHAMFER/CHA"命令并按空格键。
- 单击【默认】选项卡【修改】面板中的【倒角】按钮，如下右图所示。

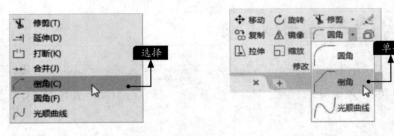

倒角的具体操作方法参见下表。

操作内容	操作步骤	结果图形	相应命令行显示
倒角 （虚线显示的线段为倒角之前的对象，实线显示的线段为倒角之后的对象）	1. 设置倒角距离值； 2. 选择需要倒角的对象		命令: _chamfer （"修剪"模式）当前倒角距离 1 = 0.0000，距离 2 = 0.0000 选择第一条直线或 [放弃(U)/多段线(P)/距离(D)/角度(A)/修剪(T)/方式(E)/多个(M)]: d 指定 第一个 倒角距离 <0.0000>: 3 指定 第二个 倒角距离 <3.0000>: 3 选择第一条直线或 [放弃(U)/多段线(P)/距离(D)/角度(A)/修剪(T)/方式(E)/多个(M)]: //选择线段 选择第二条直线，或按住 Shift 键选择直线以应用角点或 [距离(D)/角度(A)/方法(M)]: //选择另一条线段

4.5.3 合并

　　【合并】命令用于将相似的对象合并为一个完整的对象，合并的前提是对象相似，即使用【合并】命令并不能将直线和圆弧、两条不共线的直线或两条毫不相干的圆弧等合并在一起。

　　在AutoCAD 2024中调用【合并】命令的常用方法有以下3种。

- 选择【修改】➤【合并】菜单命令，如下左图所示。
- 在命令行中输入"JOIN/J"命令并按空格键。
- 单击【默认】选项卡【修改】面板中的【合并】按钮，如下右图所示。

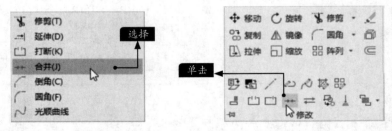

合并的具体操作方法参见下页表。

操作内容	操作步骤	结果图形	相应命令行显示
合并	1. 选择源对象； 2. 依次选择要合并的对象	执行合并操作之前 执行合并操作之后	命令: _join 选择源对象或要一次合并的多个对象:　//选择最上面的圆弧 选择要合并的对象:　//依次选择下面的圆弧 选择要合并的对象:　//按【Enter】键 3 条圆弧已合并为 1 条圆弧

4.5.4　打断

　　【打断】命令用于将两点之间的对象打断，即在两点之间生成间隙或缺口。

　　在AutoCAD 2024中调用【打断】命令的常用方法有以下3种。

- 选择【修改】▶【打断】菜单命令，如下左图所示。
- 在命令行中输入"BREAK/BR"命令并按空格键。
- 单击【默认】选项卡【修改】面板中的【打断】按钮，如下右图所示。

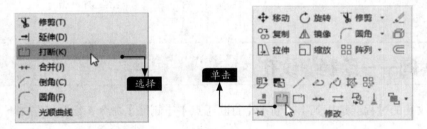

　　打断的具体操作方法参见下表。

操作内容	操作步骤	结果图形	相应命令行显示
打断	1. 选择打断的对象； 2. 根据需要指定第二个打断点或调用【第一点（F）】选项； 3. 指定打断点的位置	执行打断操作之前 执行打断操作之后	命令: _break 选择对象:　//选择圆形 指定第二个打断点 或 [第一点(F)]: f 指定第一个打断点:　//在圆周上单击指定第一个打断点 指定第二个打断点:　//在圆周上单击指定第二个打断点

4.5.5 打断于点

【打断于点】命令用于将对象一分为二，但两对象间并不产生间隙。

在AutoCAD 2024中调用【打断于点】命令的常用方法有以下3种。

- 选择【修改】➤【打断】菜单命令，如下左图所示。
- 在命令行中输入"BREAK/BR"命令并按空格键。
- 单击【默认】选项卡【修改】面板中的【打断于点】按钮，如下右图所示。

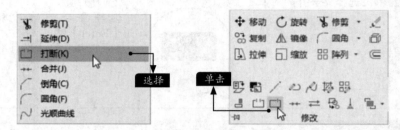

打断于点的具体操作方法参见下表。

操作内容	操作步骤	结果图形	相应命令行显示
打断于点	1. 选择打断于点的对象； 2. 指定打断点的位置		命令: _breakatpoint 选择对象: //选择线段 指定打断点: //在线段上单击 指定打断点

4.5.6 实例——绘制螺纹孔

绘制螺纹孔的过程会运用到【打断】【打断于点】【删除】命令，绘制思路如下图所示。

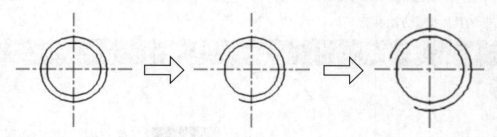

绘制螺纹孔的具体步骤如下。

步骤 ⓪1 打开"素材\CH04\螺纹孔.dwg"文件，如右图所示。

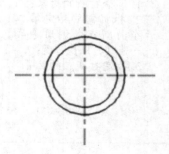

步骤 02 单击【默认】选项卡【修改】面板中的【打断】按钮，在大圆单击指定第一个打断点，如下图所示。

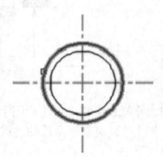

提示

　　AutoCAD默认【打断】命令选择对象时的单击点即为打断的第一点，如果该点不是想要的第一点，在选择对象后，在命令行输入"F"并按空格键确认，然后在绘图窗口中单击指定第一个打断点。

步骤 03 在大圆上单击指定第二个打断点，如下图所示。

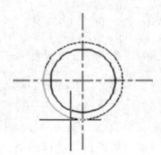

提示

　　指定打断位置时，不一定非要在图形上指定，只要在图形的周边指定即可。

　　结果如下图所示。

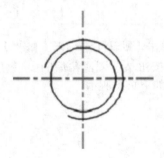

步骤 04 单击【默认】选项卡【修改】面板中的【打断于点】按钮，然后单击选择水平中心线为要打断的对象，并在绘图窗口中合适位置单击作为打断点，如下图所示。

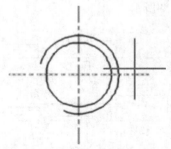

步骤 05 选择水平中心线，如下图所示。

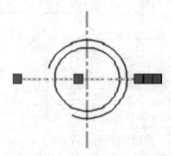

步骤 06 重复【打断于点】命令，对中心线继续打断，结果如下图所示。

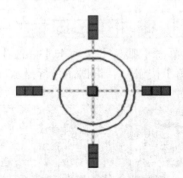

步骤 07 将打断的线段删除，结果如下图所示。

4.5.7 练习——绘制阶梯轴

绘制阶梯轴的过程会运用到【倒角】【圆角】【修剪】【镜像】【合并】等命令，绘制思路如下图所示。

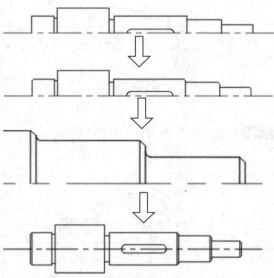

绘制阶梯轴的具体步骤如下。

步骤01 打开"素材\CH04\阶梯轴.dwg"文件，如下图所示。

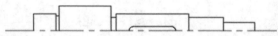

步骤02 单击【默认】选项卡【修改】面板中的【倒角】按钮，根据命令行提示进行如下设置。

> 命令：_chamfer
> （"修剪"模式）当前倒角距离 1 = 0.0000，距离 2 = 0.0000
> 选择第一条直线或 [放弃 (U)/ 多段线 (P)/ 距离 (D)/ 角度 (A)/ 修剪 (T)/ 方式 (E)/ 多个 (M)]：d
> 指定 第一个 倒角距离 <0.0000>：1
> 指定 第二个 倒角距离 <1.0000>： // 按【Enter】键
> 选择第一条直线或 [放弃 (U)/ 多段线 (P)/ 距离 (D)/ 角度 (A)/ 修剪 (T)/ 方式 (E)/ 多个 (M)]：m
> ……

选择相邻的两条直线进行倒角，结果如右上图所示。

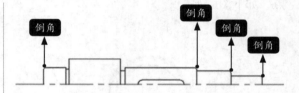

步骤03 单击【默认】选项卡【绘图】面板中的【直线】按钮，绘制倒角后的直线，结果如下图所示。

步骤04 单击【默认】选项卡【修改】面板中的【圆角】按钮，根据命令行提示进行如下设置。

> 命令：_fillet
> 当前设置：模式 = 修剪，半径 = 0.0000
> 选择第一个对象或 [放弃 (U)/ 多段线 (P)/ 半径 (R)/ 修剪 (T)/ 多个 (M)]：r
> 指定圆角半径 <0.0000>：1
> 选择第一个对象或 [放弃 (U)/ 多段线 (P)/ 半径 (R)/ 修剪 (T)/ 多个 (M)]：t
> 输入修剪模式选项 [修剪 (T)/ 不修剪 (N)] < 修剪 >：n
> 选择第一个对象或 [放弃 (U)/ 多段线 (P)/ 半径 (R)/ 修剪 (T)/ 多个 (M)]：m
> ……

选择相邻的两条直线进行圆角，结果如下图所示。

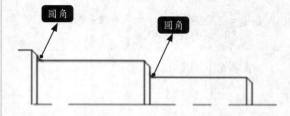

步骤05 单击【默认】选项卡【修改】面板中的【修剪】按钮，对圆角后的多余直线进行修剪，结果如下页图所示。

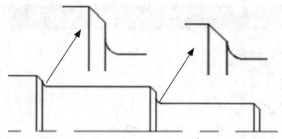

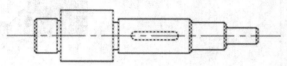

步骤⑦ 单击【默认】选项卡【修改】面板中的【合并】按钮 ，在绘图窗口中选择所有竖直线作为合并对象，如下图所示。

合并后的结果如下图所示。

步骤⑥ 单击【默认】选项卡【修改】面板中的【镜像】按钮 ，选择除中心线外的所有图形为镜像对象，然后以中心线为镜像线进行镜像，结果如下图所示。

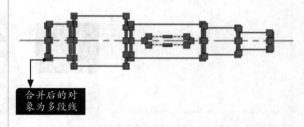

合并后的对象为多段线

4.6 分解和删除对象

使用【分解】命令可以将图块、面域、多段线等分解为相应的组成对象，以便单独修改一个或多个对象。使用【删除】命令则可以按需求将多余对象从源对象中删除。

4.6.1 分解

【分解】命令主要用于把单个组合的对象分解成多个独立的对象，以便对各个独立的对象进行编辑。

在AutoCAD 2024中调用【分解】命令的常用方法有以下3种。

● 选择【修改】➤【分解】菜单命令，如下图所示。

● 在命令行中输入 "EXPLODE/X" 命令并按空格键。

● 单击【默认】选项卡【修改】面板中的【分解】按钮，如下图所示。

分解的具体操作方法参见下页表。

操作内容	操作步骤	结果图形	相应命令行显示
分解	选择需要分解的对象	执行分解操作之前是一个整体 执行分解操作之后变成了多个独立的对象	命令: _explode 选择对象: //选择圆形组成的图块对象 选择对象: //按【Enter】键

4.6.2 删除

在AutoCAD 2024中调用【删除】命令的常用方法有以下5种。

- 选择【修改】▶【删除】菜单命令，如下左图所示。
- 在命令行中输入 "ERASE/E" 命令并按空格键。
- 单击【默认】选项卡【修改】面板中的【删除】按钮，如下中图所示。
- 选择对象后单击鼠标右键，在弹出的快捷菜单中选择【删除】命令，如下右图所示。
- 选择需要删除的对象，按【Delete】键。

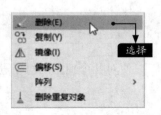

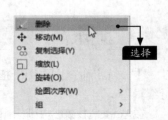

删除的具体操作方法参见下表。

操作内容	操作步骤	结果图形	相应命令行显示
删除	选择需要删除的对象	执行删除操作之前 执行删除操作之后	命令: _erase 选择对象: //选择小圆形 选择对象: //按【Enter】键

4.6.3 实例——分解内六角螺栓图块

下面将利用【分解】命令对内六角螺栓图块进行分解操作，分解思路如下图所示。

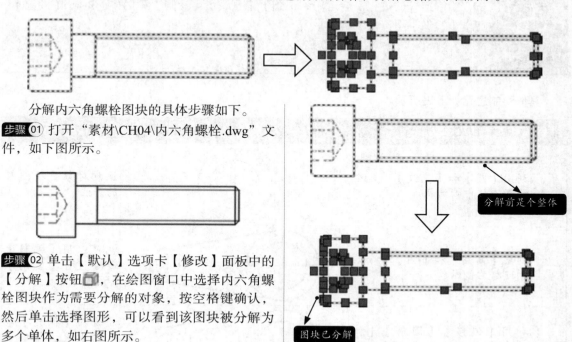

分解内六角螺栓图块的具体步骤如下。

步骤 01 打开 "素材\CH04\内六角螺栓.dwg" 文件，如下图所示。

步骤 02 单击【默认】选项卡【修改】面板中的【分解】按钮，在绘图窗口中选择内六角螺栓图块作为需要分解的对象，按空格键确认，然后单击选择图形，可以看到该图块被分解为多个单体，如右图所示。

4.6.4 练习——删除餐具

下面利用【删除】命令对餐盘内多余的餐具进行删除，删除思路如下图所示。

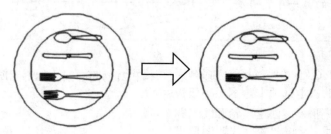

删除餐具的具体步骤如下。

步骤 01 打开 "素材\CH04\餐具.dwg" 文件，如下图所示。

步骤 02 单击【默认】选项卡【修改】面板中的【删除】按钮，在绘图窗口中选择最下方的叉子作为需要删除的对象，按空格键确认删除，结果如下图所示。

4.7 综合应用——绘制连杆

绘制连杆的过程中会运用到【圆】【直线】【复制】【偏移】【圆角】【修剪】【镜像】【拉长】命令。

具体绘制思路如下表所示。

序号	绘图方法	结果	备注
1	利用【圆】和【直线】等命令绘制连杆中心结构。		注意对象更换图层的方法
2	利用【复制】和【圆】命令绘制连杆右侧结构		也可以用【偏移】命令代替【复制】命令
3	利用【偏移】【圆角】【修剪】命令,绘制减重结构和键槽		通过对【偏移】命令的设置,将偏移后的中心线直接转变成实线
4	利用【镜像】和【拉长】命令,绘制连杆的另一半,并将中心线拉长		

具体操作步骤如下。

步骤 01 新建一个AutoCAD文件,并将它命名为"连杆"。 单击【默认】选项卡【图层】面板中的【图层特性】按钮，创建"轮廓线"和"中心线"两个图层,并将"轮廓线"图层设置为当前图层,具体参数设置如下图所示。

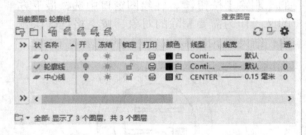

步骤 02 单击【默认】选项卡【绘图】面板中的【圆心,半径】按钮，绘制两个半径分别为

14和21的同心圆,如下图所示。

步骤 03 单击【默认】选项卡【绘图】面板中的【直线】按钮，过圆心绘制两条直线并将其放置到"中心线"层上,结果如下图所示。

步骤 04 单击【默认】选项卡【修改】面板中的【复制】按钮，将竖直中心线向右复制66，如下图所示。

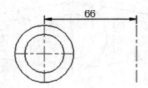

提示

这里也可以用【偏移】命令。

步骤 05 重复【圆】命令，以上步复制的线段的中点为圆心，绘制半径分别为6.5和10的圆，结果如下图所示。

步骤 06 重复【直线】命令，绘制两条和圆相切的直线，结果如下图所示。

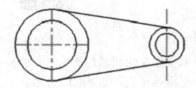

步骤 07 单击【默认】选项卡【修改】面板中的【偏移】按钮，将上步绘制的两条直线向内侧偏移5，结果如下图所示。

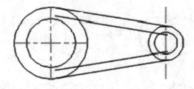

步骤 08 重复【偏移】命令，将左侧竖直中心线向右侧偏移25和53，结果如下图所示。

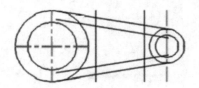

提示

执行【偏移】命令时，进行如下操作，可以直接将偏移后的对象放置到当前图层。

命令: _OFFSET
    当前设置: 删除源=否 图层=源
OFFSETGAPTYPE=0
    指定偏移距离或 [通过(T)/删除(E)/图层(L)]
<通过>: L
    输入偏移对象的图层选项 [当前(C)/源(S)] <源>: c
    指定偏移距离或 [通过(T)/删除(E)/图层(L)]
<通过>:   //设置偏移距离
    ……   //选择偏移对象，指定偏移方向

步骤 09 单击【默认】选项卡【修改】面板中的【圆角】按钮，对偏移后的4条直线进行R2和R4圆角，结果如下图所示。

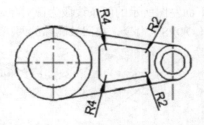

步骤 10 重复【偏移】命令，将水平中心线向两侧分别偏移4，左侧竖直中心线向右侧偏移18，结果如下图所示。

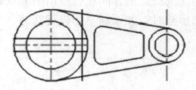

步骤 11 单击【默认】选项卡【修改】面板中的【修剪】按钮，修剪后的结果如下图所示。

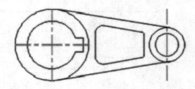

步骤 12 单击【默认】选项卡【修改】面板中的【镜像】按钮，选择右侧的所有图形，以大圆的中心线为镜像线进行镜像，结果如下页图所示。

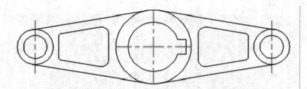

分别拉长5，水平中心线向两侧各拉长60，结果如下图所示。

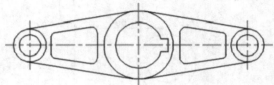

步骤⑬ 单击【默认】选项卡【修改】面板中的【拉长】按钮，将中间的竖直中心线向两端

疑难解答

1.如何快速找回被误删除的对象

可以使用【OOPS】命令恢复最后删除的组，【OOPS】命令恢复的是最后删除的整个选择集合，而不是某一个被删除的对象。

下面左图所示的两条线段为源对象，将其删除后，调用【直线】命令任意绘制一条线段，再调用【OOPS】命令，找回被删除的两条线段，将会出现下面右图所示的3条线段。

2.【圆角】命令创建的圆弧的方向和长度与拾取点的关系

创建的圆弧的方向和长度由拾取点确定，选择不同拾取点创建的圆弧如下左图所示。

选择圆时，如果圆不用进行修剪，绘制的圆角将与圆平滑地相连，如下右图所示。

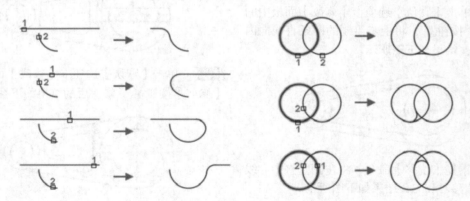

第5章

特殊的绘图和编辑命令

 学习内容

AutoCAD 2024可以满足用户的多种绘图需求。一种图形可以通过多种绘制方式来绘制，如平行线可以用两条直线来绘制，但是用多线绘制会更为快捷、准确。

 学习效果

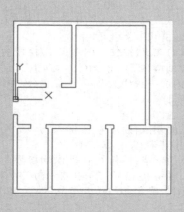

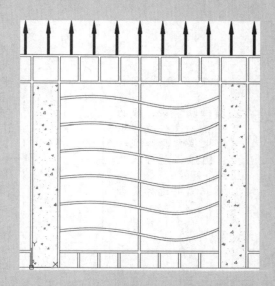

5.1 绘制和编辑多段线

多段线是作为单个对象创建的相互连接的序列线段，其具有单条直线或单条圆弧所不具备的属性。组成多段线的对象可以是线段、弧线段或两者的组合。

5.1.1 绘制多段线

在AutoCAD 2024中调用【多段线】命令的常用方法有以下3种。

- 选择【绘图】➤【多段线】菜单命令，如下左图所示。
- 在命令行中输入"PLINE/PL"命令并按空格键。
- 单击【默认】选项卡【绘图】面板中的【多段线】按钮，如下右图所示。

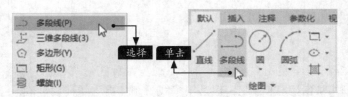

绘制多段线的具体方法参见下表。

绘制内容	绘制步骤	结果图形	相应命令行显示
多段线	1. 指定多段线的起点； 2. 持续指定多段线的下一点，这个过程中可以根据需要绘制线段、圆弧，也可以改变线条宽度； 3. 根据需要选择是否闭合多段线		命令: _pline 指定起点: //在绘图窗口的任意空白位置单击 当前线宽为 0.0000 指定下一个点或 [圆弧(A)/半宽(H)/长度(L)/放弃(U)/宽度(W)]: @0,5 指定下一点或 [圆弧(A)/闭合(C)/半宽(H)/长度(L)/放弃(U)/宽度(W)]: a 指定圆弧的端点(按住 Ctrl 键以切换方向)或 [角度(A)/圆心(CE)/闭合(CL)/方向(D)/半宽(H)/直线(L)/半径(R)/第二个点(S)/放弃(U)/宽度(W)]: a 指定夹角: 180 指定圆弧的端点(按住 Ctrl 键以切换方向)或 [圆心(CE)/半径(R)]: @-3,0 指定圆弧的端点(按住 Ctrl 键以切换方向)或 [角度(A)/圆心(CE)/闭合(CL)/方向(D)/半宽(H)/直线(L)/半径(R)/第二个点(S)/放弃(U)/宽度(W)]: 1 指定下一点或 [圆弧(A)/闭合(C)/半宽(H)/长度(L)/放弃(U)/宽度(W)]: @0,-5 指定下一点或 [圆弧(A)/闭合(C)/半宽(H)/长度(L)/放弃(U)/宽度(W)]: c

5.1.2 编辑多段线

可以使用【PEDIT】命令对多段线进行编辑，也可以使用【分解】命令将多段线转换成单独的线段和弧线段后再进行编辑。

在AutoCAD 2024中调用【编辑多段线】命令的常用方法有以下3种。

- 选择【修改】➤【对象】➤【多段线】菜单命令，如下左图所示。
- 在命令行中输入"PEDIT/PE"命令并按空格键。
- 单击【默认】选项卡【修改】面板中的【编辑多段线】按钮，如下右图所示。

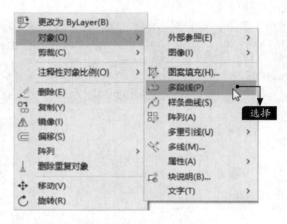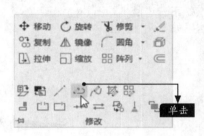

编辑多段线的具体操作方法参见下表。

操作内容	操作步骤	结果图形	相应命令行显示
编辑多段线（更改5.1.1小节中绘制的闭合多段线的宽度值，并使其处于打开状态）	1. 选择需要编辑的多段线； 2. 根据需要对其参数进行编辑	∩	命令: _pedit 选择多段线或 [多条(M)]: //选择5.1.1小节中绘制的多段线 输入选项 [打开(O)/合并(J)/宽度(W)/编辑顶点(E)/拟合(F)/样条曲线(S)/非曲线化(D)/线型生成(L)/反转(R)/放弃(U)]: w 指定所有线段的新宽度: 0.5 输入选项 [打开(O)/合并(J)/宽度(W)/编辑顶点(E)/拟合(F)/样条曲线(S)/非曲线化(D)/线型生成(L)/反转(R)/放弃(U)]: o 输入选项 [闭合(C)/合并(J)/宽度(W)/编辑顶点(E)/拟合(F)/样条曲线(S)/非曲线化(D)/线型生成(L)/反转(R)/放弃(U)]: //按【Enter】键

5.1.3 实例——绘制箭头

利用【多段线】命令可以绘制不同形状的箭头，具体绘制步骤如下。

步骤01 单击【默认】选项卡【绘图】面板中的【多段线】按钮，在绘图窗口中绘制箭头形状，命令行提示如下。

命令：_pline
指定起点： // 任意单击一点
当前线宽为 0.0000

指定下一个点或 [圆弧 (A)/ 半宽 (H)/ 长度 (L)/ 放弃 (U)/ 宽度 (W)]: w
指定起点宽度 <0.0000>: 0
指定端点宽度 <0.0000>: 50
指定下一个点或 [圆弧 (A)/ 半宽 (H)/ 长度 (L)/ 放弃 (U)/ 宽度 (W)]: @200,0
结果如下图所示。

步骤 02 继续在绘图窗口中绘制直线部分，命令行提示如下。

指定下一点或 [圆弧 (A)/ 闭合 (C)/ 半宽 (H)/ 长度 (L)/ 放弃 (U)/ 宽度 (W)]: w
指定起点宽度 <50.0000>: 0
指定端点宽度 <0.0000>: 0
指定下一点或 [圆弧 (A)/ 闭合 (C)/ 半宽 (H)/ 长度 (L)/ 放弃 (U)/ 宽度 (W)]: @400,0
指定下一点或 [圆弧 (A)/ 闭合 (C)/ 半宽 (H)/ 长度 (L)/ 放弃 (U)/ 宽度 (W)]: @0,200
结果如下图所示。

5.1.4 练习——绘制雨伞

绘制雨伞的过程会运用到【多段线】【编辑多段线】命令，绘制思路如下图所示。

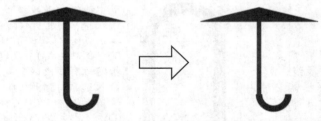

绘制雨伞的具体步骤如下。

步骤 01 单击【默认】选项卡【绘图】面板中的【多段线】按钮 ，命令行提示如下。

命令 : _pline
指定起点 : // 在绘图窗口的任意空白位置单击
当前线宽为 0.0000
指定下一个点或 [圆弧 (A)/ 半宽 (H)/ 长度 (L)/ 放弃 (U)/ 宽度 (W)]: w
指定起点宽度 <0.0000>: 0
指定端点宽度 <0.0000>: 40
指定下一个点或 [圆弧 (A)/ 半宽 (H)/ 长度 (L)/ 放弃 (U)/ 宽度 (W)]: @0,-5
指定下一点或 [圆弧 (A)/ 闭合 (C)/ 半宽

(H)/ 长度 (L)/ 放弃 (U)/ 宽度 (W)]: h
指定起点半宽 <20.0000>: 1
指定端点半宽 <1.0000>: 1
指定下一点或 [圆弧 (A)/ 闭合 (C)/ 半宽 (H)/ 长度 (L)/ 放弃 (U)/ 宽度 (W)]: @0,-25.5
指定下一点或 [圆弧 (A)/ 闭合 (C)/ 半宽 (H)/ 长度 (L)/ 放弃 (U)/ 宽度 (W)]: a
指定圆弧的端点 (按住 Ctrl 键以切换方向) 或 [角度 (A)/ 圆心 (CE)/ 闭合 (CL)/ 方向 (D)/ 半宽 (H)/ 直线 (L)/ 半径 (R)/ 第二个点 (S)/ 放弃 (U)/ 宽度 (W)]: a
指定夹角 : 180
指定圆弧的端点 (按住 Ctrl 键以切换方向)

或 [圆心 (CE)/ 半径 (R)]: ce
    指定圆弧的圆心：@5,0
指定圆弧的端点 (按住 Ctrl 键以切换方向) 或
    [角度 (A)/ 圆心 (CE)/ 闭合 (CL)/ 方向 (D)/
半宽 (H)/ 直线 (L)/ 半径 (R)/ 第二个点 (S)/
    放弃 (U)/ 宽度 (W)]:   // 按【 Enter 】键
    结果如下图所示。

步骤 02 单击【默认】选项卡【修改】面板中的
【编辑多段线】按钮，选择上一步绘制的图
形，在命令行提示下输入"E"并按【Enter】
键确认，在命令行提示下输入"N"并按
【Enter】键确认，如下图所示。

顶点标识

步骤 03 在命令行提示下输入"W"并按
【Enter】键确认，将"下一条线段的起点宽
度"和"下一条线段的端点宽度"都指定为
"1.3"，结果如下图所示。

线条变细

步骤 04 按【Esc】键退出多段线的编辑操作，
结果如下图所示。

5.2 绘制和编辑多线

在AutoCAD 2024中，使用【多线】命令可以很方便地绘制多条平行线。【多线】命
令常用在建筑设计和室内装潢设计中，例如绘制墙体。

5.2.1 多线样式

在AutoCAD 2024中调用【多线样式】命令的常用方法有以下两种。

• 选择【格式】➤【多线样式】菜单命
令，如右图所示。

• 在命令行中输入"MLSTYLE"命令并按
空格键。

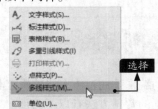

选择

调用【多线样式】命令后会弹出【多线样式】对话框，在其中可以进行新建样式、修改样式等操作，如下左图所示。常用的参数设置界面如下右图所示。

 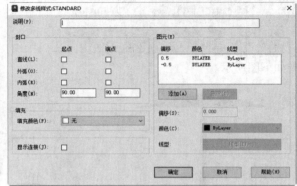

5.2.2 绘制多线

多线是由多条平行线组成的线，绘制多线与绘制直线相似的地方是需要指定起点和端点。在AutoCAD 2024中调用【多线】命令的常用方法有以下两种。

● 选择【绘图】➤【多线】菜单命令，如下图所示。
● 在命令行中输入"MLINE/ML"命令并按空格键。

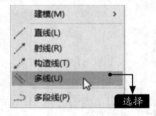

绘制多线的具体方法参见下表。

绘制内容	绘制步骤	结果图形	相应命令行显示
多线	1. 根据需要设置对正、比例、样式，然后指定多线起点； 2. 连续指定多线下一点； 3. 根据需要确定多线是否闭合		命令: _mline 当前设置: 对正 = 上，比例 = 20.00，样式 = STANDARD 指定起点或 [对正(J)/比例(S)/样式(ST)]: //在绘图窗口的任意空白位置单击 指定下一点: @200,0 指定下一点或 [放弃(U)]: @0,-150 指定下一点或 [闭合(C)/放弃(U)]: @-200,0 指定下一点或 [闭合(C)/放弃(U)]: c

5.2.3 编辑多线

多线的编辑是通过【多线编辑工具】对话框来进行的，在AutoCAD 2024中调用【多线编辑工具】对话框的常用方法有以下两种。

- 选择【修改】➤【对象】➤【多线】菜单命令，如下图所示。
- 在命令行中输入"MLEDIT"命令并按空格键。

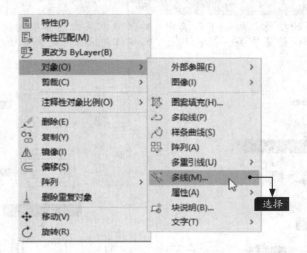

【多线编辑工具】对话框如下图所示，对话框中的第一列用于管理交叉的点，第二列用于管理T形交叉，第三列用于管理角和顶点，第四列用于管理多线的剪切和结合。

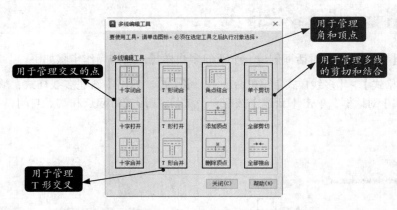

对话框中部分选项操作的注意事项及操作后的结果如下表所示。

操作注意事项及结果	操作注意事项及结果
对话框中第一列各项的操作示例如下。该列的选择有先后顺序，先选择的将被修剪掉	对话框中第二列各项的操作示例如下。该列的选择有先后顺序，先选择的将被修剪掉，与选择的位置也有关系，选择的位置被保留

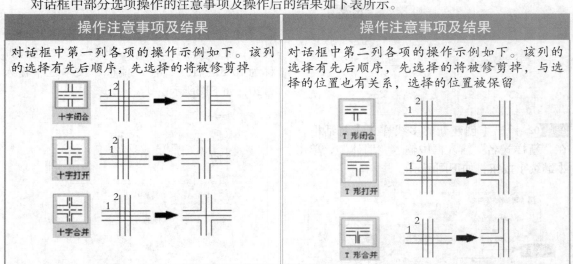

操作注意事项及结果	操作注意事项及结果
对话框中第三列各项的操作示例如下。其中【角点结合】与选择的位置有关，选择的位置被保留	对话框中第四列各项的操作示例如下。此列中的操作与选择点的先后顺序没有关系

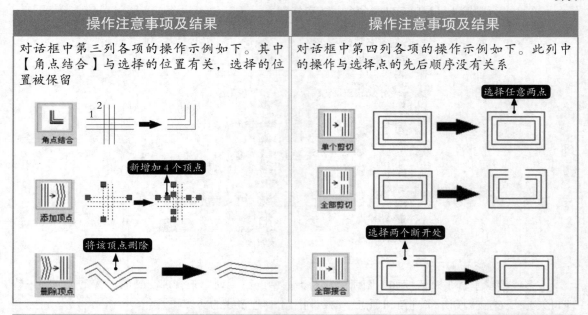

5.2.4 实例——设置多线样式

下面利用【多线样式】对话框创建一个新的多线样式，具体操作步骤如下。

步骤01 选择【格式】➤【多线样式】菜单命令，弹出【多线样式】对话框，单击【新建】按钮，如下图所示。

步骤02 弹出【创建新的多线样式】对话框，在"新样式名"输入框中输入"墙体"，单击【继续】按钮，如下图所示。

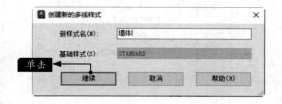

步骤03 弹出【新建多线样式：墙体】对话框，以直线形式将起点和端点封闭，如下图所示。

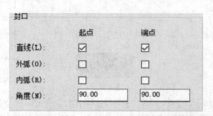

步骤04 在【图元】选项组中选择偏移为0.5的直线，在"偏移"文本框中输入120，选择偏移为-0.5的直线，在"偏移"文本框中输入-120，如下图所示。

步骤 05 单击【确定】按钮返回【多线样式】对话框，选择"墙体"并将其置为当前多线样式，如右图所示。

5.2.5 练习——绘制墙体

墙体的绘制是在5.2.4小节设置的多线样式环境中进行的，绘制过程会运用到【多线】命令和【多线编辑工具】对话框，绘制思路如下图所示。

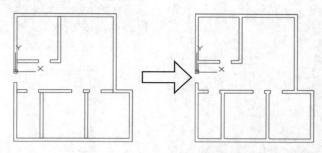

绘制墙体的具体步骤如下。

步骤 01 选择【绘图】➤【多线】菜单命令，命令行提示如下。

```
命令：_mline
当前设置：对正 = 上，比例 = 20.00，样式 = 墙体
指定起点或 [ 对正 (J)/ 比例 (S)/ 样式 (ST)]: j
输入对正类型 [ 上 (T)/ 无 (Z)/ 下 (B)] < 上 >: z
当前设置：对正 = 无，比例 = 20.00，样式 = 墙体
指定起点或 [ 对正 (J)/ 比例 (S)/ 样式 (ST)]: s
输入多线比例 <20.00>: 1
当前设置：对正 = 无，比例 = 1.00，样式 = 墙体
指定起点或 [ 对正 (J)/ 比例 (S)/ 样式 (ST)]: 0,0
指定下一点：@0,4570
指定下一点或 [ 放弃 (U)]: @7750,0
指定下一点或 [ 闭合 (C)/ 放弃 (U)]: @0,-6200
```

```
指定下一点或 [ 闭合 (C)/ 放弃 (U)]:
@1280,0
指定下一点或 [ 闭合 (C)/ 放弃 (U)]:
@0,-3940
指定下一点或 [ 闭合 (C)/ 放弃 (U)]:
@-9030,0
指定下一点或 [ 闭合 (C)/ 放弃 (U)]:
@0,4670
指定下一点或 [ 闭合 (C)/ 放弃 (U)]:
// 按【Enter】键
```

结果如下图所示。

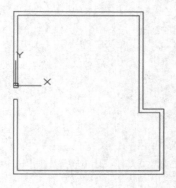

步骤 02 继续进行多线的绘制，命令行提示如下。

```
命令：_mline
当前设置：对正 = 无，比例 = 1.00，样式 = 墙体
指定起点或 [ 对正 (J)/ 比例 (S)/ 样式 (ST)]：120,850
指定下一点： @1690,0
指定下一点或 [ 放弃 (U)]：  // 按【Enter】键
命令：_mline
当前设置：对正 = 无，比例 = 1.00，样式 = 墙体
指定起点或 [ 对正 (J)/ 比例 (S)/ 样式 (ST)]：2710,850
指定下一点： @710,0
指定下一点或 [ 放弃 (U)]：  // 捕捉与墙体的垂足
指定下一点或 [ 闭合 (C)/ 放弃 (U)]：  // 按【Enter】键
命令：_mline
当前设置：对正 = 无，比例 = 1.00，样式 = 墙体
指定起点或 [ 对正 (J)/ 比例 (S)/ 样式 (ST)]：120,-1630
指定下一点： @790,0
指定下一点或 [ 放弃 (U)]： // 按【Enter】键
命令：_mline
当前设置：对正 = 无，比例 = 1.00，样式 = 墙体
指定起点或 [ 对正 (J)/ 比例 (S)/ 样式 (ST)]：1810,-1630
指定下一点： @2600,0
指定下一点或 [ 放弃 (U)]：  // 按【Enter】键
命令：_mline
当前设置：对正 = 无，比例 = 1.00，样式 = 墙体
指定起点或 [ 对正 (J)/ 比例 (S)/ 样式 (ST)]：5310,-1630
指定下一点： @480,0
指定下一点或 [ 放弃 (U)]：  // 按【Enter】键
命令：_mline
当前设置：对正 = 无，比例 = 1.00，样式 = 墙体
指定起点或 [ 对正 (J)/ 比例 (S)/ 样式 (ST)]：6690,-1630
指定下一点：  // 捕捉与墙体的垂足
```

```
指定下一点或 [ 放弃 (U)]：  // 按【Enter】键
命令：_mline
当前设置：对正 = 无，比例 = 1.00，样式 = 墙体
指定起点或 [ 对正 (J)/ 比例 (S)/ 样式 (ST)]：2050,-1750
指定下一点：  // 捕捉与墙体的垂足
指定下一点或 [ 放弃 (U)]：  // 按【Enter】键
命令：_mline
当前设置：对正 = 无，比例 = 1.00，样式 = 墙体
指定起点或 [ 对正 (J)/ 比例 (S)/ 样式 (ST)]：5550,-1750
指定下一点：  // 捕捉与墙体的垂足
指定下一点或 [ 放弃 (U)]：  // 按【Enter】键
```

结果如下图所示。

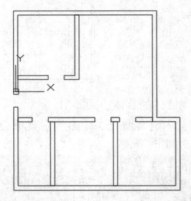

步骤 03 选择【修改】➤【对象】➤【多线】菜单命令，弹出【多线编辑工具】对话框，单击【T形打开】按钮，在绘图窗口中分别选择需要"T形打开"的多线，结果如下图所示。

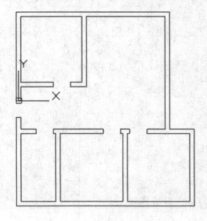

5.3 绘制和编辑样条曲线

样条曲线是经过或接近一系列给定点的光滑曲线，可以控制曲线与点的拟合程度。

5.3.1 绘制样条曲线

在AutoCAD 2024中调用【样条曲线】命令的常用方法有以下3种。

● 选择【绘图】➤【样条曲线】菜单命令，选择一种绘制样条曲线的方法，如下左图所示。
● 在命令行中输入 "SPLINE/SPL" 命令并按空格键。
● 在【默认】选项卡的【绘图】面板中，选择一种绘制样条曲线的方法，如下右图所示。

绘制样条曲线的具体方法参见下表。

绘制内容	绘制步骤	结果图形	相应命令行显示

样条曲线	1. 选择绘制样条曲线的方式；
	2. 根据命令行提示分别指定样条曲线的起点、经过点及终点
		拟合点方式绘制的样条曲线
		
		控制点方式绘制的样条曲线
			命令: _SPLINE
			当前设置: 方式=拟合　节点=弦
			指定第一个点或 [方式(M)/节点(K)/对象(O)]: _M
			输入样条曲线创建方式 [拟合(F)/控制点(CV)] <拟合>: _FIT
			当前设置: 方式=拟合　节点=弦
			指定第一个点或 [方式(M)/节点(K)/对象(O)]:
			//在绘图窗口的任意空白位置单击
			输入下一个点或 [起点切向(T)/公差(L)]: //分别指定样条曲线的下一点
			输入下一个点或 [端点相切(T)/公差(L)/放弃(U)/闭合(C)]: //按【Enter】键
			
			命令: _SPLINE
			当前设置: 方式=控制点　阶数=3
			指定第一个点或 [方式(M)/阶数(D)/对象(O)]: _M
			输入样条曲线创建方式 [拟合(F)/控制点(CV)] <控制点>: _CV
			当前设置: 方式=控制点　阶数=3
			指定第一个点或 [方式(M)/阶数(D)/对象(O)]:
			//在绘图窗口的任意空白位置单击
			输入下一个点: //分别指定样条曲线的下一点
			输入下一个点或 [闭合(C)/放弃(U)]:
			//按【Enter】键

5.3.2 编辑样条曲线

在AutoCAD 2024中调用【编辑样条曲线】命令的常用方法有以下3种。
- 选择【修改】➤【对象】➤【样条曲线】菜单命令，如下左图所示。
- 在命令行中输入"SPLINEDIT/SPE"命令并按空格键。
- 单击【默认】选项卡【修改】面板中的【编辑样条曲线】按钮，如下右图所示。

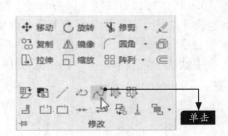

编辑样条曲线的具体操作方法参见下表。

操作内容	操作步骤	结果图形	相应命令行显示
编辑样条曲线	1. 选择需要编辑的样条曲线； 2. 根据需要对其参数进行编辑		命令: _splinedit 选择样条曲线: //选择5.2.1小节中用拟合点方式绘制的样条曲线 输入选项 [闭合(C)/合并(J)/拟合数据(F)/编辑顶点(E)/转换为多段线(P)/反转(R)/放弃(U)/退出(X)] <退出>: c 输入选项 [打开(O)/拟合数据(F)/编辑顶点(E)/转换为多段线(P)/反转(R)/放弃(U)/退出(X)] <退出>: //按【Enter】键

5.3.3 实例——绘制景观平台结构侧立面图

绘制景观平台结构侧立面图的过程会运用到【样条曲线】【修剪】命令，绘制思路如下图所示。

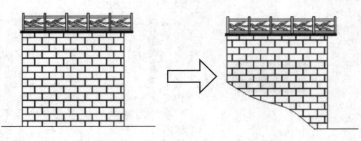

绘制景观平台结构侧立面图的具体步骤如下。

步骤 01 打开"素材\CH05\景观平台结构侧立面图.dwg"文件，如下页图所示。

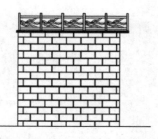

步骤 02 单击【默认】选项卡【绘图】面板中的【样条曲线拟合】按钮 ⌇，绘制一条下图所示的样条曲线。

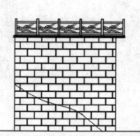

步骤 03 单击【默认】选项卡【修改】面板中的【修剪】按钮 ✂，对图形进行修剪，结果如下图所示。

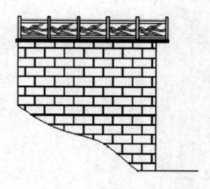

5.3.4 练习——编辑样条曲线

下面将利用【编辑样条曲线】命令对样条曲线进行编辑，编辑思路如下图所示。

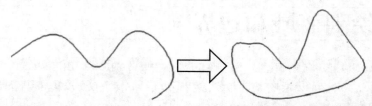

具体编辑步骤如下。

步骤 01 打开"素材\CH05\编辑样条曲线.dwg"文件，如下图所示。

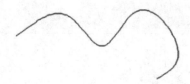

步骤 02 单击【默认】选项卡【修改】面板中的【编辑样条曲线】按钮 ⌇，选择样条曲线，添加顶点，如右图所示。

> 命令：_splinedit
> 选择样条曲线：
> 输入选项 [闭合 (C)/ 合并 (J)/ 拟合数据 (F)/ 编辑顶点 (E)/ 转换为多段线 (P)/ 反转 (R)/ 放弃 (U)/ 退出 (X)] < 退出 >: e
> 输入顶点编辑选项 [添加 (A)/ 删除 (D)/ 提高阶数 (E)/ 移动 (M)/ 权值 (W)/ 退出

> (X)] < 退出 >: a
> 在样条曲线上指定点 < 退出 >:
> 在样条曲线上指定点 < 退出 >:
> 在样条曲线上指定点 < 退出 >:
> 在样条曲线上指定点 < 退出 >:

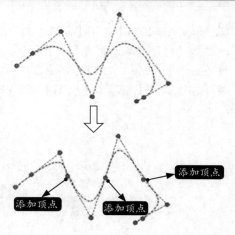

步骤 03 对顶点进行移动编辑，结果如右图所示。

> 输入顶点编辑选项 [添加 (A)/ 删除 (D)/
> 提高阶数 (E)/ 移动 (M)/ 权值 (W)/ 退出 (X)] <
> 退出 >: m
> 指定新位置或 [下一个 (N)/ 上一个 (P)/ 选
> 择点 (S)/ 退出 (X)] < 下一个 >:   // 移动第一
> 个顶点
> 指定新位置或 [下一个 (N)/ 上一个 (P)/ 选
> 择点 (S)/ 退出 (X)] < 下一个 >: n
> 指定新位置或 [下一个 (N)/ 上一个 (P)/ 选
> 择点 (S)/ 退出 (X)] < 下一个 >: n
> 指定新位置或 [下一个 (N)/ 上一个 (P)/ 选
> 择点 (S)/ 退出 (X)] < 下一个 >:   // 对顶点进
> 行移动编辑
> 指定新位置或 [下一个 (N)/ 上一个 (P)/ 选
> 择点 (S)/ 退出 (X)] < 下一个 >: x
> 输入顶点编辑选项 [添加 (A)/ 删除 (D)/
> 提高阶数 (E)/ 移动 (M)/ 权值 (W)/ 退出 (X)]
> < 退出 >:

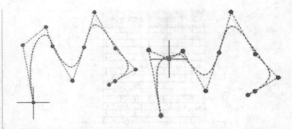

步骤 04 将样条曲线闭合，结果如下图所示。

> 输入选项 [闭合 (C)/ 合并 (J)/ 拟合数据
> (F)/ 编辑顶点 (E)/ 转换为多段线 (P)/ 反转
> (R)/ 放弃 (U)/ 退出 (X)] < 退出 >: c
> 输入选项 [打开 (O)/ 拟合数据 (F)/ 编辑
> 顶点 (E)/ 转换为多段线 (P)/ 反转 (R)/ 放弃 (U)/
> 退出 (X)] < 退出 >:
>   // 按【Esc】键退出命令

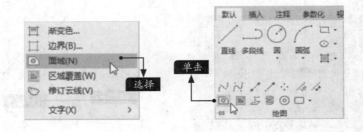

5.4　绘制面域和边界

　　面域是具有物理特性（例如形心或质量中心）的二维封闭区域，可以将现有面域组合成单个或复杂的面域来计算面积。使用【边界】命令不仅可以从封闭区域绘制面域，还可以绘制多段线。

5.4.1　绘制面域

　　在AutoCAD 2024中调用【面域】命令的常用方法有以下3种。

- 选择【绘图】➤【面域】菜单命令，如下左图所示。
- 在命令行中输入"REGION/REG"命令并按空格键。
- 单击【默认】选项卡【绘图】面板中的【面域】按钮，如下右图所示。

绘制面域的具体方法参见下表。

绘制内容	绘制步骤	结果图形	相应命令行显示
面域	选择需要创建面域的对象	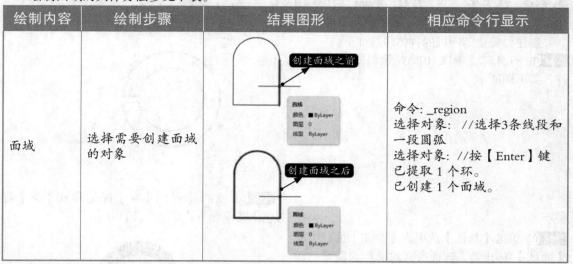	命令: _region 选择对象: //选择3条线段和一段圆弧 选择对象: //按【Enter】键 已提取 1 个环。 已创建 1 个面域。

5.4.2 绘制边界

在AutoCAD 2024中调用【边界】命令的常用方法有以下3种。

● 选择【绘图】➤【边界】菜单命令，如下左图所示。

● 在命令行中输入"BOUNDARY/BO"命令并按空格键。

● 单击【默认】选项卡【绘图】面板中的【边界】按钮，如下右图所示。

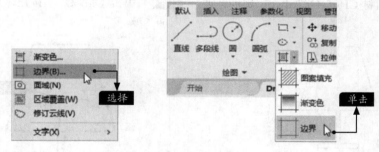

绘制边界的具体方法参见下表。

绘制内容	绘制步骤	结果图形	相应命令行显示
边界	1. 根据需要选择创建的边界对象是多段线还是面域； 2. 在需要创建边界对象的图形内部单击，以拾取内部点	创建边界之前 创建边界之后	命令: _boundary 拾取内部点: 正在选择所有对象… 正在选择所有可见对象… 正在分析所选数据… 正在分析内部孤岛… 拾取内部点: //在图形对象内部单击 BOUNDARY 已创建 1 个多段线

5.4.3 实例——创建弹簧垫圈面域

创建弹簧垫圈面域的具体步骤如下。

步骤01 打开"素材\CH05\弹簧垫圈.dwg"文件，如下图所示。

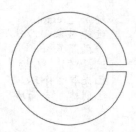

步骤02 单击【默认】选项卡【绘图】面板中的【面域】按钮，选择所有对象作为需要创建面域的对象，结果如右上图所示。

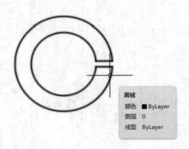

步骤03 选择【视图】➤【视觉样式】➤【着色】菜单命令，结果如下图所示。

5.4.4 练习——创建台灯边界

创建台灯边界的具体步骤如下。

步骤01 打开"素材\CH05\台灯.dwg"文件，如下图所示。

步骤02 单击【默认】选项卡【绘图】面板中的【边界】按钮，在弹出的【边界创建】对话框中设置【对象类型】为【多段线】，如下图所示。

步骤03 单击【拾取点】按钮，选择下图所示的内部区域。

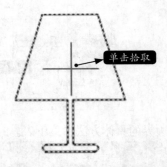

单击拾取

步骤04 按【Enter】键确认，将十字光标放到图上任意一点，显示为多段线，如下图所示。

5.5 创建和编辑图案填充

使用填充图案、实体填充或渐变填充可以填充封闭区域或选定对象，图案填充常用来表示断面或材料特征。

5.5.1 图案填充

在AutoCAD 2024中调用【图案填充】命令的常用方法有以下3种。

- 选择【绘图】▶【图案填充】菜单命令，如下左图所示。
- 在命令行中输入"HATCH/H"命令并按空格键。
- 单击【默认】选项卡【绘图】面板中的【图案填充】按钮，如下右图所示。

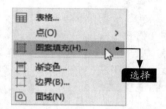 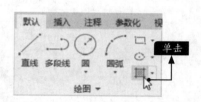

可以根据需要在【图案填充创建】选项卡中设置图案填充参数，如下图所示。

【边界】面板：设置拾取点和填充区域的边界。

【图案】面板：指定图案填充的各种图案形状。

【特性】面板：指定图案填充的类型、背景色、透明度以及选定填充图案的角度和比例。

【原点】面板：控制图案填充生成的起始位置。某些图案填充（例如砖块图案）原点需要与图案填充边界上的一点重合。默认情况下，所有图案填充原点对应于当前的 UCS 原点。

【选项】面板：控制几个常用的图案填充或填充选项，并可以通过选择【特性匹配】选项，使用选定图案填充对象的特性对指定的边界进行填充。

【关闭】面板：单击此面板中的【关闭图案填充创建】按钮，将关闭【图案填充创建】选项卡。

5.5.2 编辑图案填充

在AutoCAD 2024中调用【编辑图案填充】命令的常用方法有以下3种。

- 选择【修改】▶【对象】▶【图案填充】菜单命令，如下页左图所示。
- 在命令行中输入"HATCHEDIT/HE"命令并按空格键。
- 单击【默认】选项卡【修改】面板中的【编辑图案填充】按钮，如下页右图所示。

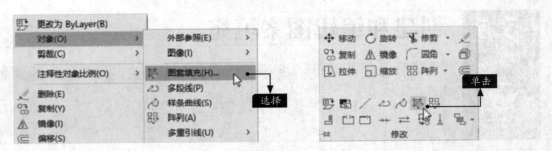

调用【编辑图案填充】命令并选择需要编辑的图案填充对象之后，系统会弹出【图案填充编辑】对话框，如下图所示。

提示

也可以直接单击图案填充对象，在弹出的【图案填充编辑器】面板中进行编辑。

5.5.3 实例——创建图案填充

本实例中图案填充的前后对比如下图所示。

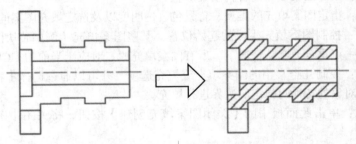

下面将创建图案填充对象，具体操作步骤如下。

步骤01 打开"素材\CH05\图案填充.dwg"文件，要拾取的填充区域如右图所示。

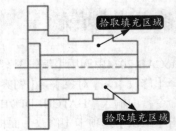

步骤 02 单击【默认】选项卡【绘图】面板中的【图案填充】按钮，在【图案填充创建】选项卡中设置填充图案为"ANSI31"，填充比例为"1"，填充角度为"0"，在绘图窗口中拾取填充区域，结果如右图所示。

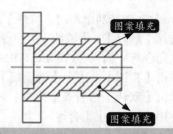

5.5.4 练习——修改夹线体剖面图案

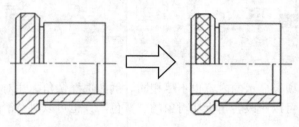

下面对夹线体剖面图的部分填充对象进行修改，具体操作步骤如下。

步骤 01 打开"素材\CH05\夹线体.dwg"文件，如下图所示。

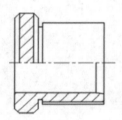

步骤 02 单击【默认】选项卡【修改】面板中的【编辑图案填充】按钮，选择填充图案，在【选项】栏勾选【独立的图案填充】选项，然后单击【关闭按钮】关闭对话框，如下图所示。

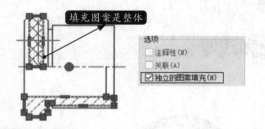

步骤 03 重复 步骤 02 的操作，选择上边的填充图案，然后将填充图案改为"ANSI37"，如下图所示。

步骤 04 单击【关闭按钮】关闭对话框，结果如下图所示。

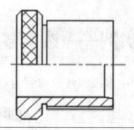

5.6 【特性】选项板

使用【特性】选项板可控制用于显示选择对象的特性，【特性】选项板几乎包含所选对象的所有特性。

在AutoCAD 2024中调用【特性】选项板的常用方法有以下5种。

- 选择【修改】➤【特性】菜单命令，如下左图所示。
- 在命令行中输入"PROPERTIES/PR/CH"命令并按空格键。
- 单击【视图】选项卡【选项板】面板中的【特性】按钮，如下中图所示。
- 单击【默认】选项卡【特性】面板右下角的 按钮，如下右图所示。
- 使用【Ctrl+1】组合键。

选择对象不同，选项板显示的内容也不尽相同。例如选择转角标注对象后，【特性】选项板显示下图所示的内容，可以修改转角标注对象的"颜色"，也可以对"箭头大小"等其他常用参数进行调整。

5.6.1 实例——改变多段线的颜色和线宽

本实例中多段线修改前后的对比如下图所示。

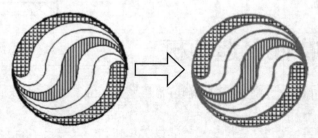

下面通过【特性】选项板修改多段线的颜色和线宽，具体操作步骤如下。

步骤 ① 打开"素材\CH05\特性选项板修改对象.dwg"文件，如下图所示。

步骤 ② 单击【默认】选项卡【特性】面板右下角的 按钮，弹出【特性】选项板后，选择图形的轮廓线，单击【颜色】下拉按钮，选择红色，如下图所示。

步骤 ③ 在【几何图形】区域，将【全局宽度】改为2，如下图所示。

结果如下图所示。

5.6.2 练习——通过【特性】选项板改变填充图案

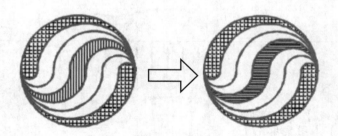

下面通过【特性】选项板来改变填充图案，具体操作步骤如下。

选择5.6.1小节结果图形中的中间填充图案，在【图案】区域将【角度】设置为135°，【比例】设置为1，如下图所示。

结果如下图所示。

5.7 综合应用——绘制护栏

绘制护栏的过程会运用到【多线】【样条曲线】【多段线】【图案填充】【复制】【矩形阵列】【修剪】命令。

绘制护栏的具体思路如下表所示。

序号	绘制内容	结果	备注
1	利用【多线】【复制】【矩形阵列】命令绘制护栏栏杆		注意，阵列时一定要取消关联，否则无法进行后面的修剪操作
2	利用【修剪】【样条曲线】【复制】【矩形阵列】【多线】命令完善护栏栏杆		编辑多线时注意多线的选择顺序和位置
3	利用【多段线】【矩型阵列】【直线】【图案填充】等命令完成护栏的最终绘制		

具体绘制步骤如下。

步骤 01 新建一个AutoCAD文件，并新建两个图层，其中"栏杆"图层设置为当前图层，图层参数如下页图所示。

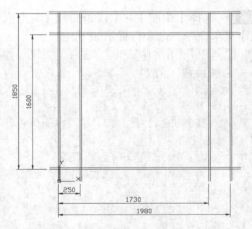

步骤 02 选择【绘图】➤【多线】菜单命令，命令行提示如下。

> 命令：_mline
> 当前设置：对正 = 上，比例 = 20.00，样式 = STANDARD
> 指定起点或 [对正 (J)/ 比例 (S)/ 样式 (ST)]：j
> 输入对正类型 [上 (T)/ 无 (Z)/ 下 (B)] < 上 >：z
> 当前设置：对正 = 无，比例 = 20.00，样式 = STANDARD
> 指定起点或 [对正 (J)/ 比例 (S)/ 样式 (ST)]：0,0
> 指定下一点：0,2000
> 指定下一点或 [放弃 (U)]：
> // 按【Enter】键
> 命令：_mline
> 当前设置：对正 = 无，比例 = 20.00，样式 = STANDARD
> 指定起点或 [对正 (J)/ 比例 (S)/ 样式 (ST)]：–110,150
> 指定下一点：@2200,0
> 指定下一点或 [放弃 (U)]：
> // 按【Enter】键

结果如下图所示。

步骤 04 选择【修改】➤【阵列】➤【矩形阵列】菜单命令，选择多线为阵列对象，"列数"指定为8，"介于"指定为185，"行数"指定为1，取消关联，结果如下图所示。

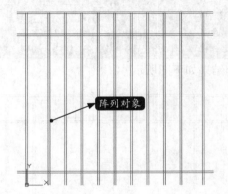

步骤 05 选择【修改】➤【修剪】菜单命令，对多线对象进行修剪操作，当命令行提示"输入多线连接选项 [闭合(C)/开放(O)/合并(M)] <闭合(C)>"时输入"C"并按【Enter】键确认，结果如下图所示。

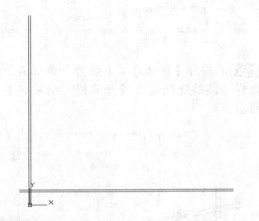

步骤 03 选择【修改】➤【复制】菜单命令，分别对两条多线进行复制操作，结果如右上图所示。

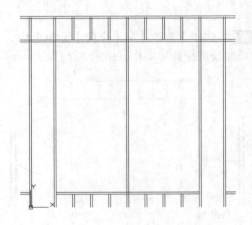

步骤06 选择【绘图】▶【样条曲线】▶【拟合点】菜单命令，命令行提示如下。

```
命令：_SPLINE
当前设置：方式＝拟合  节点＝弦
指定第一个点或 [ 方式 (M)/ 节点 (K)/ 对象 (O)]：_M
输入样条曲线创建方式 [ 拟合 (F)/ 控制点 (CV)] < 拟合 >：_FIT
当前设置：方式＝拟合  节点＝弦
指定第一个点或 [ 方式 (M)/ 节点 (K)/ 对象 (O)]：135,325
输入下一个点或 [ 起点切向 (T)/ 公差 (L)]：550,360
输入下一个点或 [ 端点相切 (T)/ 公差 (L)/ 放弃 (U)]：980,310
输入下一个点或 [ 端点相切 (T)/ 公差 (L)/ 放弃 (U)/ 闭合 (C)]：1340,255
输入下一个点或 [ 端点相切 (T)/ 公差 (L)/ 放弃 (U)/ 闭合 (C)]：1865,430
输入下一个点或 [ 端点相切 (T)/ 公差 (L)/ 放弃 (U)/ 闭合 (C)]：    // 按【Enter】键
```

结果如下图所示。

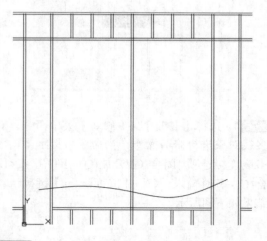

步骤07 选择【修改】▶【修剪】菜单命令，对样条曲线进行修剪操作，结果如下图所示。

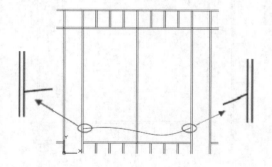

步骤08 选择【修改】▶【复制】菜单命令，将修剪后的样条曲线向上复制20，结果如下图所示。

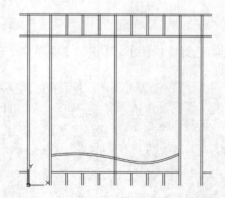

步骤09 选择【修改】▶【阵列】▶【矩形阵列】菜单命令，选择两条样条曲线作为阵列对象，"行数"指定为6，"介于"指定为250，"列数"指定为1，取消关联，结果如下图所示。

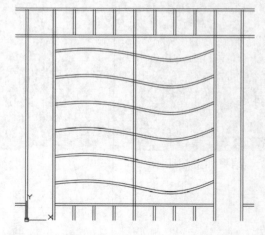

步骤10 选择【修改】▶【修剪】菜单命令，将样条曲线之间的多线修剪掉，结果如下图所示。

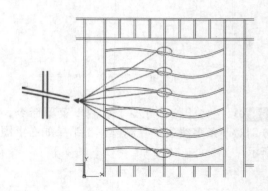

步骤⑪ 选择【修改】➤【对象】➤【多线】菜单命令，对多线交叉处进行编辑，结果如下图所示。

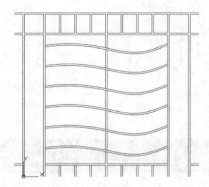

步骤⑫ 选择【绘图】➤【多段线】菜单命令，命令行提示如下。

```
命令：_pline
指定起点：-60,2010
当前线宽为 0.0000
指定下一个点或 [ 圆弧 (A)/ 半宽 (H)/ 长
度 (L)/ 放弃 (U)/ 宽度 (W)]: w
    指定起点宽度 <0.0000>: 20
    指定端点宽度 <20.0000>: 20
    指定下一个点或 [ 圆弧 (A)/ 半宽 (H)/ 长
度 (L)/ 放弃 (U)/ 宽度 (W)]: @0,200
    指定下一点或 [ 圆弧 (A)/ 闭合 (C)/ 半宽
(H)/ 长度 (L)/ 放弃 (U)/ 宽度 (W)]: w
    指定起点宽度 <20.0000>: 40
    指定端点宽度 <40.0000>: 0
    指定下一点或 [ 圆弧 (A)/ 闭合 (C)/ 半宽
(H)/ 长度 (L)/ 放弃 (U)/ 宽度 (W)]: @0,120
    指定下一点或 [ 圆弧 (A)/ 闭合 (C)/ 半宽
(H)/ 长度 (L)/ 放弃 (U)/ 宽度 (W)]:    // 按
【Enter】键
```

结果如下图所示。

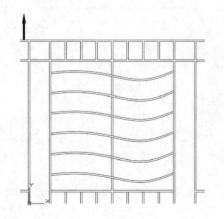

步骤⑬ 选择【修改】➤【阵列】➤【矩形阵列】菜单命令，选择刚绘制的多段线作为阵列对象，"列数"指定为11，"介于"指定为210，"行数"指定为1，取消关联，结果如下图所示。

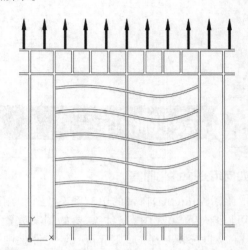

步骤⑭ 选择【绘图】➤【直线】菜单命令，命令行提示如下。

```
命令：_line
指定第一个点：-110,0
指定下一点或 [ 放弃 (U)]: @2200,0
指定下一点或 [ 放弃 (U)]:
// 按【Enter】键
```

结果如下图所示。

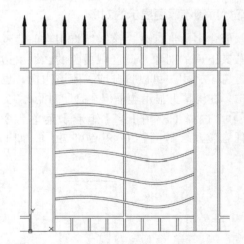

步骤⑮ 将"填充"图层置为当前图层，选择【绘图】➤【图案填充】菜单命令，填充图案指定为"AR-CONC"，填充角度指定为0，填充比例指定为1，对图形进行填充，结果如下页图所示。

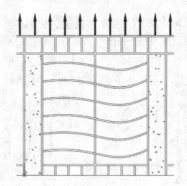

 疑难解答

1.如何填充个性化图案

除了AutoCAD自带的填充图案之外，用户还可以自定义填充图案。将需要的图案放置到AutoCAD安装路径的"Support"文件夹中，便可以将其作为填充图案进行填充了，如下图所示。

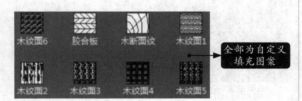

2.巧妙屏蔽不需要显示的对象

创建多边形区域，该区域将用当前背景色屏蔽其下面的对象。此区域覆盖的区域由边框进行绑定，用户可以打开或关闭该边框，也可以选择在屏幕上显示边框但在打印时隐藏它。

步骤01 选择【绘图】➤【矩形】菜单命令，在任意位置绘制一个200×150的矩形，如下图所示。

步骤02 选择【绘图】➤【直线】菜单命令，绘制两条线段，将矩形的对角点连接起来，如下图所示。

步骤03 选择【绘图】➤【区域覆盖】菜单命令，在命令行提示下依次捕捉矩形的4个顶点，按【Enter】键确认，结果如下图所示。

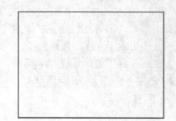

第 **6** 章

辅助绘图工具

AutoCAD 2024中有许多辅助绘图功能供用户调用，其中图块、查询和参数化是应用较广的辅助功能。本章将对相关工具的使用进行详细介绍。

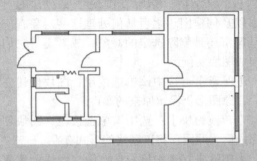

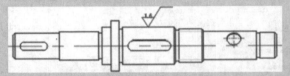

6.1 图块

图块是一组图形实体的总称，当需要在图形中插入某些特殊符号时会经常用到图块功能。在应用过程中，AutoCAD图块将作为一个独立、完整的对象来操作，图块中的各部分图形可以拥有各自的图层、线型、颜色等特征。用户可以根据需要按指定比例和角度将图块插入指定位置。

6.1.1 创建内部图块

内部图块只能在当前图形中使用，不能使用到其他图形中。

在AutoCAD 2024中创建内部图块的常用方法有以下4种。

- 选择【绘图】▷【块】▷【创建】菜单命令，如下左图所示。
- 在命令行中输入"BLOCK/B"命令并按空格键。
- 单击【默认】选项卡【块】面板中的【创建】按钮，如下中图所示。
- 单击【插入】选项卡【块定义】面板中的【创建块】按钮，如下右图所示。

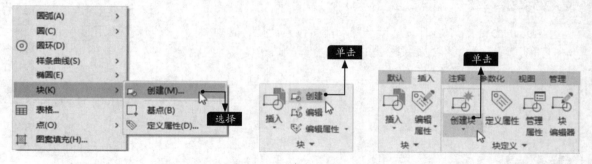

内部图块的创建参数可以在【块定义】对话框中设置，如下图所示。

【名称】文本框：指定图块的名称。名称最多可以包含255个字符，内容可以包括字母、数字、空格，以及操作系统或程序未作他用的任何特殊字符。

【基点】选项区域：指定图块的插入基

点，默认值是（0，0，0）。用户可以勾选【在屏幕上指定】复选框，也可单击【拾取点】按钮，在绘图窗口中单击指定插入基点。

【对象】栏：指定新图块中要包含的对象，以及创建图块之后如何处理这些对象，例如是保留还是删除选定的对象，或者是将它们转换成图块实例。

【保留】：选中该单选按钮，图块创建完成后，原图形仍保留原来的属性。

【转换为块】：选中该单选按钮，图块创建完成后，原图形将以图块的形式存在。

【删除】：选中该单选按钮，图块创建完成后，原图形将自动被删除。

【方式】栏：指定图块的方式。在该栏中，可指定图块参照是否可以被分解和是否阻止图块参照不按统一比例缩放。

【允许分解】：勾选该复选框，当创建的

图块插入图形后，可以通过【分解】命令对图块进行分解；如果未勾选该复选框，则创建的图块插入图形后，不能通过【分解】命令对图块进行分解。

【设置】栏：指定图块的设置。在该栏中，可指定图块参照插入单位等。

6.1.2 创建全局图块（写块）

全局图块就是将选定对象保存到指定的图形文件或将图块转换为指定的图形文件。全局图块不仅能在当前图形中使用，也可以应用到其他图形中。

在AutoCAD 2024中创建全局图块的常用方法有以下两种。

- 在命令行中输入"WBLOCK/W"命令并按空格键。
- 单击【插入】选项卡【块定义】面板中的【写块】按钮，如下图所示。

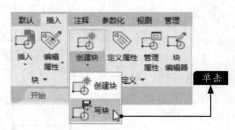

全局图块的创建参数可以在【写块】对话框中设置，如下图所示。

【源】栏：指定图块和对象，将其另存为文件并指定插入点。

【块】：指定要另存为文件的现有图块，从列表中选择名称。

【整个图形】：选择要另存为其他文件的当前图形。

【对象】：选择要另存为文件的对象，指定基点并选择下面的对象。

【基点】栏：指定图块的基点，默认值是

（0，0，0）。

【拾取点】：暂时关闭该对话框以使用户能在当前图形中拾取插入基点。

【X】：指定基点的x坐标值。

【Y】：指定基点的y坐标值。

【Z】：指定基点的z坐标值。

【对象】栏：设置用于创建图块的对象上的图块创建的效果。

【选择对象】：暂时关闭该对话框，以便用户选择一个或多个对象保存至文件。

【快速选择】：打开【快速选择】对话框，从中可以过滤选择集。

【保留】：将选定对象另存为文件后，在当前图形中仍保留它们。

【转换为块】：将选定对象另存为文件后，在当前图形中将它们转换为图块。

【从图形中删除】：将选定对象另存为文件后，从当前图形中删除它们。

【目标】栏：指定文件的新名称和新位置，以及插入图块时所用的测量单位。

【文件名和路径】：指定文件名和保存图块或对象的路径。

【插入单位】：指定从 DesignCenter™（设计中心）拖曳新文件或将其作为图块插入使用不同单位的图形中时用于自动缩放的单位值。

6.1.3 实例——创建方头紧定螺钉图块

创建方头紧定螺钉图块的具体步骤如下。

步骤01 打开"素材\CH06\方头紧定镙钉.dwg"文件，如下图所示。

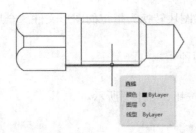

步骤02 单击【默认】选项卡【块】面板中的【创建】按钮，弹出【块定义】对话框，在【对象】栏中选中【转换为块】单选按钮，单击【选择对象】前的按钮，并在绘图窗口中选择下图所示的图形作为组成图块的对象。

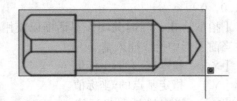

步骤03 按【Enter】键确认，返回【块定义】对话框，在【基点】栏中单击【拾取点】前的按钮，在绘图窗口中捕捉下图所示的中点作为插入基点。

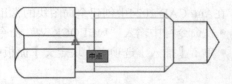

步骤04 返回【块定义】对话框，将图块的名称设置为"方头紧定螺钉"，单击【确定】按钮完成操作，如下图所示。

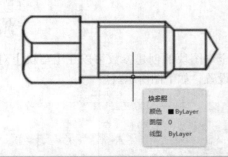

6.1.4 练习——创建活节螺栓图块

创建活节螺栓图块的具体步骤如下。

步骤01 打开"素材\CH06\活节螺栓.dwg"文件，如下图所示。

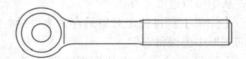

步骤02 单击【插入】选项卡【块定义】面板中的【写块】按钮，在弹出的【写块】对话框中单击【选择对象】前的按钮，在绘图窗口中选择全部图形，按【Enter】键确认。返回【写块】对话框后单击【拾取点】前的按钮，在绘图窗口中选择下图所示的中点作为插入基点。

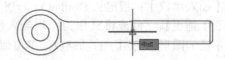

步骤03 返回【写块】对话框后在【文件名和路径】下拉列表中可以设置保存路径，设置完成后单击【确定】按钮，如下图所示。

6.2 插入和编辑图块

本节将介绍如何在AutoCAD中插入和编辑图块，帮助读者更好地利用【块】功能提高绘图效率。

在AutoCAD 2024中调用【块选项板】命令的常用方法有以下4种。

* 选择【插入】➤【块选项板】菜单命令，如下左图所示。
* 在命令行中输入"INSERT/I"命令并按空格键。
* 单击【默认】选项卡【块】面板中的【插入】按钮，选择一种插入图块的方法，如下中图所示。
* 单击【插入】选项卡【块】面板中的【插入】按钮，选择一种插入图块的方法，如下右图所示。

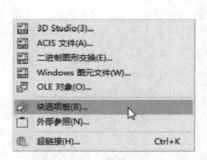

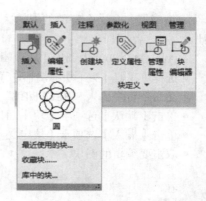

6.2.1 【块】选项板

调用【块选项板】命令后，弹出【块】选项板，在【块】选项板中可以选择图块的来源，AutoCAD 2024提供4种插入图块的途径，即当前图形、最近使用的项目、收藏夹和库。

【当前图形】：将当前图形中已有的图块插入图形中，这种图块类似于6.1.1小节介绍的内部图块，如下图所示。

内部图块，也可以是其他图形中的图块，如下图所示。

【最近使用的项目】：可以将最近使用过的图块插入图形中，最近使用过的图块可以是

【收藏夹】：需要有Autodesk账户并开通云存储，可以将云存储中的图块插入图形中。

【库】：可以直接浏览一个文件夹下面的多张图纸，浏览记录在【库】选项卡的下拉列表中，如下图所示。

6.2.2 块编辑器

块编辑器包含一个特殊的编辑区域，在该区域中，可以像在绘图窗口中一样绘制和编辑几何图形。

在AutoCAD 2024中调用【块编辑器】对话框的常用方法有以下5种。

- 选择【工具】➤【块编辑器】菜单命令，如下左图所示。
- 在命令行中输入"BEDIT/BE"命令并按空格键。
- 单击【默认】选项卡【块】面板中的【编辑】按钮，如下中图所示。
- 单击【插入】选项卡【块定义】面板中的【块编辑器】按钮，如下右图所示。
- 双击要编辑的图块。

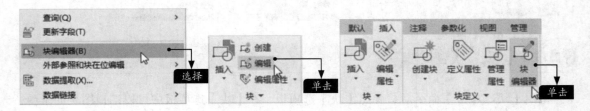

6.2.3 实例——插入窗户图块

插入窗户图块的具体步骤如下。

步骤01 打开"素材\CH06\插入图块.dwg"文件，如下图所示。

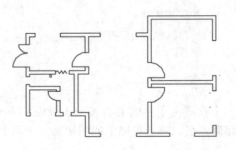

步骤02 在命令行中输入"I"命令后按空格键，在弹出的【块】选项板中的【选项】选项卡上，将比例设置为"X：1.4，Y：1，Z：1"，如下页图所示。

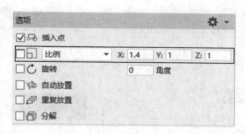

步骤 03 选择"窗户"图块,在绘图窗口中捕捉下图所示的端点作为基点。

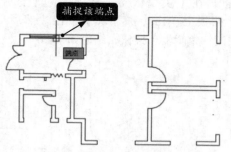

窗户图块插入结果如下图所示。

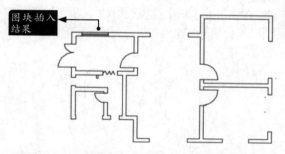

步骤 04 重复 **步骤 02**、**步骤 03** 的操作,勾选【重复放置】复选框,其他参数设置相同,窗户图块插入结果下图所示。

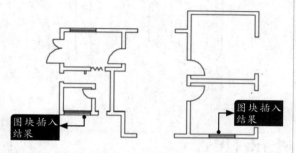

步骤 05 将比例设置为"X:2,Y:1,Z:1",继续进行窗户图块的插入,结果如右上图所示。

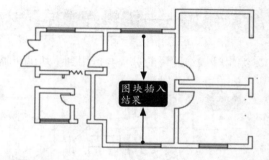

步骤 06 将比例设置为"X:2,Y:1,Z:1",旋转角度设置为"-90",继续进行窗户图块的插入,结果如下图所示。

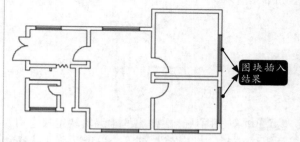

步骤 07 将比例设置为"X:0.45,Y:1,Z:1",旋转角度设置为"0",继续进行窗户图块的插入,结果如下图所示。

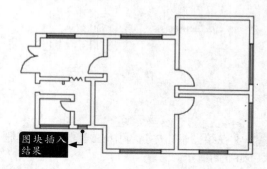

步骤 08 将比例设置为"X:0.45,Y:1,Z:1",旋转角度设置为"-90",继续进行窗户图块的插入,结果如下图所示。

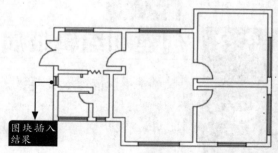

6.2.4 练习——编辑蝴蝶结图块

编辑蝴蝶结图块的过程会运用到【块编辑器】【插入】命令，编辑思路如下图所示。

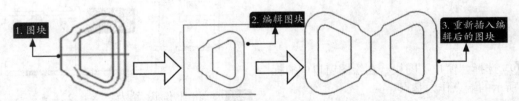

编辑蝴蝶结图块的具体操作步骤如下。

步骤 01 打开"素材\CH06\蝴蝶结.dwg"文件，如下图所示。

步骤 02 双击图块，在弹出的【编辑块定义】对话框中选择"蝴蝶结"对象，单击【确定】按钮，如下图所示。

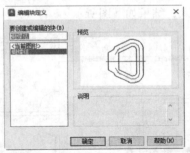

步骤 03 在绘图窗口中选择中心线图形，将其删除后如下图所示。

步骤 04 在【块编辑器】选项卡的【打开/保存】面板上单击【保存块】按钮，然后单击【关闭块编辑器】按钮，结果如下图所示。

步骤 05 在命令行中输入"I"命令后按空格键，在弹出的【块】选项板中的【选项】选项卡上将旋转角度设置为180°，然后指定插入点。

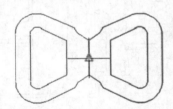

图块插入结果如下图所示。

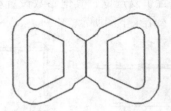

6.3 创建和编辑带属性的块

要创建带属性的图块，首先要创建包含属性特征的属性定义。属性特征主要包括标记（标识属性的名称）、插入图块时显示的提示、值的信息、文字格式、图块中的位置和所有可选模式（不可见、常数、验证、预设、锁定位置和多行）。

6.3.1 定义属性

在AutoCAD 2024中调用【属性定义】对话框的常用方法有以下3种。

● 选择【绘图】➤【块】➤【定义属性】菜单命令，如下左图所示。

● 在命令行中输入 "ATTDEF/ATT" 命令并按空格键。

● 单击【插入】选项卡【块定义】面板中的【定义属性】按钮，如下右图所示。

6.3.2 修改属性定义

在AutoCAD 2024中调用修改单个属性命令的常用方法有以下5种。

● 选择【修改】➤【对象】➤【属性】➤【单个】菜单命令，如下左图所示。

● 在命令行中输入 "EATTEDIT" 命令并按空格键。

● 单击【默认】选项卡【块】面板中的【单个】按钮，如下中图所示。

● 单击【插入】选项卡【块】面板中的【单个】按钮，如下右图所示。

● 双击图块的属性。

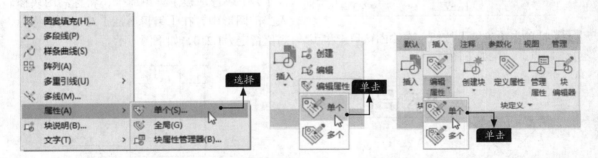

6.3.3 实例——创建带属性的图块

创建带属性的图块的过程会运用到【定义属性】和插入图块命令，创建思路如下图所示。

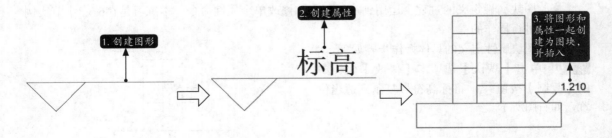

创建带属性的图块的具体步骤如下。

步骤 01 打开"素材\CH06\带属性的图块.dwg"文件，如下图所示。

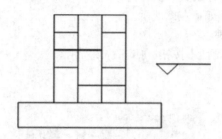

步骤 02 单击【插入】选项卡【块定义】面板中的【定义属性】按钮，弹出【属性定义】对话框，进行下图所示的参数设置。

步骤 03 单击【确定】按钮，在绘图窗口中单击指定起点，结果如下图所示。

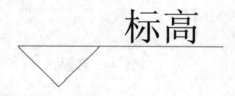

步骤 04 单击【默认】选项卡【块】面板中的

【创建】按钮，弹出【块定义】对话框，在【对象】栏中选中【删除】单选按钮，单击【选择对象】按钮，在绘图窗口中选择下图所示的图形作为组成图块的对象。

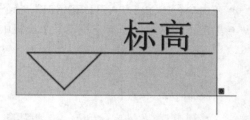

步骤 05 按【Enter】键确认，返回【块定义】对话框后单击【拾取点】按钮，在绘图窗口中单击指定插入基点，如下图所示。

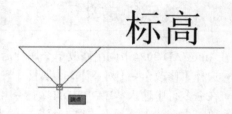

步骤 06 返回【块定义】对话框，将图块名称指定为"标高"，单击【确定】按钮。选择【插入】▶【块选项板】菜单命令，将标高图块插入当前图形中，在【编辑属性】对话框中将标高值指定为1.210，如下图所示。

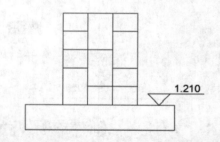

6.3.4 练习——修改图块属性定义

修改图块属性定义的过程会运用到【复制】和修改单个属性命令，本练习是在6.3.3小节实例的基础上进行操作的。

修改图块属性定义的具体操作步骤如下。

步骤 01 单击【默认】选项卡【修改】面板中的【复制】按钮，将标高符号复制到适当位置，如右图所示。

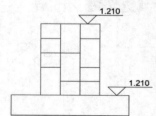

步骤 02 双击复制得到的标高符号，在弹出的【增强属性编辑器】对话框中将【值】参数修改为3.052，如下图所示。

步骤 03 单击【确定】按钮，结果如下图所示。

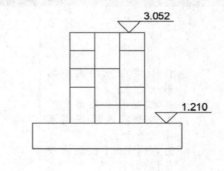

6.4 查询对象信息

在AutoCAD中，可以利用查询功能查询两点之间的距离，以及半径、角度、面积、体积等。AutoCAD的查询功能既可以辅助绘制图形，也可以对图形的各种状态进行查询。

6.4.1 查询距离

查询距离功能用于测量两点之间的距离、与平面的倾角和夹角，在AutoCAD 2024中调用【距离】查询命令的常用方法有以下3种。

- 选择【工具】▷【查询】▷【距离】菜单命令，如下左图所示。
- 在命令行中输入"MEASUREGEOM/MEA"命令并按空格键，在命令行提示下选择"距离"选项。
- 单击【默认】选项卡【实用工具】面板中的【距离】按钮，如下右图所示。

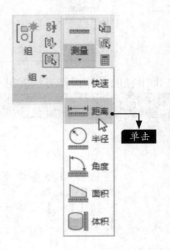

查询距离的具体操作方法参见下页表。

查询内容	操作步骤	结果图形	相应命令行显示
距离	1. 指定两点距离中的第一个点; 2. 指定两点距离中的第二个点或根据需求指定多个点; 3. 按【Esc】键退出查询操作		命令: _MEASUREGEOM 输入一个选项[距离(D)/半径(R)/角度(A)/面积(AR)/体积(V)/快速(Q)/模式(M)/退出(X)] <距离>: _distance 指定第一个点:　　　//捕捉线段的端点 指定第二个点或 [多个点(M)]:　　//捕捉线段的另一个端点 距离 = 10.0000,XY 平面中的倾角 = 90,与 XY 平面的夹角 = 0 X 增量 = 0.0000, Y 增量 = 10.0000, Z 增量 = 0.0000 输入一个选项[距离(D)/半径(R)/角度(A)/面积(AR)/体积(V)/快速(Q)/模式(M)/退出(X)] <距离>:　　//按【Esc】键

6.4.2 查询半径

查询半径功能用于测量指定圆弧、圆或多段线圆弧的半径和直径。在AutoCAD 2024中调用【半径】查询命令的常用方法有以下3种。

● 选择【工具】➤【查询】➤【半径】菜单命令,如下左图所示。

● 在命令行中输入"MEASUREGEOM/MEA"命令并按空格键,在命令行提示下选择"半径"选项。

● 单击【默认】选项卡【实用工具】面板中的【半径】按钮,如下右图所示。

查询半径的具体操作方法参见下表。

查询内容	操作步骤	结果图形	相应命令行显示
半径	1. 选择需要查询半径的圆弧或圆; 2. 按【Esc】键退出查询操作		命令: _MEASUREGEOM 输入一个选项[距离(D)/半径(R)/角度(A)/面积(AR)/体积(V)/快速(Q)/模式(M)/退出(X)] <距离>: _radius 选择圆弧或圆:　　//选择圆 半径 = 5.0000 直径 = 10.0000 输入一个选项[距离(D)/半径(R)/角度(A)/面积(AR)/体积(V)/快速(Q)/模式(M)/退出(X)] <半径>:　　//按【Esc】键

6.4.3 查询角度

查询角度功能主要用于测量与选定的圆弧、圆、多段线线段和线对象关联的角度，在AutoCAD 2024中调用【角度】查询命令的常用方法有以下3种。

- 选择【工具】➤【查询】➤【角度】菜单命令，如下左图所示。
- 在命令行中输入"MEASUREGEOM/MEA"命令并按空格键，在命令行提示下选择"角度"选项。
- 单击【默认】选项卡【实用工具】面板中的【角度】按钮，如下右图所示。

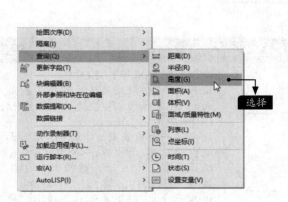 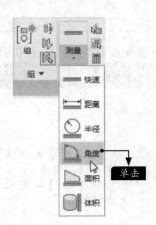

查询角度的具体操作方法参见下表。

查询内容	操作步骤	结果图形	相应命令行显示

角度	1. 选择需要查询的圆弧、圆或直线，也可以根据需求指定顶点；
	2. 按【Esc】键退出查询操作
			命令: _MEASUREGEOM
			输入一个选项[距离(D)/半径(R)/角度(A)/面积(AR)/体积(V)/快速(Q)/模式(M)/退出(X)] <距离>: _angle
			选择圆弧、圆、直线或 <指定顶点>: //选择直线
			选择第二条直线: //选择另一条直线
			角度 = 30°
			输入一个选项[距离(D)/半径(R)/角度(A)/面积(AR)/体积(V)/快速(Q)/模式(M)/退出(X)] <角度>: //按【Esc】键

6.4.4 查询面积和周长

在AutoCAD 2024中调用【面积】查询命令的常用方法有以下3种。

- 选择【工具】➤【查询】➤【面积】菜单命令，如下页左图所示。
- 在命令行中输入"MEASUREGEOM/MEA"命令并按空格键，在命令行提示下选择"面积"选项。
- 单击【默认】选项卡【实用工具】面板中的【面积】按钮，如下页右图所示。

查询面积和周长的具体操作方法参见下表。

查询内容	操作步骤	结果图形	相应命令行显示

面积和周长	1. 选择对象或根据需求指定角点；
	2. 按【Esc】键退出查询操作
			命令: _MEASUREGEOM
			输入一个选项[距离(D)/半径(R)/角度(A)/面积(AR)/体积(V)/快速(Q)/模式(M)/退出(X)] <距离>: _area
			指定第一个角点或 [对象(O)/增加面积(A)/减少面积(S)/退出(X)] <对象(O)>: o
			选择对象: //选择正六边形
			区域 = 64.9519，周长 = 30.0000
			输入一个选项[距离(D)/半径(R)/角度(A)/面积(AR)/体积(V)/快速(Q)/模式(M)/退出(X)] <面积>: //按【Esc】键

6.4.5 查询体积

在AutoCAD 2024中调用【体积】查询命令的常用方法有以下3种。

● 选择【工具】➢【查询】➢【体积】菜单命令，如下左图所示。

● 在命令行中输入"MEASUREGEOM/MEA"命令并按空格键，在命令行提示下选择"体积"选项。

● 单击【默认】选项卡【实用工具】面板中的【体积】按钮，如下右图所示。

查询体积的具体操作方法参见下页表。

查询内容	操作步骤	结果图形	相应命令行显示
体积	1. 选择对象或根据需求指定角点； 2. 指定高度值； 3. 按【Esc】键退出查询操作		命令: _MEASUREGEOM 输入一个选项[距离(D)/半径(R)/角度(A)/面积(AR)/体积(V)/快速(Q)/模式(M)/退出(X)] <距离>: _volume 指定第一个角点或 [对象(O)/增加体积(A)/减去体积(S)/退出(X)] <对象(O)>: //依次捕捉图形的各个顶点 指定下一个点或 [圆弧(A)/长度(L)/放弃(U)/总计(T)] <总计>: //按【Enter】键 指定高度: 5 体积 = 67.3432 输入一个选项[距离(D)/半径(R)/角度(A)/面积(AR)/体积(V)/快速(Q)/模式(M)/退出(X)] <体积>: //按【Esc】键

6.4.6 列表查询

【列表】查询命令用来显示对象的当前特性，如图层、颜色、样式等。此外，根据选定的对象不同，该命令还将给出相关的附加信息。

在AutoCAD 2024中调用【列表】查询命令的常用方法有以下两种。

选择【工具】➤【查询】➤【列表】菜单命令，如下图所示。

在命令行中输入"LIST"命令并按空格键。

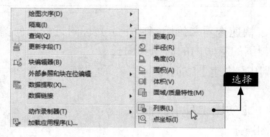

列表查询的具体操作方法参见下表。

查询内容	操作步骤	结果图形	相应命令行显示
列表	捕捉需要查询列表的对象		命令:_LIST 选择对象:指定对角点:找到24个 选择对象://按空格键结束选择 圆 图层:"0" 空间:模型空间 句柄 = 2d7 圆心 点，X=4363.8762 Y=1229.5727 Z=0.0000 半径 4.0000 周长 25.1327 面积 50.2655 圆 图层:"0" 空间:模型空间 句柄 = 2d6 圆心 点，X=4411.8762 Y=1229.5727 Z= 0.0000 半径 4.0000 周长 25.1327 面积 50.2655 圆 图层:"0" 空间:模型空间 句柄 = 2d5 圆心 点，X=4435.8762 Y=1188.0035 Z= 0.0000

6.4.7 查询点坐标

在AutoCAD 2024中调用【点坐标】查询命令的常用方法有以下3种。
- 选择【工具】➤【查询】➤【点坐标】菜单命令，如下左图所示。
- 在命令行中输入"ID"命令并按空格键。
- 单击【默认】选项卡【实用工具】面板中的【点坐标】按钮，如下右图所示。

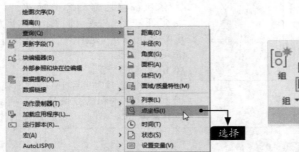

查询点坐标的具体操作方法参见下表。

查询内容	操作步骤	结果图形	相应命令行显示

点坐标	捕捉需要查询坐标的点	✕	命令: '_id 指定点: //捕捉节点
			X = 7777.2765　　Y = 1027.7683　　Z = 0.0000

6.4.8 快速查询

快速查询功能主要用于快速查看二维图形中十字光标附近的几何图形的测量值。快速查询功能还可以测量由几何对象包围的空间内的面积和周长。

在AutoCAD 2024中调用【快速】查询命令的常用方法有以下两种。
- 单击【默认】选项卡【实用工具】面板中的【快速】按钮，如右图所示。
- 在命令行中输入"MEASUREGEOM/MEA"命令并按空格键，在命令行提示下选择"快速"选项。

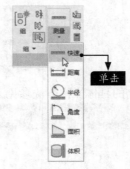

快速查询的具体操作方法参见下表。

操作内容	操作步骤	结果图形	相应命令行显示
快速查询	1．移动十字光标到图形对象上面，随着十字光标的移动，查询对象会发生改变，查询结果也会随之变化； 2．按【Esc】键退出快速查询操作		命令: _MEASUREGEOM 输入一个选项[距离(D)/半径(R)/角度(A)/面积(AR)/体积(V)/快速(Q)/模式(M)/退出(X)] <距离>: _quick 移动光标或[距离(D)/半径(R)/角度(A)/面积(AR)/体积(V)/快速(Q)/模式(M)/退出(X)] <退出>://按【Esc】键

6.4.9 练习——查询吊灯信息

查询吊灯信息的具体步骤如下。

步骤01 打开"素材\CH06\吊灯.dwg"文件，如下图所示。

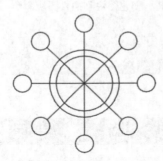

步骤02 单击【默认】选项卡【实用工具】面板中的【测量】下拉列表，选择距离按钮，在绘图窗口中捕捉下图所示的端点。

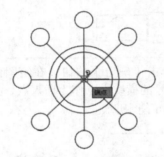

步骤03 在绘图窗口中捕捉下图所示的圆心点以指定第二个点。

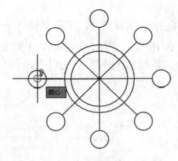

命令行显示的查询结果如下。

> 距离 = 410.0000，XY 平面中的倾角 = 180，与 XY 平面的夹角 = 0
> X 增量 = −410.0000，Y 增量 = 0.0000，Z 增量 = 0.0000

步骤04 单击【默认】选项卡【实用工具】面板中的【测量】下拉列表，选择角度按钮，在绘图窗口中选择右上图所示的线段。

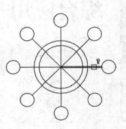

步骤05 在绘图窗口中选择下图所示的线段。

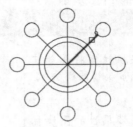

命令行显示的查询结果如下。

> 角度 = 45°

步骤06 单击【默认】选项卡【实用工具】面板中的【测量】下拉列表，选择半径按钮，在绘图窗口中选择下图所示的圆形。

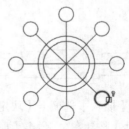

命令行显示的查询结果如下。

> 半径 = 60.0000   直径 = 120.0000

步骤07 单击【默认】选项卡【实用工具】面板中的【测量】下拉列表，选择点坐标按钮，在绘图窗口中捕捉下图所示的端点。

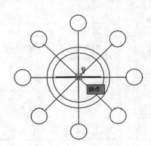

命令行显示的查询结果如下。

> 命令：'_id 指定点：X = 6600.0000　　Y = 5100.0000　　Z = 0.0000

6.5 综合应用——创建并插入带属性的粗糙度图块

粗糙度图块创建并插入的过程会运用到属性定义、创建图块和插入图块命令。

绘制思路如下表所示。

序号	操作内容	结果	备注
1	将粗糙度符号创建成带属性的图块	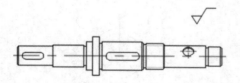	注意创建带属性图块的方法和步骤
2	将带属性的图块插入图形中，并输入相应的粗糙度值	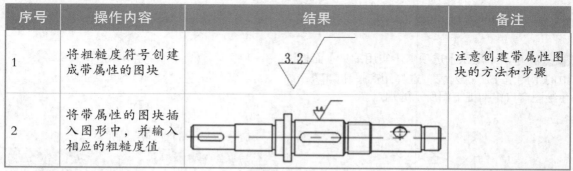	

具体操作步骤如下。

步骤 01 打开"素材\CH06\粗糙度图块.dwg"文件，如下图所示。

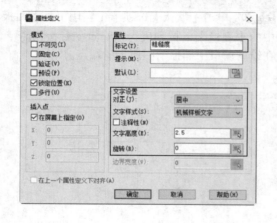

步骤 02 单击【插入】选项卡【块定义】面板中的【定义属性】按钮，弹出【属性定义】对话框，进行下图所示的参数设置。

步骤 03 单击【确定】按钮，在绘图窗口中将粗糙度符号的横线中点作为插入点，并单击确认，结果如下图所示。

步骤 04 单击【默认】选项卡【块】面板中的【创建】按钮，弹出【块定义】对话框，输入名称为"粗糙度符号"，如下图所示。

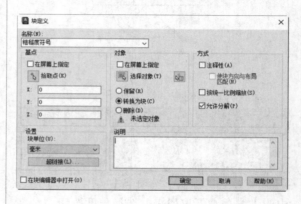

步骤 **05** 单击【选择对象】按钮，在绘图窗口中选择对象，按【Enter】键确认，如下图所示。

步骤 **06** 单击【拾取点】按钮，在绘图窗口中选择下图所示的点作为插入时的基点。

步骤 **07** 返回【块定义】对话框，单击【确定】按钮，弹出【编辑属性】对话框，输入粗糙度的初始值为3.2，并单击【确定】按钮。

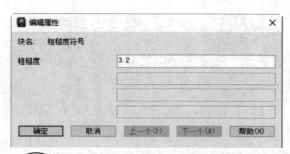

结果如下图所示。

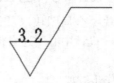

步骤 **08** 选择【插入】➤【块选项板】菜单命令，在弹出的【块选项板】的【当前图形】选项卡中选择"粗糙度符号"图块，将其插入下图所示位置处。

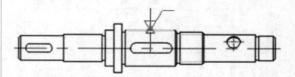

步骤 **09** 弹出【编辑属性】对话框，将粗糙度指定为1.6，单击【确定】按钮，结果如下图所示。

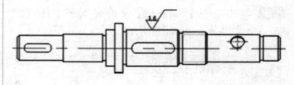

 ## 疑难解答

1.以图块的形式打开无法修复的文件

当文件遭到损坏并且无法修复的时候，可以尝试使用图块的方法打开该文件。

可以新建一个AutoCAD文件，在命令行中输入"I"并按【Enter】键，在弹出的【块】选项板的【当前图形】选项卡中单击 按钮，弹出【选择要插入的文件】对话框，如下图所示。

选择相应文件后单击【打开】按钮，返回【块】选项板，将图块插入绘图窗口即可。

2.如何使用"设计中心"插入AutoCAD自带的图块

内部图块、全局图块以及带属性的图块都属于"自定义"图块，除了"自定义"图块外，AutoCAD的"设计中心"还自带了一些常用的图块，通过"设计中心"可将自带的常用图块插入图形中。

具体操作步骤如下。

步骤 01 在键盘上按组合键【Ctrl+2】，弹出【设计中心】选项板，如下图所示。

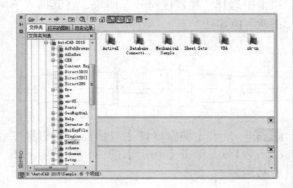

步骤 02 在左侧【Sample】文件夹列表中任意浏览一个文件夹，如下图所示。

单击指定插入点

步骤 03 在右侧预览窗口中选择相关的图形文件，按住需要插入的图形将其拖动到绘图窗口中，并在绘图窗口中单击指定图形的插入点。

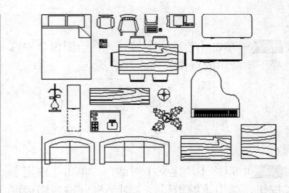

步骤 04 在命令行指定相关参数，命令行提示如下。

输入 X 比例因子，指定对角点，或 [角点(C)/XYZ(XYZ)] <1>: 1
输入 Y 比例因子或 < 使用 X 比例因子 >:
指定旋转角度 <0>:　　　// 按【Enter】键确认

结果如下图所示。

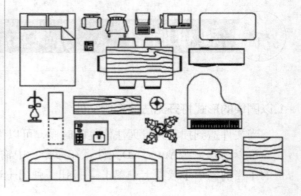

第 **7** 章

文字和表格

 学习内容

绘图时经常需要对图形进行文本标注和说明。AutoCAD提供了强大的文字和表格功能，可以帮助用户创建文字和表格，以便标注图样的非图形信息，使设计和施工人员对图形一目了然。

 学习效果

技术要求：
1. 混凝土C20，保护层25mm（梁）、15mm（板）。
架立筋、分布筋φ6-200，各洞口四周加设2道
φ14二级钢筋，L=口宽加1200，并在四角各加2×
φ10 L=1000的斜筋。
2. 板厚150±10mm，底板−0.185m。

模 数	m	4mm
齿 数	z	31
齿形角	α	20°
变位系数	x	0
轴交角	Σ	90°
全齿高	h	8.8mm
精度等级		8
分度圆弦齿高	Σ	4.04mm
分度圆弦齿厚	h	6.2800
侧 隙	jnmin	0.039mm
	jnmax	0.113mm
配对齿轮齿数	Zm	22
齿距累积公差	Fp	0.09mm
齿距极限偏差	±Fpt	±0.02mm

7.1 创建文字

在AutoCAD 2024中，文字对象包含单行文字和多行文字，其中单行文字中的每行文字都是独立的对象，而多行文字又称段落文字，将作为一个整体处理。

7.1.1 文字样式

【文字样式】命令用于控制图形中所使用文字的字体、宽度和高度等参数。创建文字样式是进行文字注释的首要任务。

在AutoCAD 2024中调用【文字样式】命令的常用方法有以下4种。

- 选择【格式】➤【文字样式】菜单命令，如下左图所示。
- 在命令行中输入"STYLE/ST"命令并按空格键。
- 单击【默认】选项卡【注释】面板中的【文字样式】按钮，如下中图所示。
- 单击【注释】选项卡➤【文字】面板右下角的箭头，如下右图所示。

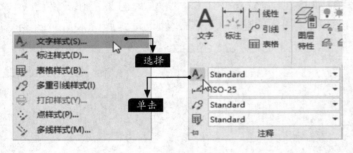

用户可以定义多种文字样式以满足工作的需要。例如，在一张完整的图纸中，需要定义说明性文字的样式、标注文字的样式和标题文字的样式等。在创建文字注释和尺寸标注时，AutoCAD通常使用当前的文字样式，也可以根据具体要求重新设置文字样式或创建新的文字样式。【文字样式】对话框如下图所示。

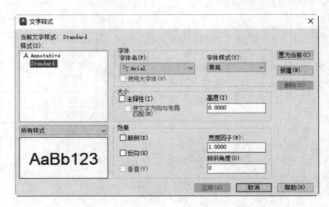

7.1.2 单行文字

使用【单行文字】命令可以创建一行或多行文字。在创建多行文字的时候，按【Enter】键可结束每一行，每行文字都是独立的对象，可对其重定位、调整格式或进行其他修改。

在AutoCAD 2024中调用【单行文字】命令的常用方法有以下4种。

- 选择【绘图】➤【文字】➤【单行文字】菜单命令，如下左图所示。
- 在命令行中输入"TEXT/DT"命令并按空格键。
- 单击【默认】选项卡【注释】面板中的【单行文字】按钮，如下中图所示。
- 单击【注释】选项卡【文字】面板中的【单行文字】按钮，如下右图所示。

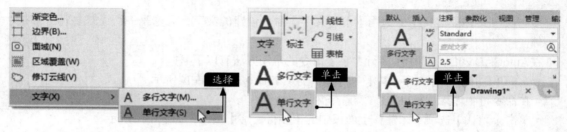

创建单行文字的具体方法参见下表。

创建内容	创建步骤	结果图形	相应命令行显示
单行文字	1. 根据需要指定文字起点、对正或样式； 2. 指定文字高度； 3. 指定文字旋转角度； 4. 输入文字内容	努力学习AutoCAD	命令: _text 当前文字样式: "Standard" 文字高度: 2.5000 注释性: 否 对正: 左 指定文字的起点 或 [对正(J)/样式(S)]: //在绘图窗口的任意空白位置单击 指定高度 <2.5000>: 10 指定文字的旋转角度 <0>: 0

在AutoCAD 2024中调用【编辑单行文字】命令的常用方法有以下4种。

- 选择【修改】➤【对象】➤【文字】➤【编辑】菜单命令，如下左图所示。
- 在命令行中输入"TEXTEDIT/DDEDIT/ED"命令并按空格键。
- 选择文字对象后单击鼠标右键，在弹出的快捷菜单中选择【编辑】命令，如下右图所示。
- 双击文字对象。

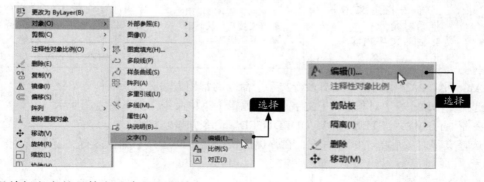

编辑单行文字的具体方法参见下页表。

编辑内容	编辑步骤	结果图形	相应命令行显示
单行文字	1. 根据需要选择文字对象并编辑； 2. 按【Enter】键结束单行文字的编辑操作	AutoCAD工作好帮手	命令: _textedit 当前设置: 编辑模式 = Multiple 选择注释对象或 [放弃(U)/模式(M)]: //选择文字对象"努力学习AutoCAD"并进行编辑 选择注释对象或 [放弃(U)/模式(M)]: //按【Enter】键

7.1.3 多行文字

多行文字又称段落文字，利用【多行文字】命令创建的文字，无论是一行还是多行，都是一个整体。

在AutoCAD 2024中调用【多行文字】命令的常用方法有以下4种。

- 选择【绘图】➤【文字】➤【多行文字】菜单命令，如下左图所示。
- 在命令行中输入"MTEXT/T"命令并按空格键。
- 单击【默认】选项卡【注释】面板中的【多行文字】按钮，如下中图所示。
- 单击【注释】选项卡【文字】面板中的【多行文字】按钮，如下右图所示。

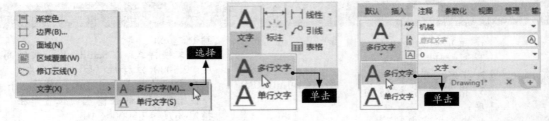

创建多行文字的具体方法参见下表。

创建内容	创建步骤	结果图形	相应命令行显示
多行文字	1. 在适当位置单击指定文本输入框的第一个角点； 2. 根据需要设置相应选项或直接在适当位置单击指定文本输入框的对角点； 3. 输入文字内容	AutoCAD具有良好的用户界面，主要用于二维绘图、详细绘制、设计文档和基本三维设计，用户可以在不断实践的过程中更好地掌握它的各种应用和开发技巧，从而不断提高工作效率。	命令: _mtext 当前文字样式: "Standard" 文字高度: 10 注释性: 否 指定第一角点: //在绘图窗口的任意空白位置单击 指定对角点或 [高度(H)/对正(J)/行距(L)/旋转(R)/样式(S)/宽度(W)/栏(C)]: //在绘图窗口的适当位置单击指定文本输入框的对角点，输入文字内容

在AutoCAD 2024中调用【编辑多行文字】命令的常用方法有以下4种。

- 选择【修改】➤【对象】➤【文字】➤【编辑】菜单命令，如下页左图所示。
- 在命令行中输入"TEXTEDIT/DDEDIT/ED"命令并按空格键。
- 选择文字对象后单击鼠标右键，在弹出的快捷菜单中选择【编辑多行文字】命令，如下页右图所示。
- 双击文字对象。

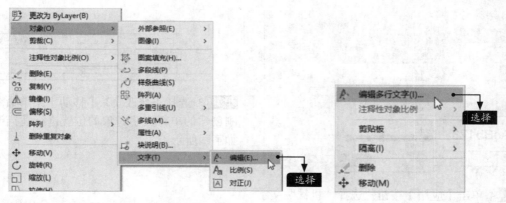

编辑多行文字的具体方法参见下表。

编辑内容	编辑步骤	结果图形	相应命令行显示

多行文字	1. 根据需要选择文字对象并编辑；
	2. 完成编辑操作后单击【关闭文字编辑器】按钮；
	3. 按【Enter】键结束多行文字编辑操作
		AutoCAD具有良好的用户界面，主要用于二维绘图、详细绘制、设计文档和基本三维设计，用户可以在不断实践的过程中更好地掌握它的各种应用和开发技巧，从而不断提高工作效率。	命令: _textedit
			当前设置: 编辑模式 = Multiple
			选择注释对象或 [放弃(U)/模式(M)]:
			//选择文字对象并进行编辑，完成编辑操作后单击【关闭文字编辑器】按钮
			选择注释对象或 [放弃(U)/模式(M)]:
			//按【Enter】键

7.1.4 实例——填写锥齿轮标题栏和技术要求

填写锥齿轮标题栏和技术要求前，首先要创建一个合适的文字样式，然后再利用单行文字填写标题栏，利用多行文字书写技术要求。

1.创建"标题栏"文字样式

步骤01 打开"素材\CH07\锥齿轮.dwg"文件，如下图所示。

令，在弹出的【文字样式】对话框中单击【新建】按钮，弹出【新建文字样式】对话框，将新的文字样式命名为"机械"，单击【确定】按钮，如下图所示。

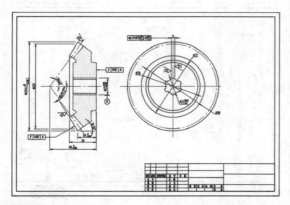

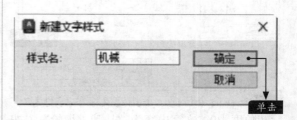

步骤02 选择【格式】➤【文字样式】菜单命

步骤03 返回【文字样式】对话框，在【样式】栏中选择"机械"文字样式，单击【字体名】下拉列表，选择"宋体"，如下页图所示。

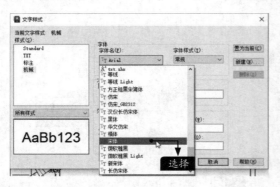

步骤 04 单击【应用】按钮,选择"机械"文字样式后单击【置为当前】按钮,将"机械"文字样式设置为当前样式。

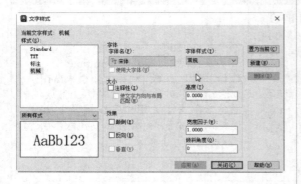

2.填写锥齿轮标题栏

步骤 01 选择【绘图】➤【文字】➤【单行文字】菜单命令,在适当位置单击指定文字起点,如下图所示。

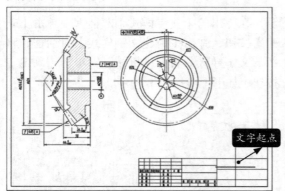

步骤 02 在命令行提示下指定文字的高度为7,旋转角度为0,文字内容为"从动锥齿轮",按两次【Enter】键结束命令,如右上图所示。

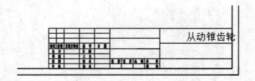

步骤 03 选择【修改】➤【移动】菜单命令,对刚创建的单行文字对象的位置进行适当调整,如下图所示。

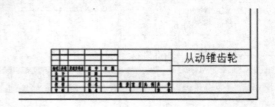

3.填写锥齿轮的技术要求

步骤 01 选择【绘图】➤【文字】➤【多行文字】菜单命令,在适当位置单击指定第一个角点,如下图所示。

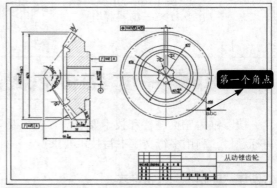

步骤 02 在绘图窗口中拖曳鼠标并单击指定对角点,如下图所示。

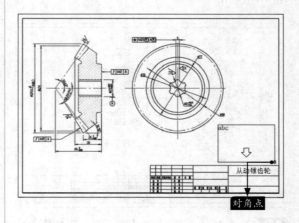

步骤 03 指定输入区域后，弹出【文字编辑器】选项卡，指定文字大小为5，如下图所示。

步骤 04 输入文字内容，选择"技术要求"，如下图所示。

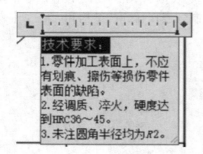

步骤 05 将文字大小更改为6，单击"关闭文字编辑器"按钮，如右上图所示。

技术要求：

1. 零件加工表面上，不应有划痕、擦伤等损伤零件表面的缺陷。
2. 经调质、淬火，硬度达到HRC36～45。
3. 未注圆角半径均为$R2$。

步骤 06 选择【修改】➤【移动】菜单命令，对刚创建的多行文字对象的位置进行适当调整，如下图所示。

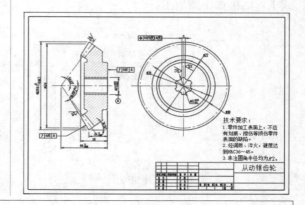

7.2 表格

表格使用行和列以一种简洁、清晰的形式展示信息，常用于一些组件的图形中。可以利用空表格或表格样式创建表格对象。

7.2.1 表格样式

表格样式用于控制表格的外观，包括字体、颜色、高度和行距等。用户可以使用默认的表格样式，也可以根据需要自定义表格样式。

在AutoCAD 2024中调用【表格样式】命令的常用方法有以下4种。

- 选择【格式】➤【表格样式】菜单命令，如下页左图所示。
- 在命令行中输入"TABLESTYLE/TS"命令并按空格键。
- 单击【默认】选项卡【注释】面板中的【表格样式】按钮，如下页中图所示。
- 单击【注释】选项卡【表格】面板右下角的 按钮，如下页右图所示。

在创建新的表格样式时，可以指定一个起始表格。起始表格是图形中用于设置新表格样式的样例表格。一旦选定表格，用户即可指定要从此表格复制到表格样式的结构和内容。【表格样式】对话框如下图所示。

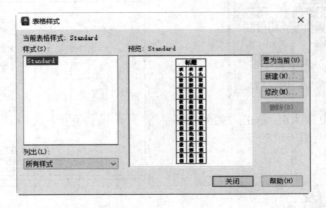

7.2.2 创建表格

在AutoCAD 2024中调用【表格】命令的常用方法有以下4种。

- 选择【绘图】➤【表格】菜单命令，如下左图所示。
- 在命令行中输入"TABLE"命令并按空格键。
- 单击【默认】选项卡【注释】面板中的【表格】按钮，如下中图所示。
- 单击【注释】选项卡【表格】面板中的【表格】按钮，如下右图所示。

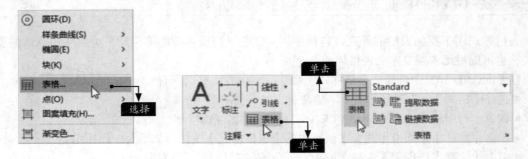

表格样式创建完成后，可以以此为基础创建表格，【插入表格】对话框，如下页图所示。

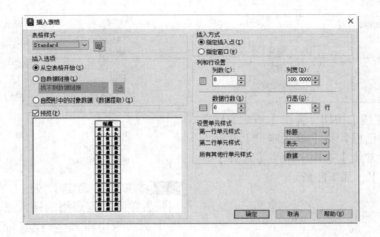

　　创建表格时，默认第一行和第二行分别是"标题"行和"表头"行，所以创建的表格总行数为"正文行数+2"。

7.2.3 编辑表格

　　表格创建完成后，用户可以单击该表格的任意网格线以选中该表格，然后对其进行编辑。

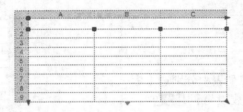

　　选择相应的单元格后，可以在【表格单元】选项卡中进行相应的编辑操作。

7.2.4 实例——创建锥齿轮参数表

　　本实例是在7.1.4小节实例的基础上进行操作的。锥齿轮参数表的创建思路是先创建一个合适的表格样式，然后再创建表格，最后对表格进行编辑。

1.创建"参数表"表格样式

步骤 01 选择【格式】>【表格样式】菜单命令，在弹出的【表格样式】对话框中单击【新建】按钮，弹出【创建新的表格样式】对话框，输入新表格样式的名称为"参数表"，如下页图所示。

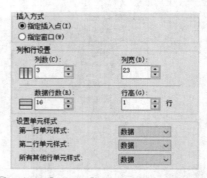

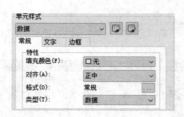

步骤 02 单击【继续】按钮，弹出【新建表格样式：参数表】对话框，将【单元样式】设置为【数据】，在【常规】选项卡中将【对齐】方式设置为【正中】，如下图所示。

步骤 03 在【文字】选项卡中将【文字高度】设置为3，如下图所示。

步骤 04 在【单元样式】下拉列表中分别选【标题】和【表头】选项，参数设置同 **步骤 02**、**步骤 03**，单击【确定】按钮，返回【表格样式】对话框，将"参数表"表格样式设置为当前表格样式，如下图所示。

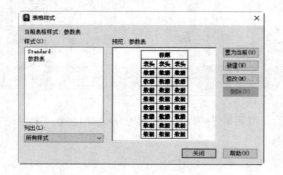

2.创建锥齿轮参数表

步骤 01 单击【默认】选项卡【注释】面板中的【表格】按钮，在弹出的【插入表格】对话框中进行右上图所示的参数设置。

步骤 02 单击【确定】按钮，在绘图窗口的空白位置单击指定表格的插入点，在【文字编辑器】选项卡中将文字高度设置为2.3，如下图所示。

步骤 03 在单元格中输入文字内容"模数"，如下图所示。

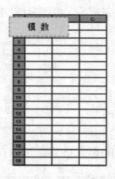

步骤 04 输入其他单元格的文字内容，单击【关闭文字编辑器】按钮，结果如下图所示。

模 数	m	4mm
齿 数	z	31
齿形角	α	20°
变位系数	x	0
轴交角	Σ	90°
全齿高	h	8.8mm
精度等级		8
分度圆弦齿高	Σ	4.04mm
分度圆弦齿厚	h	6.2800
侧 隙	jnmin	0.039mm
	jnmax	0.113mm
配对齿轮齿数	Zm	22
齿距累积公差	Fp	0.09mm
齿距极限偏差	±Fpt	±0.02mm

3.编辑锥齿轮参数表

步骤 01 选择所有单元格,在【表格单元】选项卡中将【对齐】方式设置为【正中】,然后选择下图所示的单元格。

	A	B	C
1	模 数	m	4mm
2	齿 数	z	31
3	齿形角	α	20°
4	变位系数	x	0
5	轴交角	Σ	90°
6	全齿高	h	8.8mm
7	精度等级		8
8	分度圆弦齿高	Σ	4.04mm
9	分度圆弦齿厚	h	6.2800
10	侧 隙	jnmin	0.039mm
11		jnmax	0.113mm
12	配对齿轮齿数	Zm	22
13	齿距累积公差	Fp	0.09mm
14	齿距极限偏差	±Fpt	±0.02mm
15			
16			

步骤 02 在【表格单元】选项卡的【合并】面板中单击【合并全部】按钮,然后选择下图所示的单元格。

	A	B	C
1	模 数	m	4mm
2	齿 数	z	31
3	齿形角	α	20°
4	变位系数	x	0
5	轴交角	Σ	90°
6	全齿高	h	8.8mm
7	精度等级		8
8	分度圆弦齿高	Σ	4.04mm
9	分度圆弦齿厚	h	6.2800
10	侧 隙	jnmin	0.039mm
11		jnmax	0.113mm
12	配对齿轮齿数	Zm	22
13	齿距累积公差	Fp	0.09mm
14	齿距极限偏差	±Fpt	±0.02mm
15			
16			
17			

步骤 03 在【表格单元】选项卡的【行】面板中单击【删除行】按钮,按【Esc】键取消对单元格的选择,如下图所示。

模 数	m	4mm
齿 数	z	31
齿形角	α	20°
变位系数	x	0
轴交角	Σ	90°
全齿高	h	8.8mm
精度等级		8
分度圆弦齿高	Σ	4.04mm
分度圆弦齿厚	h	6.2800
侧 隙	jnmin	0.039mm
	jnmax	0.113mm
配对齿轮齿数	Zm	22
齿距累积公差	Fp	0.09mm
齿距极限偏差	±Fpt	±0.02mm

步骤 04 选择【修改】➤【移动】菜单命令,将表格对象移动至适当的位置,结果如下图所示。

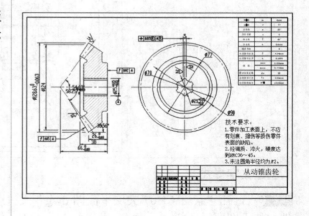

7.3 综合应用——完善夹层平面图

完善夹层平面图的过程会运用到【文字样式】【单行文字】【多行文字】命令。

具体操作思路如下表所示。

序号	操作内容	结果	备注
1	创建"工程图文字"文字样式	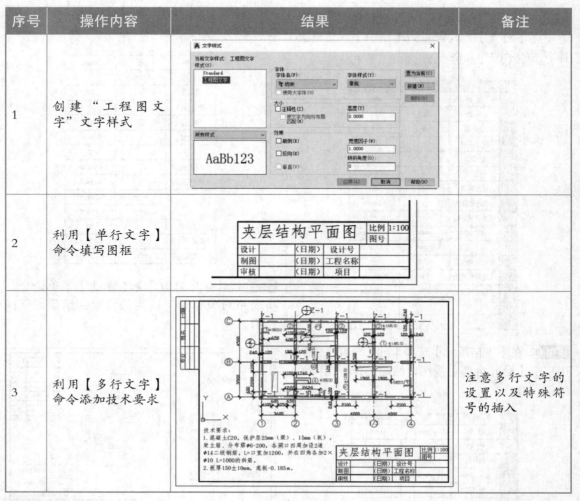	
2	利用【单行文字】命令填写图框		
3	利用【多行文字】命令添加技术要求		注意多行文字的设置以及特殊符号的插入

1.创建文字样式

步骤 01 打开"素材\CH07\夹层平面图.dwg"文件,如下图所示。

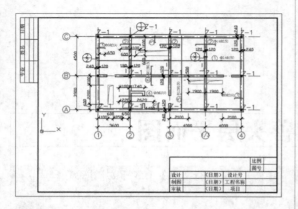

步骤 02 选择【格式】➤【文字样式】菜单命令,在弹出的【文字样式】对话框中新建一个

名称为"工程图文字"的文字样式,打开【字体名】下拉列表,选择【仿宋】选项,如下图所示。

步骤 03 依次单击【应用】【置为当前】按钮,将"工程图文字"样式设置为当前文字样式,关闭【文字样式】对话框。

2.用单行文字填写图框

步骤 01 单击【默认】选项卡【注释】面板中的【单行文字】按钮 **A**，在适当位置单击指定文字起点，文字高度指定为800，角度指定为0，输入文字内容"夹层结构平面图"，如下图所示。

夹层结构平面图		比例	
		图号	
设计	（日期）	设计号	
制图	（日期）	工程名称	
审核	（日期）	项目	

步骤 02 继续进行单行文字对象的创建，文字高度指定为400，角度指定为0，输入文字内容"1：100"，如下图所示。

夹层结构平面图		比例	1:100
		图号	
设计	（日期）	设计号	
制图	（日期）	工程名称	
审核	（日期）	项目	

3.用多行文字书写技术要求

步骤 01 单击【默认】选项卡【注释】面板中的【单行文字】按钮 **A**，在适当位置拖动鼠标指定文字的输入区域，文字高度指定为450，输入相应的文字内容，如下图所示。

技术要求：
1.混凝土C20，保护层25mm（梁）、15mm（板）。架立筋、分布筋6-200，各洞口四周加设2道14二级钢筋，L=口宽加1200，并在四角各加2×10 L=1000的斜筋。
2.板厚150mm，底板-0.185m。

步骤 02 将光标插到"6-200"前面，单击【文字编辑器】选项卡【插入】面板中的【符号】按钮，在符号选择列表中选择直径符号，如下图所示。

度数	%%d
正/负	%%p
直径	%%c
几乎相等	\U+2248
角度	\U+2220

选择

结果如下图所示。

技术要求：
1.混凝土C20，保护层25mm（梁）、15mm（板）。架立筋、分布筋φ6-200，各洞口四周加设2道14二级钢筋，L=口宽加1200，并在四角各加2×10 L=1000的斜筋。
2.板厚150mm，底板-0.185m。

步骤 03 继续进行直径符号的插入，结果如下图所示。

技术要求：
1.混凝土C20，保护层25mm（梁）、15mm（板）。架立筋、分布筋φ6-200，各洞口四周加设2道φ14二级钢筋，L=口宽加1200，并在四角各加2×φ10 L=1000的斜筋。
2.板厚150mm，底板-0.185m。

步骤 04 将光标插到"150"后面，插入正负号，输入10，结果如下图所示。

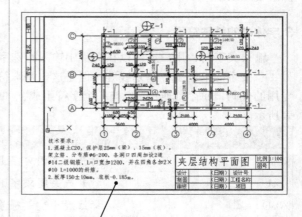

技术要求：
1.混凝土C20，保护层25mm（梁）、15mm（板）。架立筋、分布筋φ6-200，各洞口四周加设2道φ14二级钢筋，L=口宽加1200，并在四角各加2×φ10 L=1000的斜筋。
2.板厚150±10mm，底板-0.185m。

疑难解答

1.输入的字体为什么是"？？？"

有时输入的文字会显示为问号（？），这是字体名和字体样式不统一造成的。一种情况是指定了字体扩展名为".shx"的文件，而没有勾选【使用大字体】复选框；另一种情况是勾选了【使用大字体】复选框，却没有为其指定一个正确的字体样式。

"大字体"就是指定双字节语言的大字体文件。只有在【字体名】下拉列表中指定了SHX文件，才能勾选【使用大字体】复选框，并且只有SHX文件可以创建"大字体"。

2.如何替换原文中找不到的字体

在用AutoCAD打开图形时，经常会遇到系统提示原文中找不到字体的情况。这时候该怎么办呢？下面就以用"hztxt.shx"替换"hzst.shx"来介绍如何替换原文中找不到的字体。

（1）找到AutoCAD字体文件夹（fonts），把里面的hztxt.shx复制一份。

（2）重新命名为"hzst.shx"，然后把"hzst.shx"放到"fonts"文件夹里面，再重新打开此图形就可以了。

3.字体中的特殊符号

输入文字时，用户还可以在文字中输入特殊字符，例如直径符号Φ、百分号%、正负公差符号±、文字的上划线、下划线等，但是这些特殊符号一般不能由键盘直接输入，为此系统提供了专用的代码，每个代码由%%与一个字符组成，如%%C（Φ的代码），常用的特殊字符代码如下表所示。

代码	功能	输入效果
%%O	打开或关闭文字上划线	教程
%%U	打开或关闭文字下划线	说明
%%D	标注度（°）符号	60°
%%P	标注正负公差（±）符号	±100
%%C	标注直径（∅）符号	∅150
%%%	百分号（%）	%
\U+2220	角度∠	∠60
\U+2260	不相等≠	18≠18.5
\U+2248	几乎等于≈	≈68
\U+0394	差值△	△80

第**8**章

尺寸标注

零件的大小取决于图纸所标注的尺寸，并不以绘图的尺寸作为依据。本章将介绍尺寸标注的相关知识，使读者能够熟练地对图形进行尺寸标注。

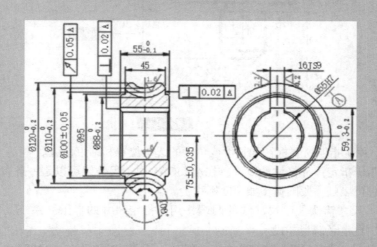

8.1 尺寸标注的规则和组成

绘制图形的根本目的是反映对象的形状，而图形中各个对象的大小和相互位置只有通过尺寸标注才能表现出来。AutoCAD 2024提供了一套完整的尺寸标注命令，用户使用它们可以完成图形的尺寸标注。

8.1.1 尺寸标注的规则

在AutoCAD中，对绘制的图形进行尺寸标注时应当遵循以下规则。

（1）对象的真实大小应以图样上所标注的尺寸数值为依据，与图形的大小及绘图的准确度无关。

（2）图形中的尺寸以毫米（mm）为单位时，不需要标注计量单位的代号或名称。如果采用其他单位，则必须注明相应计量单位的代号或名称。

（3）图形中所标注的尺寸应为该图形所表示的对象的最后完工尺寸，否则应另加说明。

（4）对象的每一个尺寸一般只标注一次。

8.1.2 尺寸标注的组成

在工程绘图中，一个完整的尺寸标注一般由尺寸线、尺寸界线、尺寸箭头和尺寸文字4部分组成，如下图所示。

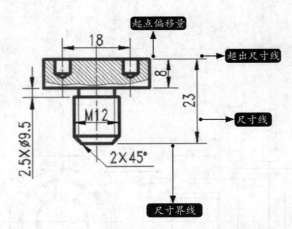

• 尺寸界线：用于指明所要标注的长度或角度的起始位置和结束位置。

• 尺寸线：用于指定尺寸标注的范围。在AutoCAD中，尺寸线可以是一条直线（如线性标注和对齐标注），也可以是一段圆弧（如角度标注）。

• 尺寸箭头：尺寸箭头位于尺寸线的两端，用于指定尺寸的界限。系统提供了多种箭头样式，并且允许用户自定义箭头样式。

• 尺寸文字：尺寸文字是尺寸标注的核心部分，用于表明标注对象的尺寸、角度或旁注等内容。创建尺寸标注时，既可以使用系统自动计算出的实际测量值，也可以根据需要输入尺寸数值。

起点偏移量：尺寸界线原点与所选标注点之间的偏移距离。
超出尺寸线：尺寸线与尺寸界线终点的距离。

8.2 尺寸标注样式管理器

尺寸标注样式用于控制尺寸标注的外观，如箭头的样式、尺寸文字的位置及尺寸界线的长度等。设置尺寸标注样式，可以确保所绘图纸中的尺寸标注符合行业或项目标准。

在AutoCAD 2024中调用【标注样式】命令的常用方法有以下5种。

- 选择【格式】➤【标注样式】菜单命令，如下左一图所示。
- 选择【标注】➤【标注样式】菜单命令，如下左二图所示。
- 在命令行中输入"DIMSTYLE/D"命令并按空格键。
- 单击【默认】选项卡【注释】面板中的【标注样式】按钮，如下左三图所示。
- 单击【注释】选项卡【标注】面板右下角的■按钮，如下左四图所示。

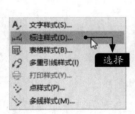
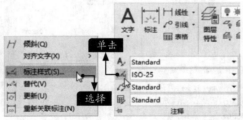

在【标注样式管理器】对话框中单击【新建】按钮可创建新的标注样式，如下左图所示。单击【新建】按钮后会弹出【创建新标注样式】对话框，如下右图所示。

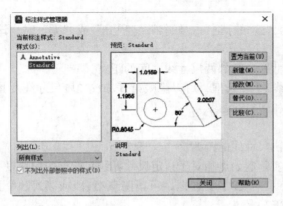
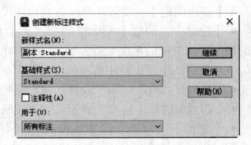

【新样式名】文本框：用于输入新建样式的名称。
【基础样式】下拉列表：从中选择新标注样式是基于哪一种标注样式创建的。
【用于】下拉列表：从中选择标注样式的应用范围。

【继续】按钮：单击该按钮，系统将会弹出【新建标注样式】对话框，如下图所示。

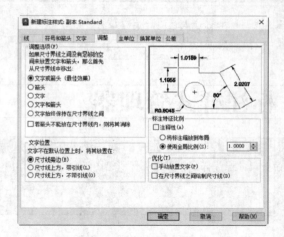

8.2.1 线

在【线】选项卡中，可对尺寸线及尺寸界线的颜色、线型、线宽，超出尺寸线，起点偏移量等内容进行设置，如下图所示。

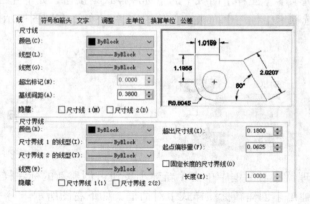

【尺寸线】栏中常用选项的含义如下。

● 【超出标记】：只有当尺寸箭头设置为"建筑标记""倾斜""积分"或"无"时，该选项才可以用于设置尺寸线超出尺寸界线的距离。

● 【基线间距】：设置以基线方式标注尺寸时，相邻两尺寸线之间的距离。

● 【隐藏】：勾选【尺寸线1】或【尺寸线2】复选框，可以隐藏第1段或第2段尺寸线及其相应的箭头，相对应的系统变量分别为DIMSD1和DIMSD2。

【尺寸界线】栏中常用选项的含义如下。

● 【超出尺寸线】：用于设置尺寸界线超出尺寸线的距离。

● 【起点偏移量】：用于确定尺寸界线的实际起始点相对于指定尺寸界线起始点的偏移量。

● 【隐藏】：勾选【尺寸界线1】或【尺寸界线2】复选框，可以隐藏第1段或第2段尺寸界线，相对应的系统变量分别为DIMSE1和DIMSE2。

8.2.2 符号和箭头

在【符号和箭头】选项卡中，可对箭头样式及大小、圆心标记等内容进行设置，如下图所示。

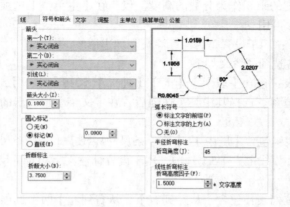

在【箭头】栏中，可以设置标注箭头的外观。通常情况下，尺寸线的两个箭头应一致。

AutoCAD提供了多种箭头样式，用户可以在对应的下拉列表中选择箭头样式，并在【箭头大小】微调框中设置箭头的大小（也可以使用变量Dimasz设置），此外，用户还可以自定义箭头。在【圆心标记】栏中，可以设置直径标注和半径标注的圆心标记和中心线的外观。在建筑图形中，一般不创建圆心标记或中心线。

提示

通常，机械图尺寸线末端符号用箭头，而建筑图尺寸线末端用45°短线。另外，机械图尺寸线一般没有超出标记，而建筑图尺寸线的超出标记可以自行设置。

8.2.3 文字

选择【文字】选项卡，可对文字样式及文字的颜色、高度等内容进行设置，如下图所示。

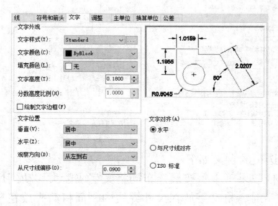

【文字外观】栏中各选项的含义如下。

- 【文字样式】：用于选择标注的文字样式。

- 【文字颜色】和【填充颜色】：分别用于设置标注文字的颜色和标注文字背景的颜色。
- 【文字高度】：用于设置标注文字的高度。但是如果选择的文字样式已经在【文字样式】对话框中设定了具体高度且不是0，该选项则不能用。
- 【分数高度比例】：用于设置标注文字中的分数相对于其他标注文字的比例，AutoCAD将该比例值与标注文字高度的乘积作为分数的高度。仅当在【主单位】选项卡中选择【单位格式】为【分数】时，此选项才可用。
- 【绘制文字边框】：用于设置是否给标注文字加边框。

【文字位置】栏中各选项的含义如下。

- 【垂直】下拉列表：包含【居中】【上】【外部】【JIS】【下】5个选项，用于控制标注文字相对尺寸线的垂直位置。选择其中某个选项后，在【文字】选项卡的预览框中可以观察到文本的变化。
- 【水平】下拉列表：包含【居中】【第一条尺寸界线】【第二条尺寸界线】【第一条尺寸界线上方】【第二条尺寸界线上方】5个选项，用于设置标注文字相对于尺寸线和尺寸界线在水平方向的位置。
- 【观察方向】下拉列表：包含【从左到右】【从右到左】两个选项，用于设置标注文字的观察方向。
- 【从尺寸线偏移】：用于设置尺寸线断开时标注文字周围的距离；若不断开，则为尺寸线与文字之间的距离。

【文字对齐】栏中各选项的含义如下。

- 【水平】：使标注文字水平放置。
- 【与尺寸线对齐】：使标注文字方向与尺寸线方向一致。
- 【ISO标准】：使标注文字按ISO标准放置。当标注文字在尺寸界线之内时，它的方向与尺寸线方向一致；而在尺寸界线外时，标注文字水平放置。

8.2.4 调整

在【调整】选项卡中，可对全局比例因子等内容进行设置，如下图所示。

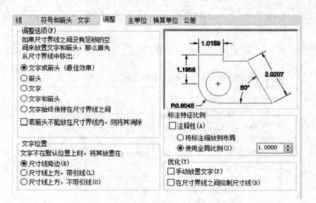

【调整选项】栏中各选项的含义如下。

- 【文字或箭头（最佳效果）】：按最佳布局将文字或箭头移动到尺寸界线外部。当尺寸界线间的距离仅能够容纳文字时，将文字放在尺寸界线内，而将箭头放在尺寸界线外。当尺寸界线间的距离仅能够容纳箭头时，将箭头放在尺寸界线内，而将文字放在尺寸界线外。当尺寸界线间的距离既不够放文字也不够放箭头时，将文字和箭头都放在尺寸界线外。

- 【箭头】：AutoCAD尽量将箭头放在尺寸界线内；否则，将文字和箭头都放在尺寸界线外。
- 【文字】：AutoCAD尽量将文字放在尺寸界线内，将箭头放在尺寸界线外。
- 【文字和箭头】：当尺寸界线间距不足以放下文字和箭头时，将文字和箭头都放在尺寸界线外。
- 【文字始终保持在尺寸界线之间】：始终将文字放在尺寸界线之间。
- 【若箭头不能放在尺寸界线内，则将其消除】：若尺寸界线内没有足够的空间，则隐藏箭头。

【文字位置】栏中各选项的含义如下。

- 【尺寸线旁边】：将标注文字放在尺寸线旁边。
- 【尺寸线上方，带引线】：将标注文字放在尺寸线的上方，并加上引线。
- 【尺寸线上方，不带引线】：将标注文字放在尺寸线的上方，但不加引线。

【标注特征比例】栏中常用选项的含义如下。

- 【使用全局比例】：可以为所有标注样式设置一个比例，指定大小、距离或间距，包括文字和箭头大小。该值改变的仅仅是这些特征符号的大小，并不改变标注的测量值。
- 【将标注缩放到布局】：根据当前模型空间视口与图纸空间之间的缩放关系设置比例。

【优化】栏中各选项的含义如下。

- 【手动放置文字】：勾选该复选框则忽略标注文字的水平设置，在标注时将标注文字放置在用户指定的位置。
- 【在尺寸界线之间绘制尺寸线】：勾选该复选框将始终在测量点之间绘制尺寸线，AutoCAD将箭头放在测量点之处。

8.2.5 主单位

在【主单位】选项卡中，可对单位格式、精度、小数分隔符、测量单位比例因子等内容进行设置，如下图所示。

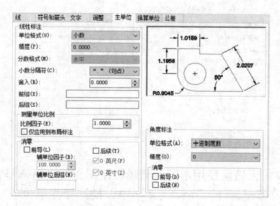

【线性标注】栏中各选项的含义如下。

- 【单位格式】：用来设置除角度标注之外的各标注类型的尺寸单位，包括【科学】【小数】【工程】【建筑】【分数】【Windows桌面】等选项。
- 【精度】：用来设置标注文字中小数的位数。
- 【分数格式】：用于设置分数的格式，包括【水平】【对角】【非堆叠】3个选项。当【单位格式】设置为【建筑】或【分数】时，此选项才可用。

- 【小数分隔符】：用于设置小数的分隔符，包括【逗点】【句点】【空格】3个选项。
- 【舍入】：用于设置除角度标注以外的尺寸测量值的舍入值，类似于数学中的四舍五入。
- 【前缀】和【后缀】：用于设置标注文字的前缀和后缀，用户在相应的文本框中输入字符即可。

【比例因子】：设置测量尺寸的缩放比例，AutoCAD的实际标注值为测量值与该比例的积。该值不应用到角度标注，也不应用到舍入值或者正负公差值。

【消零】栏中常用选项的含义如下。

- 【前导】：勾选该复选框，标注中前导的"0"将不显示，例如"0.5"将显示为".5"。
- 【后续】：勾选该复选框，标注中后续的"0"将不显示，例如"5.0"将显示为"5"。

【角度标注】栏中各选项的含义如下。

- 【单位格式】下拉列表：设置标注角度时的单位。
- 【精度】下拉列表：设置标注角度的尺寸精度。
- 【消零】栏：设置是否消除角度尺寸中前导和后续的"0"。

提示

标注特征比例改变的是标注的箭头、起点偏移量、超出尺寸线以及标注文字的高度等参数值。

测量单位比例改变的是标注的尺寸数值。例如，将测量单位改为2，那么当标注实际长度为5的尺寸时，显示的数值为10。

8.2.6 单位换算和公差

在【换算单位】选项卡中，可对是否显示换算单位、单位格式、精度、位置等内容进行设置，如下图所示。

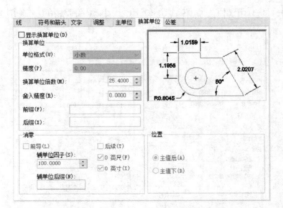

可以通过换算标注单位，转换使用不同测量单位制的标注。通常是将英制标注换算成公制标注，或将公制标注换算成英制标注。在标注文字中，换算标注单位显示在主单位旁边的方括号"［］"中。

勾选【显示换算单位】复选框后，对话框中的其他选项才可用，用户可以在【换算单位】栏中设置换算单位中的各选项，方法与设置主单位的方法相同。

在【位置】栏中，可以设置换算单位的位置，包括【主值后】和【主值下】两种方式。

在【公差】选项卡中，可对公差方式、精度、偏差值、垂直位置等内容进行设置，如下页图所示。

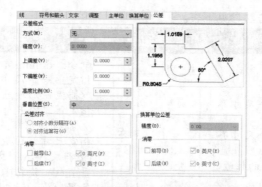

提示

公差有两种，分别为尺寸公差和形位公差。尺寸公差指的是实际制作中尺寸上允许的误差，形位公差指的是形状和位置上的误差。

【标注样式管理器】对话框中设置的【公差】是尺寸公差。在【标注样式管理器】对话框中一旦设置了【公差】，那么在接下来的标注过程中，所有的标注值都将附加上这里设置的公差值。因此，实际工作中一般不设置【标注样式管理器】对话框中的【公差】，而是选择【特性】选项板中的【公差】选项来设置公差。

8.3 尺寸标注类型

尺寸标注的类型众多，包括线性标注、对齐标注、半径标注、直径标注、角度标注、基线标注、连续标注等。

8.3.1 线性标注和对齐标注

线性标注用于标注平面中两个点之间的水平距离或竖直距离，通过指定点或选择一个对象来实现。

在AutoCAD 2024中调用【线性】标注命令的常用方法有以下4种。

- 选择【标注】➤【线性】菜单命令，如下左图所示。
- 在命令行中输入"DIMLINEAR/DLI"命令并按空格键。
- 单击【默认】选项卡【注释】面板中的【线性】按钮，如下中图所示。
- 单击【注释】选项卡【标注】面板中的【线性】按钮，如下右图所示。

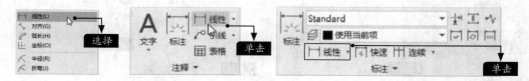

创建线性标注的具体方法参见下表。

创建内容	创建步骤	结果图形	相应命令行显示

线性标注	1.指定第一个尺寸界线原点；
	2.指定第二个尺寸界线原点；
	3.指定尺寸线的位置
		20	命令: _dimlinear
			指定第一个尺寸界线原点或 <选择对象>: //捕捉矩形顶点
			指定第二个尺寸界线原点: //捕捉矩形顶点
			指定尺寸线位置或 [多行文字(M)/文字(T)/角度(A)/水平(H)/垂直(V)/旋转(R)]: //单击指定尺寸线的位置
			标注文字 = 20

【对齐】标注命令主要用来标注斜线，也可用于水平线和竖直线的标注。对齐标注的方法以及命令行提示与线性标注基本相同，只是所适用的标注对象和场合不同。

在AutoCAD 2024中调用【对齐】标注命令的常用方法有以下4种。

- 选择【标注】➤【对齐】菜单命令，如下左图所示。
- 在命令行中输入"DIMALIGNED/DAL"命令并按空格键。
- 单击【默认】选项卡【注释】面板中的【对齐】按钮，如下中图所示。
- 单击【注释】选项卡【标注】面板中的【已对齐】按钮，如下右图所示。

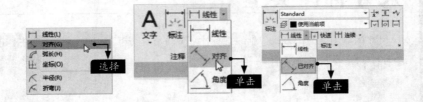

8.3.2 角度标注

角度标注用于标注两条直线之间的夹角、三点之间的角度以及圆弧的角度。

在AutoCAD 2024中调用【角度】标注命令的常用方法有以下4种。

- 选择【标注】➤【角度】菜单命令，如下左图所示。
- 在命令行中输入"DIMANGULAR/DAN"命令并按空格键。
- 单击【默认】选项卡【注释】面板中的【角度】按钮，如下中图所示。
- 单击【注释】选项卡【标注】面板中的【角度】按钮，如下右图所示。

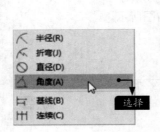
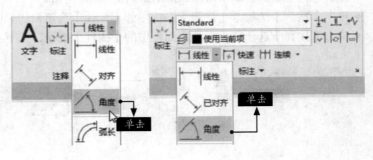

创建角度标注的具体方法参见下表。

创建内容	创建步骤	结果图形	相应命令行显示

角度标注	1. 选择第一个对象；
	2. 选择第二个对象；
	3. 指定标注弧线的位置
		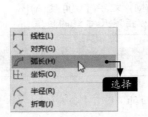	命令：_dimangular
			选择圆弧、圆、直线或 <指定顶点>:
			//选择直线
			选择第二条直线:
			  //选择另一条直线
			指定标注弧线位置或 [多行文字(M)/
			文字(T)/角度(A)/象限点(Q)]:
			  //指定标注弧线的位置
			标注文字 = 60

8.3.3 弧长标注

在AutoCAD 2024中调用【弧长】标注命令的常用方法有以下4种。

● 选择【标注】➤【弧长】菜单命令，如下左图所示。
● 在命令行中输入 "DIMARC/DAR" 命令并按空格键。
● 单击【默认】选项卡【注释】面板中的【弧长】按钮，如下中图所示。
● 单击【注释】选项卡【标注】面板中的【弧长】按钮，如下右图所示。

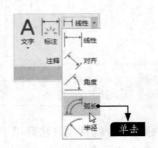

创建弧长标注的具体方法参见下表。

创建内容	创建步骤	结果图形	相应命令行显示

弧长标注	1. 选择圆弧或多段线圆弧段；
	2. 指定弧长标注的位置
		⌒19	命令：_dimarc
			选择弧线段或多段线圆弧段:
			//选择圆弧
			指定弧长标注位置或 [多行文字
			(M)/文字(T)/角度(A)/部分(P)/引线
			(L)]:
			//指定弧长标注的位置
			标注文字 = 19

8.3.4 半径标注

在AutoCAD 2024中调用【半径】标注命令的常用方法有以下4种。

- 选择【标注】➤【半径】菜单命令，如下左图所示。
- 在命令行中输入"DIMRADIUS/DRA"命令并按空格键。
- 单击【默认】选项卡【注释】面板中的【半径】按钮，如下中图所示。
- 单击【注释】选项卡【标注】面板中的【半径】按钮，如下右图所示。

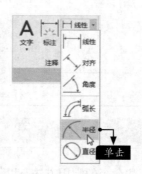

创建半径标注的具体方法参见下表。

创建内容	创建步骤	结果图形	相应命令行显示

半径标注	1. 选择圆弧或圆；
	2. 指定尺寸线的位置
		R5	命令: _dimradius
			选择圆弧或圆:
			//选择圆形
			标注文字 = 5
			指定尺寸线位置或 [多行文字(M)/文字(T)/角度(A)]:
			//指定尺寸线的位置

8.3.5 直径标注

在AutoCAD 2024中调用【直径】标注命令的常用方法有以下4种。
- 选择【标注】➤【直径】菜单命令，如下左图所示。
- 在命令行中输入"DIMDIAMETER/DDI"命令并按空格键。
- 单击【默认】选项卡【注释】面板中的【直径】按钮，如下中图所示。
- 单击【注释】选项卡【标注】面板中的【直径】按钮，如下右图所示。

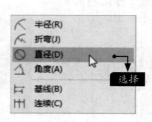
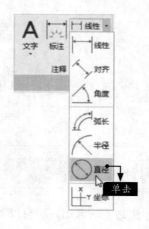

创建直径标注的具体方法参见下表。

创建内容	创建步骤	结果图形	相应命令行显示

直径标注	1. 选择圆弧或圆；
	2. 指定尺寸线的位置
		Ø10（圆形图形）	命令: _dimdiameter
			选择圆弧或圆:
			　//选择圆形
			标注文字 = 10
			指定尺寸线位置或 [多行文字(M)/文字(T)/角度(A)]:
			　//指定尺寸线的位置

8.3.6 基线标注

基线标注是从上一个标注或选定标注的基线处创建线性标注、角度标注或坐标标注，因此，在进行基线标注前，必须先创建一个线性标注、角度标注或坐标标注。

在AutoCAD 2024中调用【基线】标注命令的常用方法有以下3种。

- 选择【标注】➤【基线】菜单命令，如下左图所示。
- 在命令行中输入"DIMBASELINE/DBA"命令并按空格键。
- 单击【注释】选项卡【标注】面板中的【基线】按钮，如下右图所示。

创建基线标注的具体方法参见下表。

创建内容	创建步骤	结果图形	相应命令行显示

基线标注	1. 根据需要选择基准标注；
	2. 创建基线标注对象
		（矩形图形，标注5、10、15、20）	命令: _dimbaseline
			指定第二个尺寸界线原点或 [选择(S)/放弃(U)] <选择>: s
			选择基准标注: //选择标注为5的尺寸对象
			指定第二个尺寸界线原点或 [选择(S)/放弃(U)] <选择>: //捕捉端点
			标注文字 = 10
			指定第二个尺寸界线原点或 [选择(S)/放弃(U)] <选择>: //捕捉端点
			标注文字 = 15
			指定第二个尺寸界线原点或 [选择(S)/放弃(U)] <选择>: //捕捉端点
			标注文字 = 20
			指定第二个尺寸界线原点或 [选择(S)/放弃(U)] <选择>: //按【Enter】键
			选择基准标注: //按【Enter】键

8.3.7 连续标注

连续标注是自动从创建的上一个线性标注、角度标注或坐标标注继续创建其他标注，或者从选定的尺寸界线继续创建其他标注。与基线标注一样，进行连续标注前，必须先创建一个线性标注、角度标注或坐标标注。

在AutoCAD 2024中调用【连续】标注命令的常用方法有以下3种。
- 选择【标注】➤【连续】菜单命令，如下左图所示。
- 在命令行中输入"DIMCONTINUE/DCO"命令并按空格键。
- 单击【注释】选项卡【标注】面板中的【连续】按钮，如下右图所示。

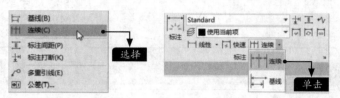

创建连续标注的具体方法参见下表。

创建内容	创建步骤	结果图形	相应命令行显示
连续标注	1．根据需要选择基准标注； 2．创建连续标注对象	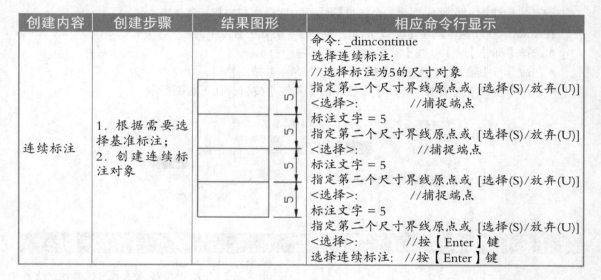	命令: _dimcontinue 选择连续标注: //选择标注为5的尺寸对象 指定第二个尺寸界线原点或 [选择(S)/放弃(U)] <选择>:　//捕捉端点 标注文字 = 5 指定第二个尺寸界线原点或 [选择(S)/放弃(U)] <选择>:　//捕捉端点 标注文字 = 5 指定第二个尺寸界线原点或 [选择(S)/放弃(U)] <选择>:　//捕捉端点 标注文字 = 5 指定第二个尺寸界线原点或 [选择(S)/放弃(U)] <选择>:　//按【Enter】键 选择连续标注: //按【Enter】键

8.3.8 折弯线性标注

用户可在线性标注或对齐标注中添加或删除折弯线。标注中的折弯线表示所标注对象中的折断，标注值表示实际距离，而不是图形中测量的距离。

在AutoCAD 2024中调用【折弯线性】标注命令的常用方法有以下3种。
- 选择【标注】➤【折弯线性】菜单命令，如下左图所示。
- 在命令行中输入"DIMJOGLINE/DJL"命令并按空格键。
- 单击【注释】选项卡【标注】面板中的【标注，折弯标注】按钮，如下右图所示。

创建折弯线性标注的具体方法参见下表。

创建内容	创建步骤	结果图形	相应命令行显示

折弯线性标注	1. 选择需要添加折弯的标注；
	2. 指定折弯位置
			命令: _DIMJOGLINE
			选择要添加折弯的标注或 [删除(R)]:
			//选择标注为20的尺寸对象
			指定折弯位置 (或按 ENTER 键):
			//单击指定折弯位置

8.3.9 折弯标注

折弯标注用于表示选定对象的半径，当圆弧或圆的中心位于布局之外并且无法在其实际位置显示时，将创建折弯标注，这样可以在更合适的位置指定标注的原点。

在AutoCAD 2024中调用【折弯】标注命令的常用方法有以下4种。

● 选择【标注】➤【折弯】菜单命令，如下左图所示。
● 在命令行中输入"DIMJOGGED/DJO"命令并按空格键。
● 单击【默认】选项卡【注释】面板中的【折弯】按钮，如下中图所示。
● 单击【注释】选项卡【标注】面板中的【已折弯】按钮，如下右图所示。

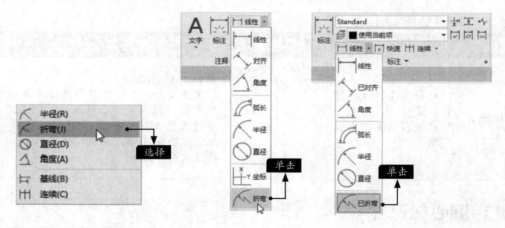

创建折弯标注的具体方法参见下表。

创建内容	创建步骤	结果图形	相应命令行显示

折弯标注	1. 选择需要创建折弯标注的圆弧或圆；
	2. 指定图示中心位置；
	3. 指定尺寸线位置或根据需求调用相关选项；
	4. 指定折弯位置
		R7000	命令: _dimjogged
			选择圆弧或圆:　　　//选择圆弧
			指定图示中心位置:
			//在适当位置单击
			标注文字 = 7000
			指定尺寸线位置或 [多行文字(M)/文字(T)/角度(A)]:　　　//在适当位置单击
			指定折弯位置:　　　//在适当位置单击

8.3.10 坐标标注

坐标标注用于表示从原点到要素的水平或垂直距离。这些标注通过保持特征与基准点之间的精确偏移量来避免误差增大。

在AutoCAD 2024中调用【坐标】标注命令的常用方法有以下4种。

- 选择【标注】➤【坐标】菜单命令，如下左图所示。
- 在命令行中输入"DIMORDINATE/DOR"命令并按空格键。
- 单击【默认】选项卡【注释】面板中的【坐标】按钮，如下中图所示。
- 单击【注释】选项卡【标注】面板中的【坐标】按钮，如下右图所示。

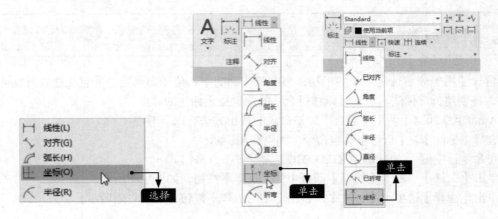

创建坐标标注的具体方法参见下表。

创建内容	创建步骤	结果图形	相应命令行显示

坐标标注	1. 选择需要标注坐标的位置；
	2. 在适当位置指定引线端点
		500	命令: _dimordinate
			指定点坐标:　　　//单击选择单点对象
			指定引线端点或 [X 基准(X)/Y 基准(Y)/
			多行文字(M)/文字(T)/角度(A)]:
			//竖直拖曳鼠标，在适当位置单击
			标注文字 = 500

8.3.11 圆心标记

【圆心标记】命令用于创建圆或圆弧的圆心标记，圆心标记与圆或圆弧是不关联的。也就是说，圆或圆弧的位置发生变化时，圆心标记的位置并不改变。

> **提示**
>
> 可以通过【标注样式管理器】对话框或DIMCEN系统变量对圆心标记进行设置。

在AutoCAD 2024中调用【圆心标记】命令的常用方法有以下3种。

- 选择【标注】➤【圆心标记】菜单命令，如下页左图所示。
- 在命令行中输入"DIMCENTER/DCE"命令并按空格键。

● 单击【注释】选项卡【中心线】面板中的【圆心标记】按钮，如下右图所示。

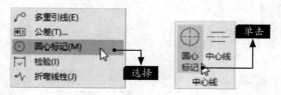

创建圆心标记的具体方法参见下表。

创建内容	创建步骤	结果图形	相应命令行显示
圆心标记	选择需要添加圆心标记的圆弧或圆	+	命令：_dimcenter 选择圆弧或圆： //单击选择圆即可

8.3.12 检验标注

检验标注用于指定需要零件制造商检查其度量的频率，以及允许的公差。

在AutoCAD 2024中调用【检验】标注命令的常用方法有以下3种。

● 选择【标注】➤【检验】菜单命令，如下左图所示。

● 在命令行中输入"DIMINSPECT"命令并按空格键。

● 单击【注释】选项卡【标注】面板中的【检验】按钮，如下右图所示。

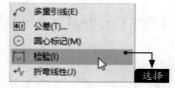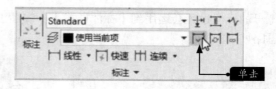

创建检验标注的具体方法参见下表。

创建内容	创建步骤	结果图形	相应命令行显示
检验标注	1. 调用【检验】标注命令； 2. 在弹出的【检验标注】对话框中单击【选择标注】按钮； 3. 选择需要添加检验标注的标注对象，然后按【Enter】键确认； 4. 返回【检验标注】对话框，对参数进行相应设置； 5. 单击【确定】按钮		命令：_DIMINSPECT 选择标注： //选择标注为60 ± 0.15的尺寸对象 选择标注：

8.3.13 快速标注

使用【快速标注】命令时可以一次性选择多个图形对象，AutoCAD将自动完成标注操作。快速标注不是万能的，它的使用是受很大限制的，只有当图形非常适合使用快速标注的时候，才能显示出快速标注的优势。

在AutoCAD 2024中调用【快速标注】命令的常用方法有以下3种。

● 选择【标注】➤【快速标注】菜单命令，如下左图所示。

● 在命令行中输入"QDIM"命令并按空格键。

● 单击【注释】选项卡【标注】面板中的【快速】按钮，如下右图所示。

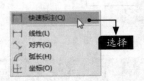
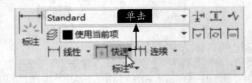

快速标注的具体操作方法参见下表。

操作内容	操作步骤	结果图形	相应命令行显示

快速标注	1. 选择需要添加标注的区域并按【Enter】键结束选择；
	2. 指定尺寸线的位置或根据需求调用相关选项
			命令: _qdim
			关联标注优先级 = 端点
			选择要标注的几何图形：　//用拖曳选择框的方式一次性选择需要标注的区域
			选择要标注的几何图形：
			//按【Enter】键
			指定尺寸线位置或 [连续(C)/并列(S)/基线(B)/坐标(O)/半径(R)/直径(D)/基准点(P)/编辑(E)/设置(T)] <连续>:
			//在适当位置单击指定尺寸线的位置

8.3.14 实例——给滚花螺母添加标注

滚花螺母的标注过程会运用到【标注样式】【线性】【弧长】【角度】【半径】【直径】命令，标注思路如下图所示。

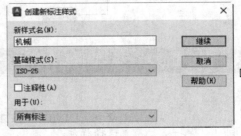
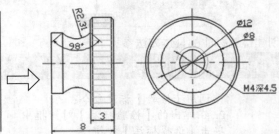

滚花螺母的具体标注步骤如下。

步骤 01 打开"素材\CH08\滚花螺母.dwg"文件，如下图所示。

步骤 02 选择【格式】➤【标注样式】菜单命令，新建一个"机械"标注样式，如下图所示。

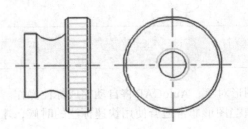
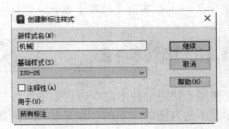

步骤 03 参数设置如下图所示，设置完成后将"机械"标注样式设置为当前标注样式，关闭【标注样式管理器】对话框。

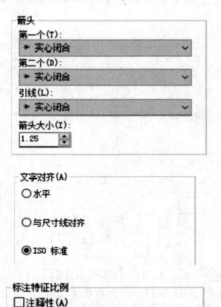

步骤 04 单击【默认】选项卡【注释】面板中的【线性】按钮，捕捉相应端点创建线性标注对象，如下图所示。

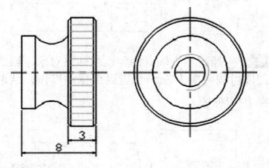

步骤 05 单击【默认】选项卡【注释】面板中的【半径】按钮，选择相应圆弧创建半径标注对象，如右上图所示。

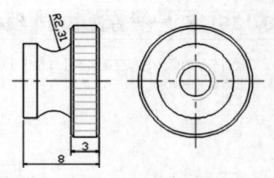

步骤 06 单击【默认】选项卡【注释】面板中的【角度】按钮，选择圆弧为创建角度标注对象，如下图所示。

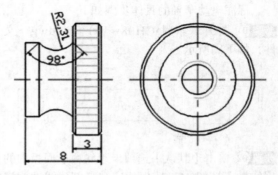

步骤 07 单击【默认】选项卡【注释】面板中的【直径】按钮，选择相应圆形创建直径标注对象，如下图所示。

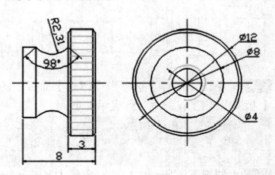

步骤 08 双击"φ4"标注，将其改为"M4深4.5"，如下图所示。

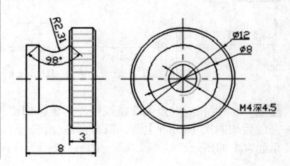

8.3.15 练习——标注电动车轴对象

电动车轴的标注过程会运用到【线性】【基线】【连续】【检验】【折弯线性】标注命令，标注思路如下图所示。

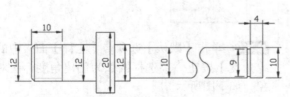

标注电动车轴的具体步骤如下。

步骤 01 打开"素材\CH08\电动车轴.dwg"文件，如下图所示。

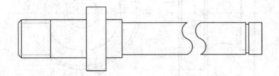

步骤 02 单击【默认】选项卡【注释】面板中的【线性】按钮，捕捉相应端点创建线性标注对象，如下图所示。

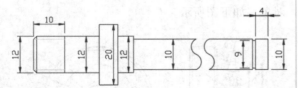

步骤 03 单击【注释】选项卡【标注】面板中的【基线】按钮，命令行提示如下。

> 命令：_dimbaseline
> 指定第二个尺寸界线原点或 [选择 (S)/ 放弃 (U)] < 选择 >：s

步骤 04 捕捉下图所示的标注对象作为基准。

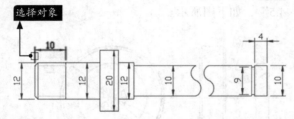

步骤 05 捕捉相应端点创建基线标注对象，创建完成后按两次【Enter】键，退出标注操作，结果如右上图所示。

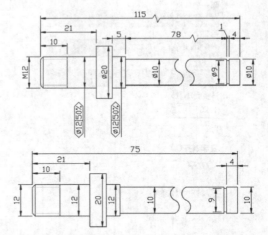

步骤 06 单击【注释】选项卡【标注】面板中的【连续】按钮，命令行提示如下。

> 命令：_dimcontinue
> 指定第二个尺寸界线原点或 [选择 (S)/ 放弃 (U)] < 选择 >：s

步骤 07 捕捉下图所示的标注对象作为基准。

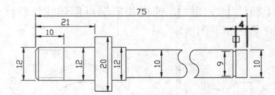

步骤 08 捕捉相应端点创建连续标注对象，创建完成后按两次【Enter】键退出标注操作，结果如下图所示。

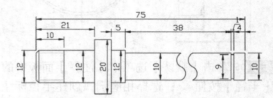

步骤 09 对标注对象的位置及内容进行适当调整，如下图所示。

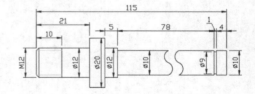

步骤⑩ 单击【注释】选项卡【标注】面板中的【检验】按钮✓，在弹出的【检验标注】对话框中单击【选择标注】按钮，在绘图窗口中选择两个标注为φ12的标注对象，按【Enter】键返回【检验标注】对话框，进行下图所示的设置。

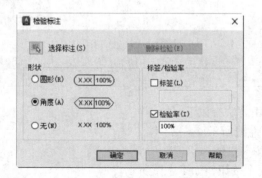

步骤⑪ 在【检验标注】对话框中单击【确定】按钮，结果如下图所示。

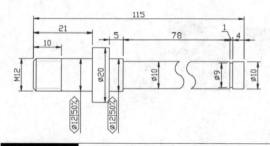

步骤⑫ 单击【注释】选项卡【标注】面板中的【标注，折弯标注】按钮，在绘图窗口中选择标注为78的标注对象，在适当的位置指定折弯位置，如下图所示。

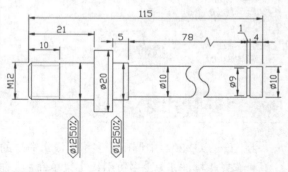

步骤⑬ 对标注为115的标注对象进行折弯线性标注操作，结果如下图所示。

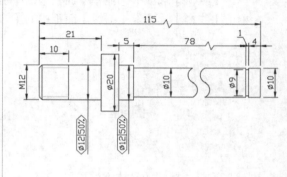

8.4 多重引线标注

引线标注包含一条引线和一条说明。多重引线标注可以包含多条引线，每条引线可以包含一条或多条线段，因此一条说明可以指向图形中的多个对象。

8.4.1 多重引线样式

在AutoCAD 2024中调用【多重引线样式】命令的常用方法有以下4种。
- 选择【格式】➢【多重引线样式】菜单命令，如下页左图所示。
- 在命令行中输入"MLEADERSTYLE/MLS"命令并按空格键。
- 单击【默认】选项卡【注释】面板中的【多重引线样式】按钮，如下页中图所示。
- 单击【注释】选项卡【引线】面板右下角的◢按钮，如下页右图所示。

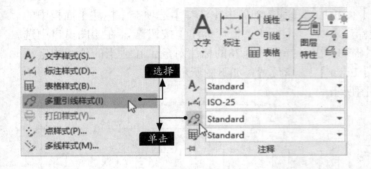

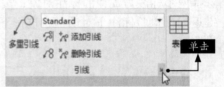

8.4.2　多重引线

在AutoCAD 2024中调用【多重引线】命令的常用方法有以下4种。

- 选择【标注】➤【多重引线】菜单命令，如下左图所示。
- 在命令行中输入"MLEADER/MLD"命令并按空格键。
- 单击【默认】选项卡【注释】面板中的【引线】按钮，如下中图所示。
- 单击【注释】选项卡【引线】面板中的【多重引线】按钮，如下右图所示。

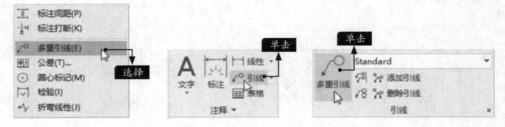

创建多重引线标注的具体方法参见下表。

创建内容	创建步骤	结果图形	相应命令行显示

多重引线标注	1. 单击指定引线箭头的位置或根据需求调用相关选项；
	2. 在适当位置指定引线基线的位置，并输入文字内容
		——圆形	命令: _mleader
			指定引线箭头的位置或 [引线基线优先(L)/内容优先(C)/选项(O)] <选项>:
			//捕捉圆形的象限点
			指定引线基线的位置:
			//在适当位置单击指定引线基线的位置，并输入文字内容

8.4.3　多重引线的编辑

在AutoCAD 2024中调用【对齐】命令的常用方法有以下3种。

- 在命令行中输入"MLEADERALIGN/MLA"命令并按空格键。
- 单击【默认】选项卡【注释】面板中的【对齐】按钮，如下页左图所示。
- 单击【注释】选项卡【引线】面板中的【对齐】按钮，如下页右图所示。

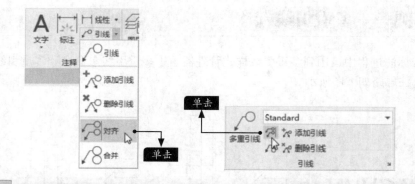

提示

　　除了通过选项卡调用多重引线编辑命令外，还可以通过输入命令来调用：MLEADERALIGN/MLA（对齐）、MLEADERCOLLECT/MLC（合并）、MLEADEREDIT/MLE（添加引线）、AIMLEADEREDITREMOVE（删除引线）。

　　编辑多重引线标注的具体操作方法参见下表。

操作内容	操作步骤	结果图形	相应命令行显示
对齐多重引线（为便于理解，虚线形式显示的"圆形2"是对齐操作之前的，实线形式显示的"圆形2"是对齐操作之后的）	1. 选择需要对齐的多重引线；2. 选择要对齐到的多重引线或根据需求调用相关选项；3. 指定对齐方向	圆形1 圆形2 圆形2	命令: _mleaderalign 选择多重引线： //选择以虚线形式显示的"圆形2" 选择多重引线：　//按【Enter】键 当前模式: 使用当前间距 选择要对齐到的多重引线或 [选项(O)]：　//选择"圆形1" 指定方向：　//在竖直向上的方向单击

合并多重引线（为便于理解，虚线形式显示的多重引线ⓑ是合并操作之前的，实线形式显示的多重引线ⓑ是合并操作之后的）	1. 选择需要合并的多重引线；2. 指定合并后的多重引线的位置或根据需求调用相关选项	Ⓐ Ⓑ Ⓑ	命令: _mleadercollect
			选择多重引线：　//选择多重引线Ⓐ
			选择多重引线：
			//选择以虚线形式显示的多重引线Ⓑ
			选择多重引线：　//按【Enter】键
			指定收集的多重引线位置或 [垂直(V)/水平(H)/缠绕(W)] <水平>：
			//在竖直向上的方向单击

添加引线	1.选择需要添加引线的多重引线；2. 指定添加的引线箭头的位置或根据需求调用相关选项	结果 Ⓐ Ⓑ	命令:
			选择多重引线：　　//选择多重引线Ⓐ
			指定引线箭头位置或 [删除引线(R)]：
			//在圆周上单击
			指定引线箭头位置或 [删除引线(R)]：
			//按【Enter】键

删除引线（为便于理解，被删除的引线以虚线形式显示，实际操作中，引线被删除后会消失不见）	1. 选择需要删除引线的多重引线；2. 选择需要删除的引线或根据需求调用相关选项	被删除的引线 Ⓐ Ⓑ	命令:
			选择多重引线：　　//选择多重引线Ⓐ
			指定要删除的引线或 [添加引线(A)]：
			//选择以虚线形式显示的引线
			指定要删除的引线或 [添加引线(A)]：
			//按【Enter】键
			标注已解除关联。

8.4.4 实例——多重引线标注

多重引线标注过程中运用到多重引线样式管理器、【多重引线】命令和多重引线编辑命令，多重引线的标注思路如下图所示。

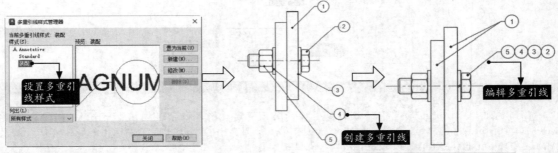

1.设置多重引线样式

步骤 01 打开 "素材\CH08\多重引线标注.dwg" 文件，如下图所示。

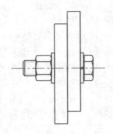

步骤 02 选择【格式】➤【多重引线样式】菜单命令，在弹出的【多重引线样式管理器】对话框中单击【新建】按钮，在【新样式名】文本框中输入"装配"，如下图所示。

步骤 03 单击【继续】按钮，在弹出的【修改多重引线样式：装配】对话框中选择【引线格式】选项卡，将【箭头符号】改为【小点】，【大小】设置为2.5，其他设置不变，如右上图所示。

步骤 04 单击【引线结构】选项卡，将【设置基线距离】设置为12，其他设置不变，如下图所示。

步骤 05 单击【内容】选项卡，将【多重引线类型】设置为【块】，【源块】设置为【圆】，【比例】设置为5，如下图所示。

步骤 06 单击【确定】按钮，将"装配"多重引线样式设置为当前多重引线样式，关闭【多重引线样式管理器】对话框，如下图所示。

提示

当【多重引线类型】为【多行文字】时，下面会出现【文字选项】和【引线连接】等栏，【文字选项】栏主要控制多重引线文字的外观；【引线连接】栏主要控制多重引线的引线连接设置，它可以是水平连接，也可以是垂直连接。

当【多重引线类型】为【块】时，下面会出现【块选项】栏，它主要控制多重引线对象中块内容的特性，包括【源块】附着【颜色】和【比例】。只有"多重引线"的文字类型为"块"时，才可以对多重引线进行"合并"操作。

2.创建多重引线

步骤 01 单击【默认】选项卡【注释】面板中的【引线】按钮，在需要创建标注的位置单击，指定箭头的位置，如下图所示。

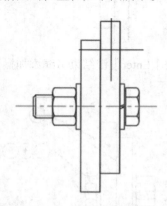

步骤 02 拖曳鼠标，在合适的位置单击，作为引线基线位置，如右上图所示。

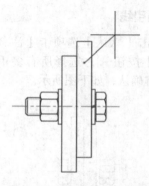

步骤 03 在弹出的【编辑属性】对话框中输入标记编号"1"，如下图所示。

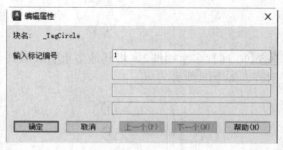

步骤 04 单击【确定】按钮，结果如下图所示。

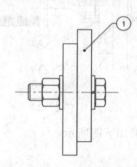

步骤 05 继续进行多重引线标注对象的创建，结果如下图所示。

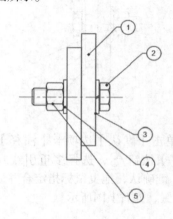

3.编辑多重引线

步骤 01 单击【默认】选项卡【注释】面板中的【对齐】按钮，选择所有多重引线，按【Enter】键确认，如下图所示。

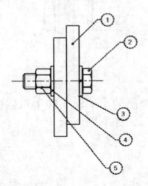

步骤 02 捕捉多重引线2，将其他多重引线与其对齐，如下图所示。

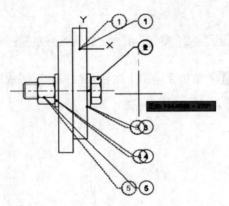

对齐结果如下图所示。

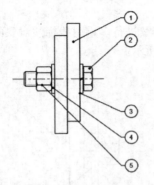

步骤 03 单击【默认】选项卡【注释】面板中的【合并】按钮，选择多重引线2～5，按【Enter】键确认，拖曳鼠标指定合并后的多重引线的位置，如右上图所示。

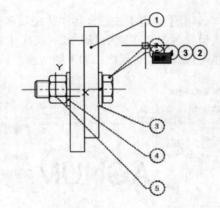

合并结果如下图所示。

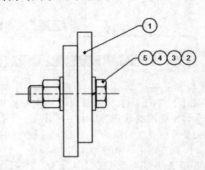

步骤 04 单击【默认】选项卡【注释】面板中的【添加引线】按钮，选择多重引线1并拖曳十字光标指定添加的位置，如下图所示。

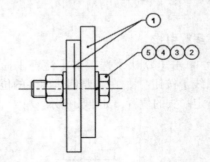

步骤 05 按【Enter】键结束引线添加操作，结果如下图所示。

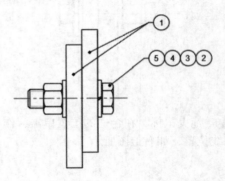

8.5 标注尺寸公差和形位公差

公差有3种类型，分别为尺寸公差、形状公差和位置公差。形状公差和位置公差统称为形位公差。

尺寸公差是指允许尺寸的变动量，即最大极限尺寸和最小极限尺寸的代数差的绝对值。

形状公差是指单一实际要素的形状所允许的变动全量，包括直线度、平面度、圆度、圆柱度、线轮廓度和面轮廓度。

位置公差是指关联实际要素的位置对基准所允许的变动全量，它限制了零件的两个或两个以上的点、线、面之间的相互位置关系，包括平行度、垂直度、倾斜度、同轴度、对称度、位置度、圆跳动和全跳动。

8.5.1 标注尺寸公差

AutoCAD中，创建尺寸公差的方法通常有3种，分别为通过标注样式创建尺寸公差、通过文字形式创建尺寸公差和通过【特性】选项板创建尺寸公差。

通过标注样式创建尺寸公差较死板和烦琐，每次创建的公差只能用于一个尺寸标注，当不需要标注尺寸公差或公差大小不同时，就需要更换标注样式。

通过文字形式创建尺寸公差比通过标注样式创建尺寸公差有了不小的改进，但是用这种方式创建的公差在AutoCAD中会破坏尺寸标注的特性，使创建公差后的尺寸标注失去原来的部分特性。例如，用这种方式创建的公差不能通过【特性匹配】命令匹配给其他尺寸标注。

综上所述，尺寸公差最好使用【特性】选项板来创建。这种方法简单方便，且易于修改，并可通过【特性匹配】命令将创建的公差匹配给其他需要创建相同公差的尺寸标注。

8.5.2 标注形位公差

在AutoCAD 2024中调用【形位公差】对话框的常用方法有以下3种。

● 选择【标注】➤【公差】菜单命令，如下图所示。

● 在命令行中输入"TOLERANCE/TOL"命令并按空格键。

● 单击【注释】选项卡【标注】面板中的【公差】按钮，如右上图所示。

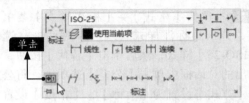

调用【公差】命令后，会弹出【形位公差】选择框，如下图所示。

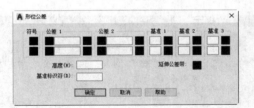

【符号】：显示从【符号】对话框中选择的几何特征符号。

【公差1】：创建特征控制框中的第一个公差值。公差值指明了几何特征相对于精确形状的允许偏差量。可在公差值前插入直径符号，在其后插入包容条件符号。

【公差2】：在特征控制框中创建第二个公差值。

【基准1】：在特征控制框中创建第一级基准参照。基准参照由值和修饰符号组成。基准是理论上精确的几何参照，用于建立特征的公差带。

【基准2】：在特征控制框中创建第二级基准参照，方式与创建第一级基准参照的方式

相同。

【基准3】：在特征控制框中创建第三级基准参照，方式与创建第一级基准参照的方式相同。

【高度】：创建特征控制框中的投影公差零值。投影公差带控制固定垂直部分延伸区的高度变化，并以位置公差控制公差精度。

【延伸公差带】：在延伸公差带值的后面插入延伸公差带符号。

【基准标识符】：创建由参照字母组成的基准标识符。基准是理论上精确的几何参照，用于建立其他特征的位置和公差带。点、直线、平面、圆柱或者其他几何图形都能作为基准。

8.5.3 实例——创建尺寸公差

8.5.1小节介绍了创建尺寸公差的方法，下面通过实例介绍3种方法的具体操作步骤。

1. 通过标注样式创建尺寸公差

步骤 01 打开"素材\CH08\蜗轮.dwg"文件，如下图所示。

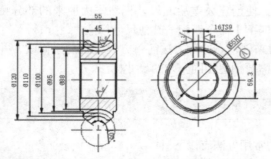

步骤 02 选择【格式】▶【标注样式】菜单命令，弹出【标注样式管理器】对话框，选中【ISO-25】样式，然后单击【替代】按钮，在弹出的对话框中单击【公差】选项卡，将公差的【方式】设置为【对称】，【精度】设置为0.000，将偏差值设置为0.035，其他设置不变，如右上图所示。

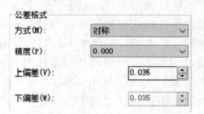

步骤 03 设置完成后单击【确定】按钮，关闭【标注样式管理器】对话框。单击【默认】选项卡【注释】面板中的【线性】按钮，对图形进行线性标注，结果如下图所示。

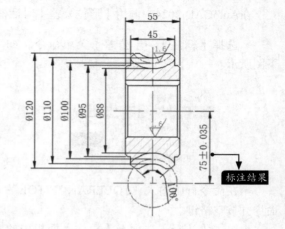

> **提示**
>
> 对于对称公差，只需要输入上偏差或下偏差一个值就可以了。对于极限偏差，上偏差会自动添加"+"，下偏差会自动添加"−"。

提示

标注样式中的公差一旦设定，在标注其他尺寸时也会被加上设置的公差。因此，为了避免其他再标注的尺寸受影响，在要添加公差的尺寸标注完成后，要及时切换其他标注样式为当前标注样式。

2. 通过文字形式创建尺寸公差

步骤01 选择【格式】➤【标注样式】菜单命令，弹出【标注样式管理器】对话框，将【ISO-25】样式设置为当前标注样式，关闭【标注样式管理器】对话框。双击标注为55的尺寸，使其进入编辑状态，如下图所示。

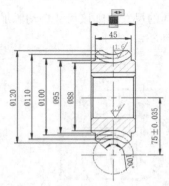

步骤02 在标注的尺寸后面输入"0^–0.1"，并选中输入的文字，如下图所示。

标注结果

步骤03 单击【文字编辑器】选项卡【格式】面板中的 按钮，上面输入的文字会自动变成尺寸公差形式，退出文字编辑器，结果如下图所示。

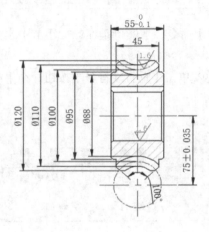

3. 通过【特性】选项板创建尺寸公差

步骤01 按【Ctrl+1】组合键调出【特性】选项板，然后单击选择 ϕ100的尺寸标注，在【特性】选项板上对尺寸公差进行设置，如下图所示。

步骤02 按【Esc】键退出尺寸选择状态，ϕ100的尺寸已添加了公差，如下图所示。

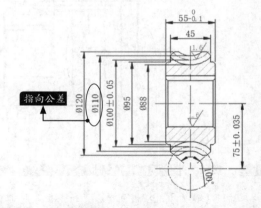

指向公差

步骤03 重复**步骤01**，选择 ϕ110的尺寸标注，在【特性】选项板上对尺寸公差进行下图所示设置。

步骤04 按【Esc】键退出尺寸选择状态，ϕ110的尺寸已添加了公差，如下页图所示。

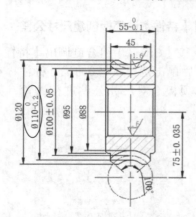

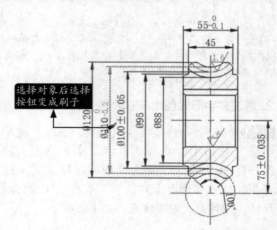

寸，如下图所示。

步骤 05 单击【默认】选项卡【特性】面板中的【特性匹配】按钮，然后单击选择 ϕ 110的尺

步骤 06 当选择按钮变成刷子后，单击选择和 ϕ 110公差相同的尺寸，则该尺寸自动添加上相应的公差，添加完成后按【Esc】键退出特性匹配，结果如下图所示。

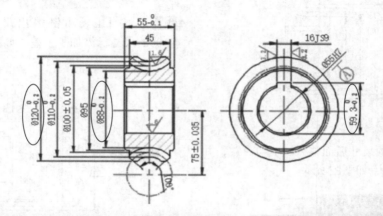

提示

通过【特性】选项板创建公差的步骤是先创建尺寸标注，然后在【特性】选项板中给创建的尺寸添加公差。

8.5.4 练习——创建形位公差

形位公差的创建过程会运用到【公差】【多重引线】命令，本实例是在8.5.3小节中实例的基础上进行操作的，具体创建步骤如下。

步骤 01 选择【标注】➤【公差】菜单命令，弹出【形位公差】选择框，单击【符号】按钮，弹出【特征符号】选择框，如下图所示。

步骤 02 单击【垂直度符号】按钮，结果如下图所示。

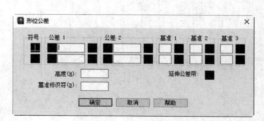

步骤 03 在【形位公差】对话框中输入【公差1】的值为0.02，【基准1】的值为A，如下图所示。

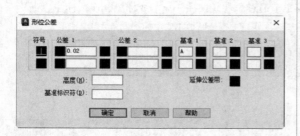

步骤 04 单击【确定】按钮，在绘图窗口中单击指定公差位置，结果如右图所示。

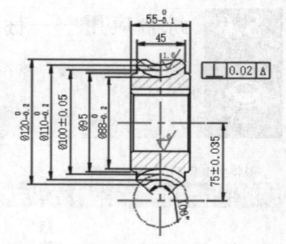

步骤 05 选择【标注】➤【多重引线】菜单命令，在绘图窗口中创建多重引线将形位公差指向相应的尺寸标注，结果如下图所示。

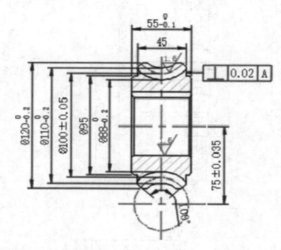

步骤 06 重复 步骤 01 ～ 步骤 05，创建其他形位公差，结果如下图所示。

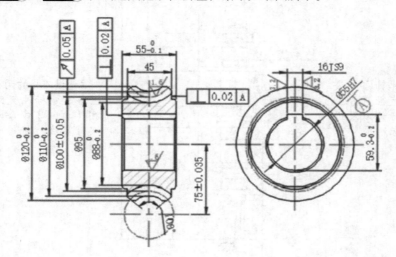

8.6 综合应用——标注阶梯轴

阶梯轴是机械设计中常见的零件，本节通过添加线性标注、基线标注、连续标注、直径标注、半径标注、公差标注、形位公差标注等完成阶梯轴的尺寸标注。

具体操作思路如下表所示。

序号	操作内容	结果	备注
1	利用【线性】【基线】命令给阶梯轴添加标注	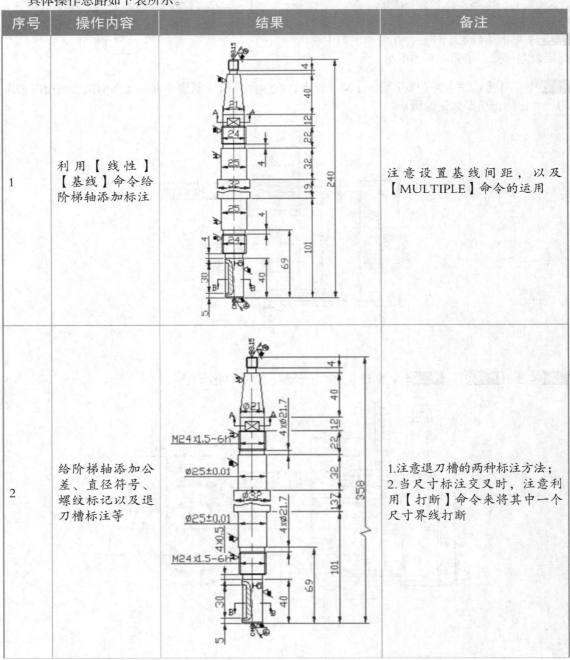	注意设置基线间距，以及【MULTIPLE】命令的运用
2	给阶梯轴添加公差、直径符号、螺纹标记以及退刀槽标注等		1.注意退刀槽的两种标注方法；2.当尺寸标注交叉时，注意利用【打断】命令来将其中一个尺寸界线打断

续表

序号	操作内容	结果	备注
3	添加检验标注和形位公差标注	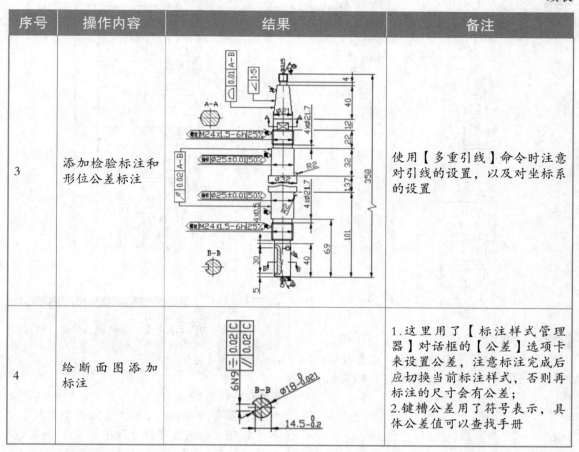	使用【多重引线】命令时注意对引线的设置，以及对坐标系的设置
4	给断面图添加标注		1.这里用了【标注样式管理器】对话框的【公差】选项卡来设置公差，注意标注完成后应切换当前标注样式，否则再标注的尺寸会有公差； 2.键槽公差用了符号表示，具体公差值可以查找手册

1. 给阶梯轴添加尺寸标注

步骤 01 打开"素材\CH08\给阶梯轴添加标注.dwg"文件，如下图所示。

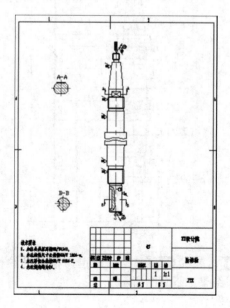

步骤 02 选择【格式】➤【标注样式】菜单命令，在弹出的【标注样式管理器】对话框中单击【修改】按钮，单击【线】选项卡，将尺寸基线修改为20，如下图所示。

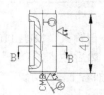

步骤 03 选择【标注】➤【线性】菜单命令，捕捉轴的两个端点为尺寸界线原点，在合适的位置放置尺寸线，结果如下图所示。

步骤 04 选择【标注】➤【基线】菜单命令，创建基线标注，结果如下图所示。

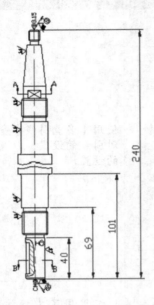

步骤 05 选择【标注】➤【基线】菜单命令，然后输入"S"并按【Enter】键，选择连续标注的第一条尺寸线，创建连续标注，结果如下图所示。

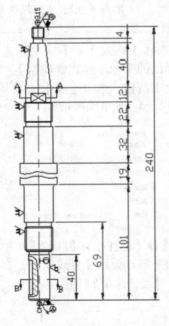

步骤 06 在命令行输入"MULTIPLE"命令并按【Enter】键，然后输入"DLI"，标注退刀槽和轴的直径，如右上图所示。

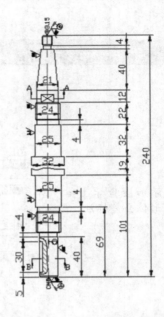

提示

【MULTIPLE】命令是连续执行命令，输入该命令后，再输入要连续执行的命令，可以重复该操作，直至按【Esc】键退出。

步骤 07 双击标注为25的尺寸，在弹出的【文字编辑器】选项卡的【插入】面板中单击【符号】按钮，插入直径符号和正负号，并输入公差值，结果如下图所示。

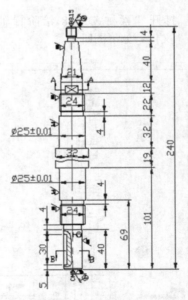

步骤 08 重复 步骤 07，修改退刀槽和螺纹标注等，结果如下页图所示。

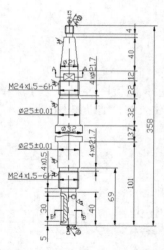

步骤 09 单击【注释】选项卡【标注】面板中的
【打断】按钮，对相互干涉的尺寸进行打断，
如下图所示。

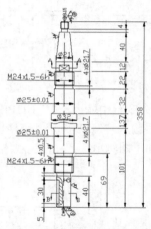

步骤 10 选择【标注】➤【折弯线性】菜单命
令，给标注为358的尺寸添加折弯线性标注，如
下图所示。

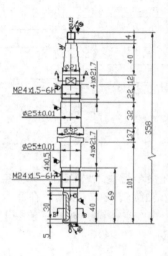

2. 添加检验标注和形位公差

步骤 01 单击【注释】选项卡【标注】面板中的
【检验】按钮，弹出【检验标注】对话框，
如下图所示。

步骤 02 选择两个螺纹标注，结果如下图所示。

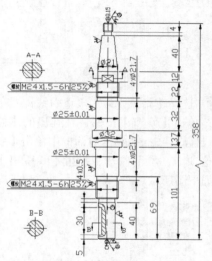

步骤 03 重复**步骤 01**、**步骤 02**，继续给阶梯轴
添加检验标注，结果如下图所示。

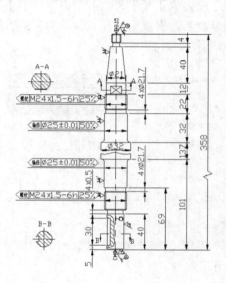

步骤 **04** 选择【标注】➤【半径】菜单命令，给圆角添加半径标注，如下图所示。

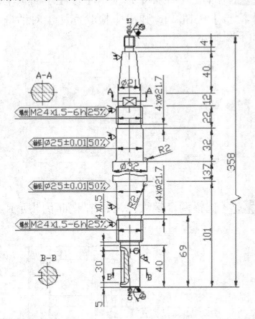

步骤 **05** 选择【格式】➤【多重引线样式】菜单命令，单击【修改】按钮，在弹出的【修改多重引线样式：Standard】对话框中单击【引线结构】选项卡，取消勾选【设置基线距离】复选框，如下图所示。

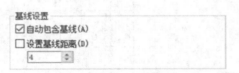

步骤 **06** 单击【内容】选项卡，将【多重引线类型】设置为【无】，然后单击【确定】按钮并将修改后的多重引线样式设置为当前引线样式，如下图所示。

多重引线类型(M):	多行文字
文字选项	
默认文字(D):	
文字样式(S):	Standard
文字角度(A):	保持水平
文字颜色(C):	ByBlock
文字高度(T):	4
□ 始终左对正(L)	□ 文字边框(F)

步骤 **07** 在命令行中输入"UCS"并按空格键，将坐标系统z轴旋转90°，旋转后的坐标如右上图所示。

步骤 **08** 选择【标注】➤【公差】菜单命令，然后创建形位公差，结果如下图所示。

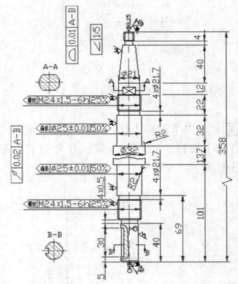

步骤 **09** 在命令行中输入"MULTIPLE"并按空格键，然后输入"MLD"并按空格键，创建多重引线，如下图所示。

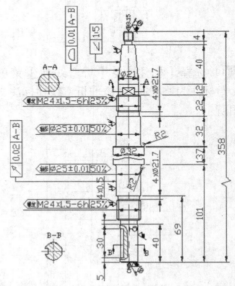

步骤 **10** 在命令行输入"UCS"并按空格键，将坐标系统z轴旋转180°，然后在命令行中输入"MLD"并按空格键，创建一条多重引线，如下页图所示。

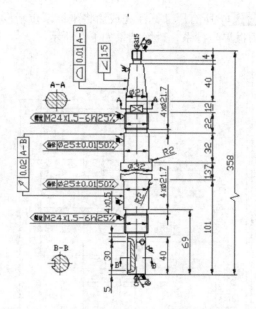

步骤 07 和 步骤 10 中，只有坐标系旋转后创建的形位公差和多重引线标注才可以一次到位，标注成竖直方向。

3. 给断面图添加标注

步骤 01 在命令行中输入 "UCS" 并按回车键，将坐标系重新设置为世界坐标系。

步骤 02 选择【标注】➤【线性】菜单命令，为断面图添加线性标注，结果如下图所示。

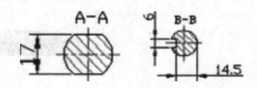

步骤 03 选择【修改】➤【特性】菜单命令，然后选择标注为14.5的尺寸，在弹出的【特性】选项板中进行右上图所示的设置。

步骤 04 关闭【特性】选项板，结果如下图所示。

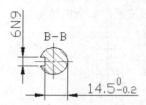

步骤 05 选择【格式】➤【标注样式】菜单命令，单击【替代】按钮，在弹出的对话框中选择【公差】选项卡，进行下图所示的设置。

公差格式	
方式(M)	极限偏差
精度(P)	0.000
上偏差(V)	0
下偏差(W)	0.021
高度比例(H)	0.75
垂直位置(S)	下

步骤 06 将替代样式设置为当前样式，在命令行中输入 "DDI" 并按空格键，然后选择键槽断面图的圆弧进行标注，如下图所示。

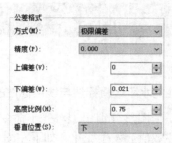

步骤 07 在命令行中输入 "UCS" 并按空格键确认，将坐标系绕z轴旋转90°，旋转后的坐标如下页图所示。

步骤 **08** 选择【标注】➤【公差】菜单命令，在弹出的【形位公差】对话框中进行下图所示的设置。

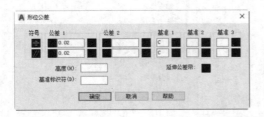

步骤 **09** 单击【确定】按钮，将创建的形位公差放到合适的位置，如下图所示。

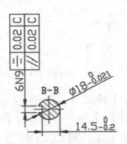

步骤 **10** 所有尺寸标注完成后将坐标系重新设置为世界坐标系，最终结果如下图所示。

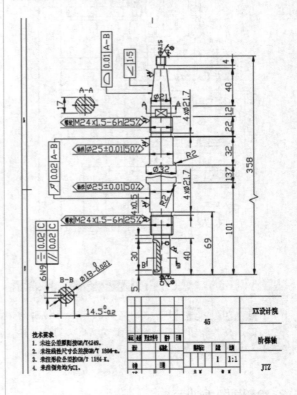

疑难解答

对齐标注的水平竖直标注与线性标注的区别

　　同一个图形分别用【对齐】命令和【线性】命令标注后，水平调整对齐标注尺寸界线原点时，标注数值会发生变化，如下左图所示；水平调整线性标注尺寸界线原点时，标注数值不会发生变化，如下右图所示。

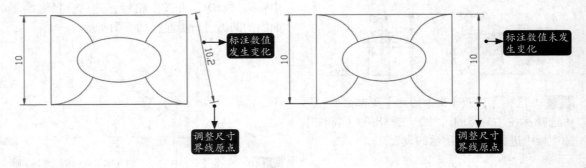

第**9**章

智能标注和编辑标注

学习内容————

　　智能标注（dim）命令可以在同一命令任务中创建多种类型的标注。智能标注命令支持的标注类型包括垂直标注、水平标注、对齐标注、旋转的线性标注、角度标注、半径标注、直径标注、折弯半径标注、弧长标注、基线标注和连续标注。

学习效果————

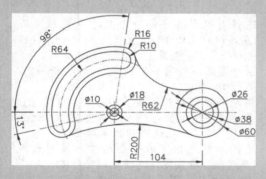

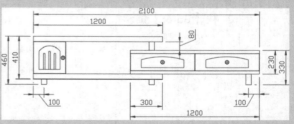

9.1 智能标注

调用智能标注命令后，将十字光标悬停在标注对象上时，系统将自动显示要使用的标注类型的预览，选择对象、线或点进行标注，然后单击绘图窗口中的任意位置即可绘制标注。

在AutoCAD 2024中调用【dim】命令的常用方法有以下3种。

● 在命令行中输入"DIM"命令并按空格键。
● 单击【默认】选项卡【注释】面板中的【标注】按钮，如下左图所示。
● 单击【注释】选项卡【标注】面板中的【标注】按钮，如下右图所示。

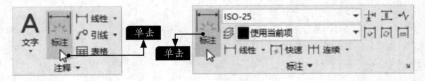

智能标注的具体操作方法参见下表。

操作内容	操作步骤	结果图形	相应命令行显示
dim	1. 根据需要调用相关选项或直接选择需要标注的位置，可以在不中断【dim】命令的情况下标注多个对象； 2. 按【Enter】键结束【dim】命令	R6　10	命令: _dim 选择对象或指定第一个尺寸界线原点或[角度(A)/基线(B)/连续(C)/坐标(O)/对齐(G)/分发(D)/图层(L)/放弃(U)]: 指定第一个尺寸界线原点或 [角度(A)/基线(B)/继续(C)/坐标(O)/对齐(G)/分发(D)/图层(L)/放弃(U)]: //捕捉端点 指定第二个尺寸界线原点或 [放弃(U)]: //捕捉端点 指定尺寸界线位置或第二条线的角度 [多行文字(M)/文字(T)/文字角度(N)/放弃(U)]: //在适当的位置单击 选择对象或指定第一个尺寸界线原点或[角度(A)/基线(B)/连续(C)/坐标(O)/对齐(G)/分发(D)/图层(L)/放弃(U)]: 选择圆弧以指定半径或 [直径(D)/折弯(J)/弧长(L)/角度(A)]: //选择圆弧 指定半径标注位置或 [直径(D)/角度(A)/多行文字(M)/文字(T)/文字角度(N)/放弃(U)]: //在适当的位置单击 选择对象或指定第一个尺寸界线原点或[角度(A)/基线(B)/连续(C)/坐标(O)/对齐(G)/分发(D)/图层(L)/放弃(U)]: //按【Enter】键

实例——使用智能标注功能标注图形

本实例的标注过程会运用到【dim】命令和【特性】选项板。

本实例的具体标注步骤如下。

步骤 01 打开"素材\CH09\智能标注.dwg"文件，如下图所示。

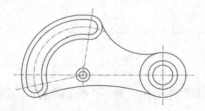

步骤 02 单击【默认】选项卡【注释】面板中的【标注】按钮，捕捉相应端点创建线性标注，如下图所示。

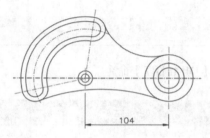

步骤 03 为了便于操作，可以将对象捕捉功能关闭，在不中断【dim】命令的情况下，选择相应圆形创建直径标注，如下图所示。

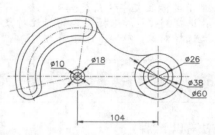

步骤 04 在不中断【dim】命令的情况下，选择相应圆弧创建半径标注，如下图所示。

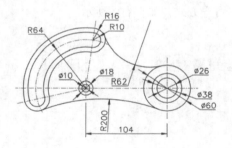

步骤 05 为了便于操作，可以将对象捕捉功能打开，在不中断【dim】命令的情况下，命令行提示如下。

> 选择对象或指定第一个尺寸界线原点或 [角度 (A)/ 基线 (B)/ 连续 (C)/ 坐标 (O)/ 对齐 (G)/ 分发 (D)/ 图层 (L)/ 放弃 (U)]:

步骤 06 在命令行中输入"A"并按【Enter】键确认，分别选择相应线段创建角度标注，如下图所示。

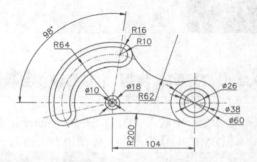

步骤 07 重复 步骤 06 的操作，继续创建角度标注，按【Enter】键退出【dim】命令。

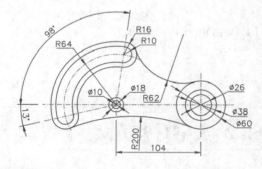

步骤 08 选择R64、R62、R16、R10这4个半径标注，选择【修改】▷【特性】菜单命令，进行下图所示的设置。

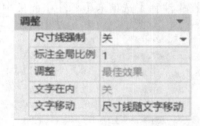

步骤 09 按【Esc】键取消半径标注的选择，结果如右图所示。

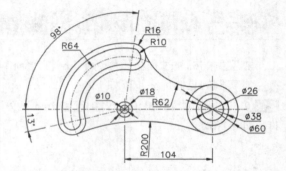

9.2 编辑标注

标注创建完成后，可以根据需要对其进行编辑，以满足工程图纸的实际标注需求。

9.2.1 DIMEDIT（DED）编辑标注

在命令行中输入"DED"并按【Enter】键即可调用【DIMEDIT】命令。

【DIMEDIT】命令的具体使用方法参见下表。

使用对象	使用步骤	结果图形	相应命令行显示
【DIMEDIT】命令	1. 根据需求调用相关选项； 2. 选择需要编辑的对象		命令: DED DIMEDIT 输入标注编辑类型 [默认(H)/新建(N)/旋转(R)/倾斜(O)] <默认>: r 指定标注文字的角度: 45 选择对象: //选择上方的标注对象 选择对象: //按【Enter】键

9.2.2 文字对齐方式

在AutoCAD 2024中调用【对齐文字】命令的常用方法有以下3种。

● 选择【标注】➤【对齐文字】菜单命令，选择一种文字对齐方式，如下左图所示。

● 在命令行中输入"DIMTEDIT/DIMTED"命令并按空格键。

● 在【注释】选项卡【标注】面板中选择一种文字对齐方式，如下右图所示。

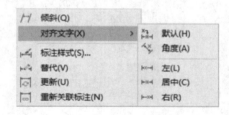

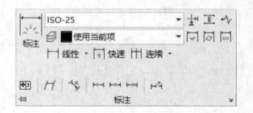

对齐文字的具体操作方法参见下表。

操作内容	操作步骤	结果图形	相应命令行显示
对齐文字	1. 选择相应的文字对齐方式； 2. 选择需要编辑的标注对象； 3. 根据提示指定相关参数		命令: _dimtedit 选择标注: //选择下方的标注对象 为标注文字指定新位置或 [左对齐(L)/右对齐(R)/居中(C)/默认(H)/角度(A)]: _a 指定标注文字的角度: −90

9.2.3 标注间距调整

标注间距调整仅适用于平行的线性标注或共用一个顶点的角度标注。

在AutoCAD 2024中调用【标注间距】命令的常用方法有以下3种。

● 选择【标注】▶【标注间距】菜单命令，如下左图所示。

● 在命令行中输入"DIMSPACE"命令并按空格键。

● 单击【注释】选项卡【标注】面板中的【调整间距】按钮，如下右图所示。

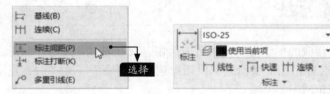

标注间距的具体调整方法参见下表。

调整内容	调整步骤	结果图形	相应命令行显示
标注间距	1. 选择需要作为基准的标注对象； 2. 选择需要调整间距的标注对象； 3. 使用"自动"选项或输入间距值		命令: _DIMSPACE 选择基准标注: //选择标注为1的标注对象 选择要产生间距的标注: //选择标注为2的标注对象 选择要产生间距的标注: //选择标注为3的标注对象 选择要产生间距的标注: //选择标注为4的标注对象 选择要产生间距的标注: //选择标注为5的标注对象 选择要产生间距的标注: //按【Enter】键 输入值或 [自动(A)] <自动>: 1.3

9.2.4 标注打断处理

用户可在标注和尺寸界线与其他对象的相交处打断或恢复标注和尺寸界线。

在AutoCAD 2024中调用【标注打断】命令的常用方法有以下3种。

● 选择【标注】▶【标注打断】菜单命令，如下页左图所示。

● 在命令行中输入"DIMBREAK"命令并按空格键。

• 单击【注释】选项卡【标注】面板中的【打断】按钮，如下右图所示。

打断标注的具体操作方法参见下表。

操作内容	操作步骤	结果图形	相应命令行显示
打断标注	1. 选择需要编辑的标注对象； 2. 根据需要调用相关选项； 3. 如果使用手动方式，需要手动指定打断点的位置	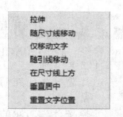	命令: _DIMBREAK 选择要添加/删除折断的标注或 [多个(M)]: //选择标注为2的标注对象 选择要折断标注的对象或 [自动(A)/手动(M)/删除(R)] <自动>: m 指定第一个打断点:　　//在标注为2的尺寸界线上单击 指定第二个打断点:　　//在标注为2的尺寸界线上单击 1 个对象已修改

9.2.5　使用夹点编辑标注

在AutoCAD 2024中选择相应的标注对象，然后选择相应夹点即可对其进行编辑。

将十字光标放至夹点上会弹出相应快捷菜单供用户选择编辑命令（选择的夹点不同，弹出的快捷菜单也会有所差别），如下图所示。

9.2.6　实例——使用夹点编辑标注

本实例的标注过程会运用到【线性】标注命令和夹点编辑功能。

本实例的具体操作步骤如下。

步骤 01 打开"素材\CH09\夹点编辑标注.dwg"文件，如下图所示。

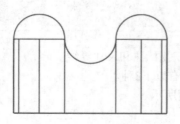

步骤 02 单击【默认】选项卡【注释】面板中的【线性】按钮 ，捕捉相应端点创建线性标注对象，如下图所示。

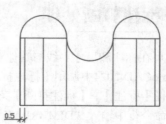

步骤 03 选择标注对象，将十字光标移至下图所示的夹点上面，选择【随引线移动】命令。

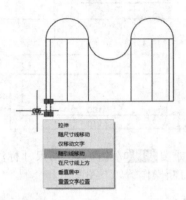

步骤 04 适当调整文字位置，如下图所示。

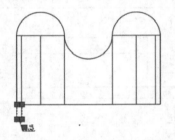

步骤 05 将十字光标移至下图所示的夹点上面，选择【连续标注】命令。

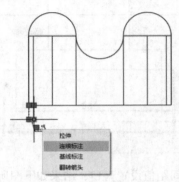

步骤 06 分别捕捉相应端点创建尺寸标注对象，按两次【Esc】键退出标注操作并取消标注对象的选择状态，结果如下图所示。

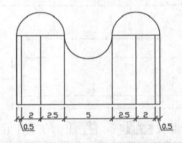

9.2.7 练习——对图形进行标注并调整

本实例的标注过程会运用到【线性】【DIMEDIT】【对齐文字】【标注间距】【标注打断】命令。

本实例的具体操作步骤如下。

步骤 01 打开"素材\CH09\编辑标注.dwg"文件，如下图所示。

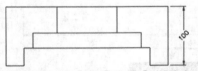

步骤 02 选择【标注】➤【线性】菜单命令，捕捉相应端点创建线性标注对象，为了更直观、清晰地观察，可以对标注对象的尺寸界线原点进行适当调整，如下图所示。

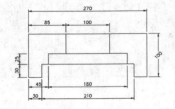

步骤 03 在命令行中输入"DED"并按【Enter】键确认，在命令行提示下调用"默认"选项，选择下图所示的标注对象并按【Enter】键确认。

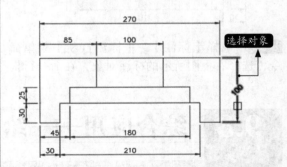

步骤 04 选择【标注】➤【标注间距】菜单命令，选择尺寸标注180作为基准标注，选择下页图所示的标注对象作为需要产生间距的标注，按【Enter】键确认。

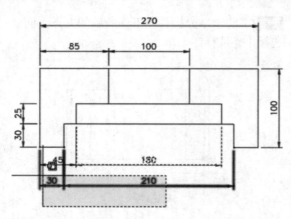

步骤 05 间距值设置为17，结果如下图所示。

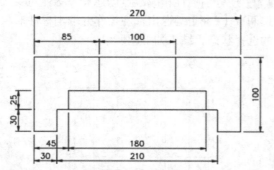

步骤 06 重复 **步骤 04**、**步骤 05** 的操作，对其他标注对象进行间距调整，如下图所示。

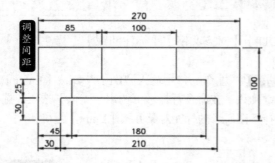

步骤 07 选择【标注】➤【标注打断】菜单命令，选择右上图所示的标注对象，在命令行提

示下调用"自动"选项。

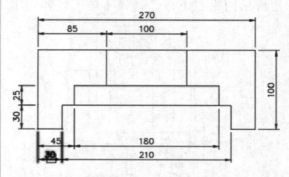

步骤 08 重复 **步骤 07** 的操作，对尺寸标注210进行标注打断操作，如下图所示。

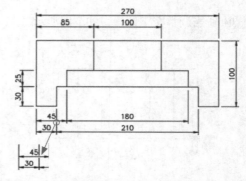

步骤 09 选择【标注】➤【对齐文字】➤【左】菜单命令，选择尺寸标注45，结果如下图所示。

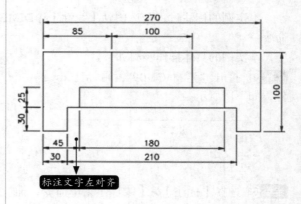

9.3 综合应用——给电视柜图形添加标注

电视柜图形添加标注的过程会运用到【dim】【标注间距】【标注打断】命令和夹点编辑标注功能。

操作思路如下表所示。

序号	操作内容	结果
1	利用【dim】命令对电视柜进行标注	
2	利用【标注间距】【标注打断】命令调整尺寸间的间距，将交叉的尺寸线分开	
3	利用夹点编辑标注功能调整标注文字的位置	

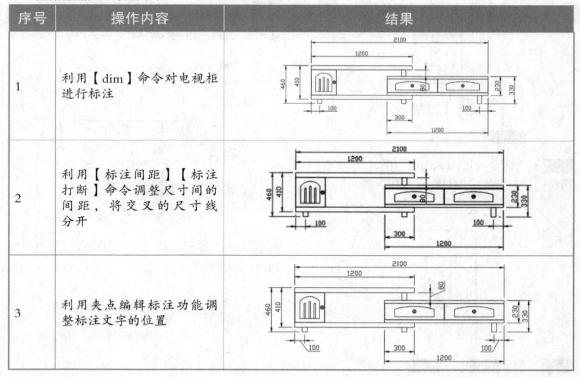

具体操作步骤如下。

步骤01 打开"素材\CH09\电视柜.dwg"文件，如下图所示。

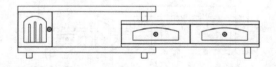

步骤02 单击【默认】选项卡【注释】面板中的【标注】按钮，分别捕捉相应端点进行尺寸标注对象的创建。为便于观察，可以对尺寸对象的尺寸界线原点进行适当调整，如下图所示。

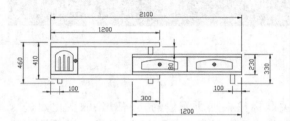

步骤03 选择【标注】➤【标注间距】菜单命令，选择标注尺寸为410的标注对象作为基准标注，选择标注尺寸为460的标注对象作为要

产生间距的标注，间距值指定为100，如下图所示。

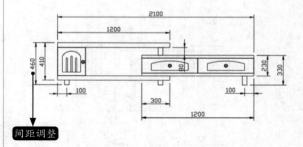

间距调整

步骤04 重复**步骤03**的操作，继续调整间距，如下图所示。

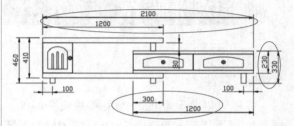

步骤05 选择【标注】➤【标注打断】菜单命令，选择下页图所示的标注对象。

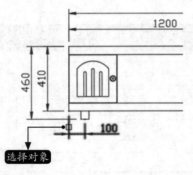

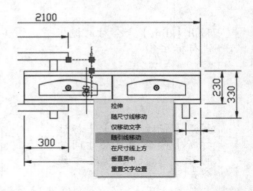

步骤 08 选择标注尺寸为80的标注对象，将十字光标放至下图所示的夹点上面，选择【随引线移动】命令，如下图所示。

步骤 06 在命令行提示下调用"手动"选项，分别在适当的位置指定打断点，如下图所示。

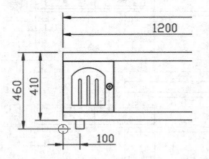

步骤 09 对尺寸标注的文字部分进行位置的适当调整，如下图所示。

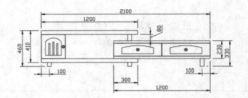

步骤 07 重复 **步骤 05**、**步骤 06** 的操作，继续打断标注的操作，如下图所示。

步骤 10 重复 **步骤 08**、**步骤 09** 的操作，调整其他文字的位置，结果如下图所示。

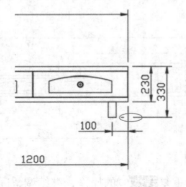

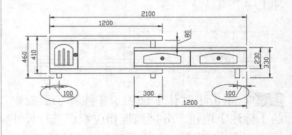

 疑难解答

1. 编辑关联性

　　标注可以是关联的、无关联的或分解的。关联标注根据所测量的几何对象的变化而进行调整。当系统变量DIMASSOC设置为2时，将创建关联标注，如下页左图所示；当系统变量DIMASSOC设置为1时，将创建非关联标注，如下页中图所示；当系统变量DIMASSOC设置为0时，将创建分解标注，如下页右图所示。

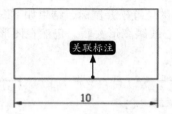

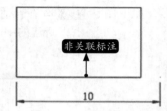

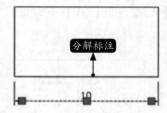

2.关联的中心标记和中心线

AutoCAD可以创建圆或圆弧对象关联的中心标记，以及与选定的直线和多段线线段关联的中心线。

步骤 01 打开"素材\CH09\中心标记和中心线.dwg"文件，如下图所示。

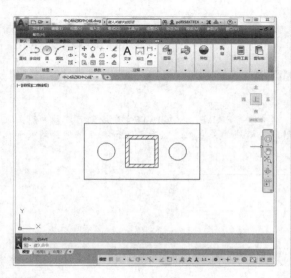

步骤 02 单击【注释】选项卡【中心线】面板中的【圆心标记】按钮⊕，选择两个圆，添加圆心标记后的结果如下图所示。

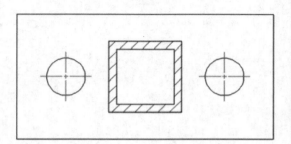

步骤 03 单击【注释】选项卡【中心线】面板中的【中心线】按钮———，然后选择大矩形的上侧底边为第一条直线。

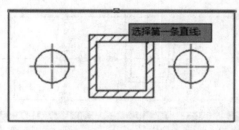

步骤 04 选择下侧底边为第二条直线。

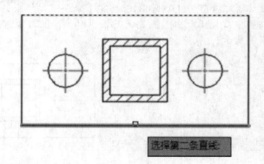

步骤 05 添加中心线后如下图所示。

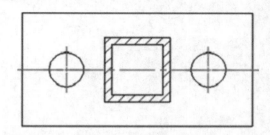

步骤 06 重复 **步骤 03**、**步骤 04** 继续添加中心线，结果如下图所示。

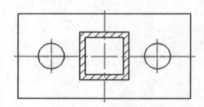

步骤 07 按住鼠标从右至左选择图形，如下图所示。

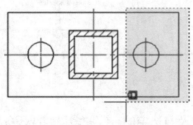

步骤 09 在合适的位置松开鼠标，结果如下图所示，新建的中心线跟图形关联，仍然在图形的中心。

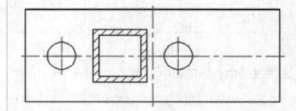

步骤 08 按住下图所示的夹点向右拖动鼠标。

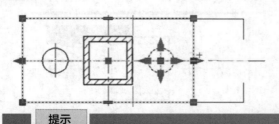

提示

AutoCAD默认创建的中心标记和中心线是和图形关联的。

【CENTERDISASSOCIATE】命令可以解除关联，【CENTERREASSOCIATE】命令则可以让解除关联的中心标记或中心线重新关联。例如，上面操作先解除中心线的关联性，然后再进行夹点拉伸，结果如下图所示。

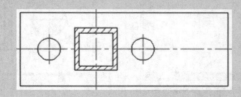

第**10**章

三维建模基础

学习内容

相对于二维视图中的xy平面，三维视图多了一个维度，不仅有xy平面，还有zx平面和yz平面。因此，三维视图相对于二维视图更加直观，用户可以通过三维建模空间和视觉样式的切换，从不同的角度观察模型。

学习效果

10.1 三维建模空间与三维视图

三维图形是在三维建模空间下完成的。因此在创建三维图形之前，首先应该将绘图空间切换到三维建模空间。

对于复杂的模型，可以通过切换视图来从多个角度全面观察模型。

10.1.1 三维建模空间

在AutoCAD 2024中切换工作空间的常用方法有以下3种。
- 单击状态栏中的【切换工作空间】按钮，选择需要的工作空间，如下左图所示。
- 选择【工具】➢【工作空间】➢【三维建模】菜单命令，如下右图所示。
- 在命令行中输入"WSCURRENT"命令并按空格键，在命令行提示下输入"三维建模"。

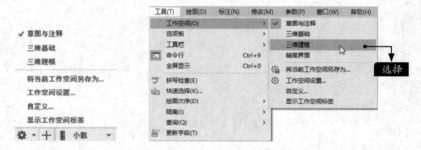

切换到三维建模空间后，可以看到三维建模空间由快速访问工具栏、菜单栏、选项卡、控制面板、绘图窗口和状态栏等组成，如下图所示。用户可以在专门的、面向任务的绘图环境中工作。

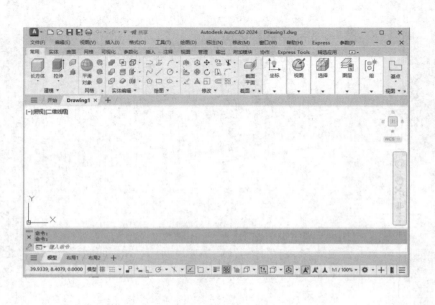

提示

切换工作空间后，菜单栏会自动隐藏，单击标题栏中的【自定义快速访问工具栏】下拉按钮，选择【显示菜单栏】选项，可以将菜单栏显示出来。

10.1.2 三维视图

在AutoCAD 2024中切换三维视图的常用方法有以下4种，如下图所示。

- 选择【视图】➤【三维视图】菜单命令，选择需要的视图。
- 在【常用】选项卡的【视图】面板中选择需要的视图。
- 在【可视化】选项卡的【命名视图】面板中选择需要的视图。
- 单击绘图窗口左上角的视图控件，选择需要的视图。

不同视图下模型显示的效果并不相同。例如，同一个齿轮，在【西南等轴测】视图下的效果如下左图所示，而在【西北等轴测】视图下的效果如下右图所示。

10.2 视觉样式

视觉样式用于观察三维实体模型在不同视觉下的效果。AutoCAD 2024提供了10种视觉样式，用户可以切换到不同的视觉样式来观察模型。

10.2.1 切换视觉样式

在AutoCAD 2024中切换视觉样式的常用方法有以下4种，如下图所示。

- 选择【视图】▶【视觉样式】菜单命令，选择需要的视觉样式。
- 在【常用】选项卡的【视图】面板中选择需要的视觉样式。
- 在【可视化】选项卡的【视觉样式】面板中选择需要的视觉样式。
- 单击绘图窗口左上角的视觉样式控件，选择需要的视觉样式。

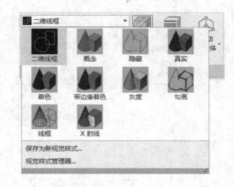

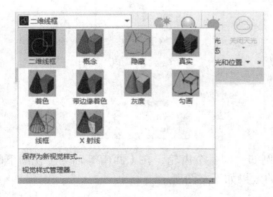

10.2.2 视觉样式管理器

在AutoCAD 2024中，【视觉样式管理器】选项板的调用方法和视觉样式的切换方法相似，在相应选择【视觉样式管理器】命令即可，具体参见10.2.1小节。【视觉样式管理器】选项板如下页图所示。

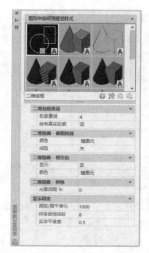

工具栏：用户可通过工具栏创建或删除视觉样式，将选定的视觉样式应用于当前视口，或者将选定的视觉样式添加到工具选项板中，如下图所示。

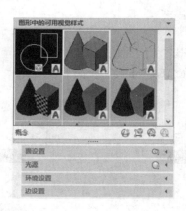

【面设置】特性面板：用于控制三维模型的面在视口中的外观，如下图所示。

【光源】和【环境设置】特性面板：【亮显强度】选项可以控制亮显在无材质的面上的大小。【环境设置】特性面板用于控制阴影和背景的显示方式，如下图所示。

【边设置】特性面板：用于控制边的显示方式，如下图所示。

10.3 坐标系

AutoCAD为用户提供了一个绝对的坐标系，即世界坐标系（WCS）。通常，AutoCAD构造新图形时将自动使用WCS。虽然WCS不可更改，但我们可以从任意角度、任意方向来观察该坐标系，也可以旋转该坐标系。

此外，用户可根据需要创建无限个坐标系，这些坐标系称为用户坐标系（UCS）。用户可使用【UCS】命令来对用户坐标系进行定义、保存、恢复和移动等操作。

10.3.1 创建UCS

在AutoCAD 2024中调用【UCS】命令的常用方法有以下4种。

- 选择【工具】▷【新建UCS】菜单命令，选择一种定义方式，如下左图所示。
- 在命令行中输入"UCS"命令并按空格键。
- 在【常用】选项卡的【坐标】面板中选择一种定义方式，如下中图所示。
- 在【可视化】选项卡的【坐标】面板中选择一种定义方式，如下右图所示。

 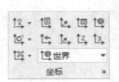 

10.3.2 重命名UCS

在AutoCAD 2024中重命名UCS的常用方法有以下4种。

- 选择【工具】▷【命名UCS】菜单命令，如下左图所示。
- 在命令行中输入"UCSMAN/UC"命令并按空格键。
- 单击【常用】选项卡【坐标】面板中的【UCS，命名UCS】按钮，如下中图所示。
- 单击【可视化】选项卡【坐标】面板中的【UCS，命名UCS】按钮，如下右图所示。

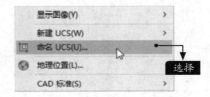 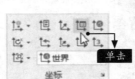 

10.3.3 实例——自定义UCS

自定义UCS的具体操作步骤如下。

步骤 01 在命令行中输入"UCS"并按【Enter】键确认，在绘图窗口中单击指定UCS原点的位置，如下图所示。

步骤 03 在绘图窗口中向下垂直拖曳鼠标并单击，以指定y轴上的点，如下图所示。

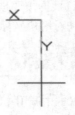

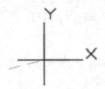

步骤 02 在绘图窗口中向左水平拖曳鼠标并单击，以指定x轴上的点，如右上图所示。

结果如下图所示。

10.3.4　练习——重命名UCS

重命名UCS的具体操作步骤如下。

步骤01 打开"素材\CH10\重命名UCS.dwg"文件，如下图所示。

步骤02 选择【工具】▶【命名UCS】菜单命令，弹出【UCS】对话框，如下图所示。

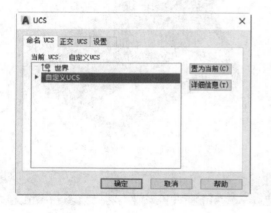

步骤03 在【自定义UCS】上单击鼠标右键，在弹出的快捷菜单中选择【重命名】命令，如下图所示。

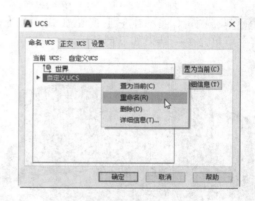

步骤04 输入新的名称"工作UCS"，单击【确定】按钮完成操作，如下图所示。

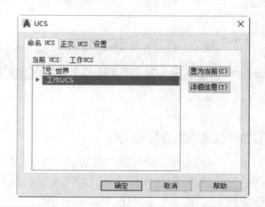

10.4 综合应用——对双人沙发三维模型进行观察

观察双人沙发三维模型的过程会运用到【视觉样式】【三维视图】命令，具体操作步骤如下。

步骤 01 打开"素材\CH10\双人沙发.dwg"文件，如下图所示。

步骤 02 选择【视图】➤【视觉样式】➤【真实】菜单命令，结果如下图所示。

步骤 03 选择【视图】➤【三维视图】➤【西南等轴测】菜单命令，结果如下图所示。

步骤 04 选择【视图】➤【三维视图】➤【东北等轴测】菜单命令，结果如下图所示。

 ## 疑难解答

1.为什么坐标系会自动变化

三维绘图时经常需要在各种视图之间进行切换，从而出现坐标系变动的情况。例如，下左图所示为【西南等轴测】视图，当把视图切换到【前视】视图，再切换回【西南等轴测】视图时，会发现坐标系发生了变化，如下右图所示。

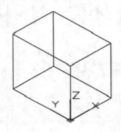 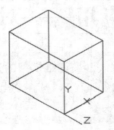

出现这种情况是【恢复正交UCS】设定的问题。当将选项设定为【是】时，坐标系就会出现

变动；当设定为【否】时，则可避免。单击绘图窗口左上角的视图控件，选择【视图管理器】命令，如下图所示。

在弹出的【视图管理器】对话框中将【预设视图】中的任何一个视图的【恢复正交UCS】改为【否】即可，如下图所示。

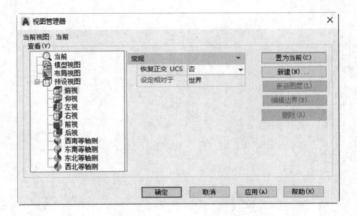

2.如何多方向同时观察模型

可以将当前模型同时显示多个视口，以实现多方向同时观察模型的目的，选择【视图】➤【视口】➤【四个视口】菜单命令，分别为每个视口指定不同的三维视图方向，如下图所示。

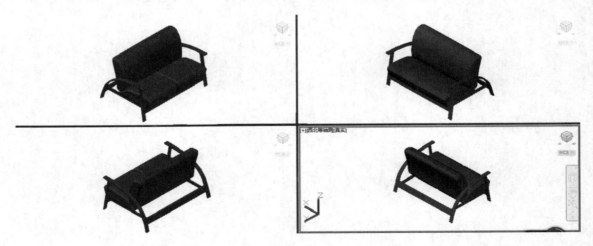

3.右手定则的使用

在三维建模空间中修改坐标系是很频繁的一项工作，而在修改坐标系中旋转坐标系是最为常用的一种方式。在复杂的三维环境中，坐标系的旋转通常依据右手定则进行。

三维坐标系中x、y、z轴之间的关系如下左图所示。下右图即右手定则示意图，右手大拇指指向旋转轴正方向，另外四指弯曲并拢所指方向即旋转的正方向。

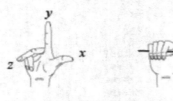

x、y、z轴坐标关系　　　右手定则

第 **11** 章

三维建模

 学习内容

在三维建模空间中，既可以直接绘制长方体、球体和圆柱体等基本实体，也可以通过二维图形生成实体，例如，对二维图形使用【拉伸】【旋转】等命令生成实体。另外，还可以绘制三维曲面。

 学习效果

 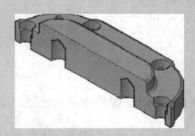

11.1 三维实体建模

实体是能够完整表达对象几何形状和物体特性的空间模型。与线框和网格相比，实体能表达的信息更完整，也更容易构造和编辑。

11.1.1 长方体建模

在AutoCAD 2024中调用【长方体】命令的常用方法有以下4种。

- 选择【绘图】➤【建模】➤【长方体】菜单命令，如下左图所示。
- 在命令行中输入"**BOX**"命令并按空格键。
- 单击【常用】选项卡【建模】面板中的【长方体】按钮，如下中图所示。
- 单击【实体】选项卡【图元】面板中的【长方体】按钮，如下右图所示。

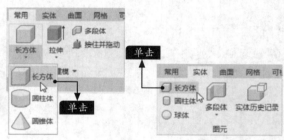

绘制长方体的具体方法参见下表。

绘制内容	绘制步骤	结果图形	相应命令行显示
长方体	1. 指定长方体的第一个角点或根据实际需求调用"中心"选项； 2. 指定长方体的另一个角点或根据实际需求调用相关选项		命令: _box 指定第一个角点或 [中心(C)]:　//在绘图窗口的任意空白位置单击 指定其他角点或 [立方体(C)/长度(L)]: @20,15,50

> **提示**
>
> 在系统默认设置下，长方体的底面总是与当前坐标系的xy平面平行。

11.1.2 圆柱体建模

在AutoCAD 2024中调用【圆柱体】命令的常用方法有以下4种。

- 选择【绘图】➤【建模】➤【圆柱体】菜单命令，如下左图所示。
- 在命令行中输入"CYLINDER/CYL"命令并按空格键。
- 单击【常用】选项卡【建模】面板中的【圆柱体】按钮，如下中图所示。
- 单击【实体】选项卡【图元】面板中的【圆柱体】按钮，如下右图所示。

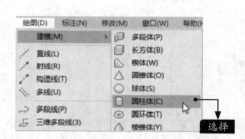

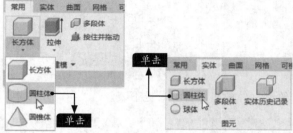

绘制圆柱体的具体方法参见下表。

绘制内容	绘制步骤	结果图形	相应命令行显示
圆柱体	1. 指定圆柱体的底面中心点或根据实际需求调用相关选项； 2. 指定圆柱体的底面半径值或直径值； 3. 指定圆柱体的高度值或根据实际需求调用相关选项		命令: _cylinder 指定底面的中心点或 [三点(3P)/两点(2P)/切点、切点、半径(T)/椭圆(E)]: //在绘图窗口的任意空白位置单击 指定底面半径或 [直径(D)]: 5 指定高度或 [两点(2P)/轴端点(A)]: 15

提示

　　三维模型在线框模式下的显示效果与线框密度有关，AutoCAD默认线框密度是4，读者可以通过【isolines】命令进行修改，例如将线框密度改为20，命令行显示如下。

命令: ISOLINES
输入 ISOLINES 的新值 <4>: 20
圆柱体显示效果如下图所示。

11.1.3 球体建模

在AutoCAD 2024中调用【球体】命令的常用方法有以下4种。

- 选择【绘图】➤【建模】➤【球体】菜单命令，如下页左图所示。
- 在命令行中输入"SPHERE"命令并按空格键。
- 单击【常用】选项卡【建模】面板中的【球体】按钮，如下页中图所示。
- 单击【实体】选项卡【图元】面板中的【球体】按钮，如下页右图所示。

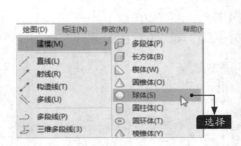

绘制球体的具体方法参见下表。

绘制内容	绘制步骤	结果图形	相应命令行显示
球体	1. 指定球体的中心点或根据实际需求调用相关选项； 2. 指定球体的半径值或直径值		命令: _sphere 指定中心点或 [三点(3P)/两点(2P)/切点、切点、半径(T)]:　　//在绘图窗口的任意空白位置单击 指定半径或 [直径(D)] <5.0000>: 10

11.1.4　圆锥体建模

在AutoCAD 2024中调用【圆锥体】命令的常用方法有以下4种。

- 选择【绘图】➤【建模】➤【圆锥体】菜单命令，如下左图所示。
- 在命令行中输入"CONE"命令并按空格键。
- 单击【常用】选项卡【建模】面板中的【圆锥体】按钮，如下中图所示。
- 单击【实体】选项卡【图元】面板中的【圆锥体】按钮，如下右图所示。

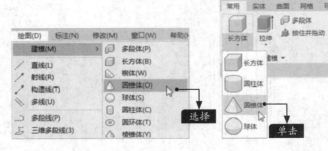

绘制圆锥体的具体方法参见下表。

绘制内容	绘制步骤	结果图形	相应命令行显示
圆锥体	1. 指定圆锥体的底面中心点或根据实际需求调用相关选项； 2. 指定圆锥体的底面半径值或直径值； 3. 指定圆锥体的高度值或根据实际需求调用相关选项		命令: _cone 指定底面的中心点或 [三点(3P)/两点(2P)/切点、切点、半径(T)/椭圆(E)]: //在绘图窗口的任意空白位置单击 指定底面半径或 [直径(D)] <10.0000>: 5 指定高度或 [两点(2P)/轴端点(A)/顶面半径(T)] <15.0000>: 15

绘制圆锥体时，如果底面半径和顶面半径的值相同，则绘制的将是一个圆柱体；如果底面半径和顶面半径中的一项为0，则绘制的将是一个圆椎体；如果底面半径和顶面半径是两个不同的值，则绘制的将是一个圆台体。

11.1.5 圆环体建模

圆环体具有两个半径值，一个值用于定义圆管，另一个值用于定义从圆环体的圆心到圆管圆心之间的距离。默认情况下，以xy平面为基准创建圆环体，且被该平面平分。

在AutoCAD 2024中调用【圆环体】命令的常用方法有以下4种。

- 选择【绘图】➤【建模】➤【圆环体】菜单命令，如下左图所示。
- 在命令行中输入"TORUS/TOR"命令并按空格键。
- 单击【常用】选项卡【建模】面板中的【圆环体】按钮，如下中图所示。
- 单击【实体】选项卡【图元】面板中的【圆环体】按钮，如下右图所示。

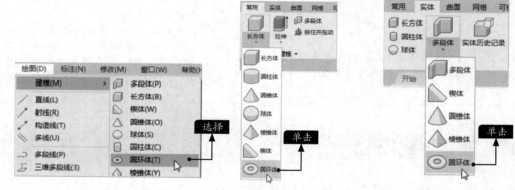

绘制圆环体的具体方法参见下表。

绘制内容	绘制步骤	结果图形	相应命令行显示
圆环体	1. 指定圆环体的中心点或根据实际需求调用相关选项； 2. 指定圆环体的半径值或直径值； 3. 指定圆环体的圆管半径值或根据实际需求调用相关选项		命令：_torus 指定中心点或 [三点(3P)/两点(2P)/切点、切点、半径(T)]： //在绘图窗口的任意空白位置单击 指定半径或 [直径(D)] <5.0000>: 15 指定圆管半径或 [两点(2P)/直径(D)] <5.0000>: 3

11.1.6 楔体建模

楔体是指底面为矩形或正方形、横截面为直角三角形的实体。楔体的建模方法与长方体相似，先指定底面参数，然后设置高度（楔体的高度方向与z轴平行）。

在AutoCAD 2024中调用【楔体】命令的常用方法有以下4种。

- 选择【绘图】➤【建模】➤【楔体】菜单命令，如下页左图所示。
- 在命令行中输入"WEDGE/WE"命令并按空格键。

- 单击【常用】选项卡【建模】面板中的【楔体】按钮，如下中图所示。
- 单击【实体】选项卡【图元】面板中的【楔体】按钮，如下右图所示。

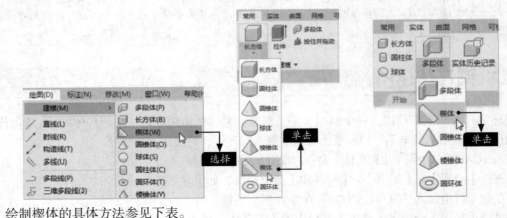

绘制楔体的具体方法参见下表。

绘制内容	绘制步骤	结果图形	相应命令行显示
楔体	1. 指定楔体的第一个角点或中心点； 2. 指定楔体的另一个角点或根据实际需求调用相关选项		命令: _wedge 指定第一个角点或 [中心(C)]: //在绘图窗口的任意空白位置单击 指定其他角点或 [立方体(C)/长度(L)]: @20,10,50

11.1.7 棱锥体建模

棱锥体是由多个棱锥面构成的实体，棱锥体的侧面数至少为3，最多为32。

在AutoCAD 2024中调用【棱锥体】命令的常用方法有以下4种。

- 选择【绘图】➤【建模】➤【棱锥体】菜单命令，如下左图所示。
- 在命令行中输入"PYRAMID/PYR"命令并按空格键。
- 单击【常用】选项卡【建模】面板中的【棱锥体】按钮，如下中图所示。
- 单击【实体】选项卡【图元】面板中的【棱锥体】按钮，如下右图所示。

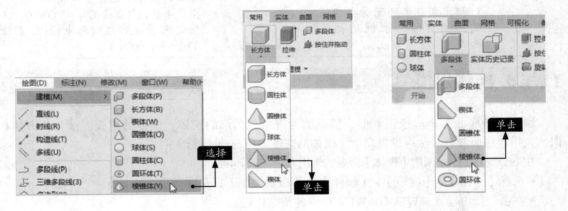

绘制棱锥体的具体方法参见下表。

绘制内容	绘制步骤	结果图形	相应命令行显示
棱锥体	1. 指定棱锥体的底面中心点或根据实际需求调用相关选项； 2. 指定棱锥体的底面半径值或根据实际需求调用相关选项； 3. 指定棱锥体的高度值或根据实际需求调用相关选项		命令: _pyramid 4 个侧面 外切 指定底面的中心点或 [边(E)/侧面(S)]: //在绘图窗口的任意空白位置单击 指定底面半径或 [内接(I)] <9.8995>: 7 指定高度或 [两点(2P)/轴端点(A)/顶面半径(T)] <25.0000>: 35

提示

绘制棱锥体时，如果底面半径和顶面半径的值相同，则绘制的将是一个棱柱体；如果底面半径和顶面半径中的一项为0，则绘制的将是一个棱锥体；如果底面半径和顶面半径是两个不同的值，则绘制的将是一个棱台体。

11.1.8 多段体建模

使用【多段体】命令可以创建具有固定高度和宽度的三维墙状实体。多段体的建模方法与多段线的创建方法相似，只需简单地在平面视图上从点到点进行绘制即可。

在AutoCAD 2024中调用【多段体】命令的常用方法有以下4种。

- 选择【绘图】▶【建模】▶【多段体】菜单命令，如下左图所示。
- 在命令行中输入"POLYSOLID"命令并按空格键。
- 单击【常用】选项卡【建模】面板中的【多段体】按钮，如下中图所示。
- 单击【实体】选项卡【图元】面板中的【多段体】按钮，如下右图所示。

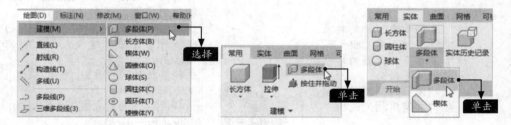

绘制多段体的具体方法参见下表。

绘制内容	绘制步骤	结果图形	相应命令行显示
多段体	1. 指定多段体的起点或根据实际需求调用相关选项； 2. 指定多段体的下一个点或根据实际需求调用相关选项； 3. 按【Enter】键结束【多段体】命令		命令: _Polysolid 高度 = 80.0000, 宽度 = 5.0000, 对正 = 居中 指定起点或 [对象(O)/高度(H)/宽度(W)/对正(J)] <对象>: //在绘图窗口的任意空白位置单击 指定下一个点或 [圆弧(A)/放弃(U)]: @30,0 指定下一个点或 [圆弧(A)/放弃(U)]: @0,20 指定下一个点或 [圆弧(A)/闭合(C)/放弃(U)]: @-50,0 指定下一个点或 [圆弧(A)/闭合(C)/放弃(U)]: @0,-20 指定下一个点或 [圆弧(A)/闭合(C)/放弃(U)]: //按【Enter】键

11.1.9 拉伸成型

拉伸成型较为常用的有两种方式：一种方式是按一定的高度将二维图形拉伸成三维模型，这样生成的三维模型在高度形态上较为规则，通常不会有弯曲角度及弧度出现；另一种方式是按路径拉伸，这种拉伸方式可以将二维图形沿指定的路径生成三维模型，相对而言较为复杂且允许沿弧度路径进行拉伸。

在AutoCAD 2024中调用【拉伸】命令的常用方法有以下5种。

- 选择【绘图】➤【建模】➤【拉伸】菜单命令，如下左一图所示。
- 在命令行中输入"EXTRUDE/ EXT"命令并按空格键。
- 单击【常用】选项卡【建模】面板中的【拉伸】按钮，如下左二图所示。
- 单击【实体】选项卡【实体】面板中的【拉伸】按钮，如下左三图所示。
- 单击【曲面】选项卡【创建】面板中的【拉伸】按钮，如下左四图所示。

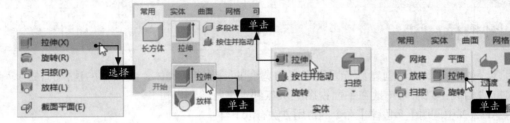

拉伸的具体操作方法参见下表。

操作内容	操作步骤	结果图形	相应命令行显示

拉伸	1. 选择需要拉伸的对象，可以通过调用"模式"选项设置拉伸得到的对象是实体还是曲面；
	2. 指定拉伸高度或根据实际需求调用相关选项
			命令: _extrude
			当前线框密度: ISOLINES=16，闭合轮廓创建模式 = 实体
			选择要拉伸的对象或 [模式(MO)]: _MO 闭合轮廓创建模式 [实体(SO)/曲面(SU)] <实体>: _SO
			选择要拉伸的对象或 [模式(MO)]:
			//选择多段线
			选择要拉伸的对象或 [模式(MO)]:
			//按【Enter】键
			指定拉伸的高度或 [方向(D)/路径(P)/倾斜角(T)/表达式(E)] <339.5932>: 50

11.1.10 放样成型

【放样】命令用于在横截面之间的空间内绘制实体或曲面。使用【放样】命令时，必须至少指定两个横截面。【放样】命令通常用于变截面实体的绘制。

在AutoCAD 2024中调用【放样】命令的常用方法有以下5种。

- 选择【绘图】➤【建模】➤【放样】菜单命令，如下页左一图所示。
- 在命令行中输入"LOFT"命令并按空格键。
- 单击【常用】选项卡【建模】面板中的【放样】按钮，如下页左二图所示。

● 单击【实体】选项卡【实体】面板中的【放样】按钮，如下左三图所示。

● 单击【曲面】选项卡【创建】面板中的【放样】按钮，如下左四图所示。

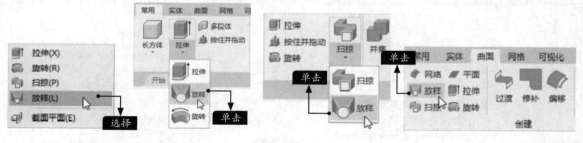

放样的具体操作方法参见下表。

操作内容	操作步骤	结果图形	相应命令行显示
放样	1. 依次选择需要放样的横截面对象，可以通过调用"模式"选项设置放样得到的对象是实体还是曲面； 2. 按【Enter】键退出【放样】命令		命令: _loft 当前线框密度：ISOLINES=16，闭合轮廓创建模式 = 实体 按放样次序选择横截面或 [点(PO)/合并多条边(J)/模式(MO)]: _MO 闭合轮廓创建模式 [实体(SO)/曲面(SU)] <实体>: _SO 按放样次序选择横截面或 [点(PO)/合并多条边(J)/模式(MO)]: //依次选择椭圆形 按放样次序选择横截面或 [点(PO)/合并多条边(J)/模式(MO)]: //按【Enter】键 选中了 4个横截面 输入选项 [导向(G)/路径(P)/仅横截面(C)/设置(S)] <仅横截面>: //按【Enter】键

11.1.11 旋转成型

在AutoCAD 2024中调用【旋转】命令的常用方法有以下5种。

● 选择【绘图】➤【建模】➤【旋转】菜单命令，如下左一图所示。

● 在命令中行输入 "REVOLVE/ REV" 命令并按空格键。

● 单击【常用】选项卡【建模】面板中的【旋转】按钮，如下左二图所示。

● 单击【实体】选项卡【实体】面板中的【旋转】按钮，如下左三图所示。

● 单击【曲面】选项卡【创建】面板中的【旋转】按钮，如下左四图所示。

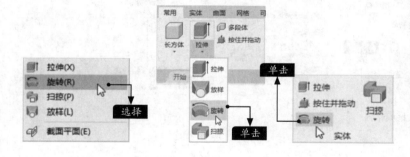
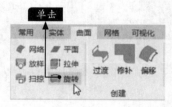

旋转的具体操作方法参见下表。

操作内容	操作步骤	结果图形	相应命令行显示
旋转	1. 选择需要旋转的横截面对象，可以通过调用"模式"选项设置旋转得到的对象是实体还是曲面； 2. 指定旋转轴； 3. 指定旋转角度		命令: _revolve 当前线框密度：ISOLINES=16，闭合轮廓创建模式 = 实体 选择要旋转的对象或 [模式(MO)]: _MO 闭合轮廓创建模式 [实体(SO)/曲面(SU)] <实体>: _SO 选择要旋转的对象或 [模式(MO)]: //选择横截面对象 选择要旋转的对象或 [模式(MO)]: //按【Enter】键 指定轴起点或根据以下选项之一定义轴 [对象(O)/X/Y/Z] <对象>: //按【Enter】键 选择对象: //选择旋转轴 指定旋转角度或 [起点角度(ST)/反转(R)/表达式(EX)] <360>: 270

11.1.12 扫掠成型

【扫掠】命令可以用来生成实体或曲面。当扫掠的对象是闭合图形时，扫掠的结果是实体；当扫掠的对象是开放图形时，扫掠的结果是曲面。

在AutoCAD 2024中调用【扫掠】命令的常用方法有以下5种。

- 选择【绘图】▷【建模】▷【扫掠】菜单命令，如下左一图所示。
- 在命令行中输入"SWEEP"命令并按空格键。
- 单击【常用】选项卡【建模】面板中的【扫掠】按钮，如下左二图所示。
- 单击【实体】选项卡【实体】面板中的【扫掠】按钮，如下左三图所示。
- 单击【曲面】选项卡【创建】面板中的【扫掠】按钮，如下左四图所示。

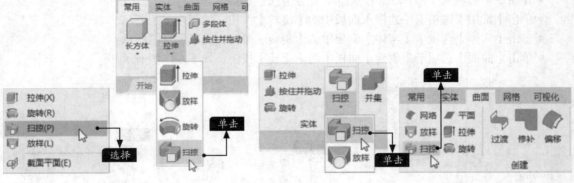

扫掠的具体操作方法参见下页表。

操作内容	操作步骤	结果图形	相应命令行显示
扫掠	1. 选择需要扫掠的横截面对象，可以通过调用"模式"选项设置扫掠得到的对象是实体还是曲面； 2. 选择扫掠路径或根据实际需求调用相关选项		命令: _sweep 当前线框密度: ISOLINES=16，闭合轮廓创建模式 = 实体 选择要扫掠的对象或 [模式(MO)]: _MO 闭合轮廓创建模式 [实体(SO)/曲面(SU)] <实体>: _SO 选择要扫掠的对象或 [模式(MO)]: //选择圆形 选择要扫掠的对象或 [模式(MO)]: //按【Enter】键 选择扫掠路径或 [对齐(A)/基点(B)/比例(S)/扭曲(T)]: //选择螺旋线

11.1.13 实例——创建中性笔模型

中性笔模型的绘制过程会运用到【圆】【矩形】【复制】【多段线】【拉伸】【旋转】【放样】【扫掠】【圆角】【移动】【视觉样式】命令，绘制思路如下图所示。

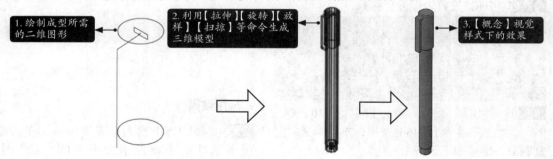

1.创建基础图形

步骤 01 新建一个DWG 文件，并将视图设置为【西南等轴测】视图，ISOLINES设置为16。

命令：ISOLINES
输入 ISOLINES 的新值 <4>: 16

步骤 02 单击【常用】选项卡【绘图】面板中的【圆心、半径】按钮，以原点为圆心，绘制一个半径为5的圆形，如下图所示。

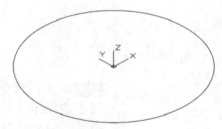

步骤03 将UCS绕*x*轴旋转90°。

命令：UCS
当前 UCS 名称：* 世界 *
指定 UCS 的原点或 [面 (F)/ 命名 (NA)/
对象 (OB)/ 上一个 (P)/ 视图 (V)/ 世界 (W)/
X/Y/Z/Z 轴 (ZA)] < 世界 >：x
指定绕 X 轴的旋转角度 <90>：90

步骤04 单击【常用】选项卡【绘图】面板中的【矩形】按钮，矩形第一个角点指定为"-1，0"，矩形另一个角点指定为"@-3.5，-6"，结果如下图所示。

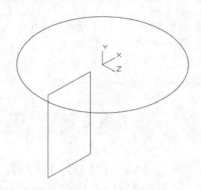

步骤05 将UCS设置为世界坐标系。

命令：UCS
当前 UCS 名称：* 没有名称 *
指定 UCS 的原点或 [面 (F)/ 命名 (NA)/ 对象 (OB)/ 上一个 (P)/ 视图 (V)/ 世界 (W)/X/Y/Z/Z 轴 (ZA)] < 世界 >：   // 按【Enter】键

步骤06 调用圆命令，圆心指定为"0，0，99"，绘制一个半径为6的圆形，然后将其向上复制33，结果如下图所示。

步骤07 将UCS绕*y*轴旋转-90°，调用矩形命令，矩形第一个角点指定为"130.5，-2.5"，矩形另一个角点指定为"@1.5，5"，结果如右上图所示。

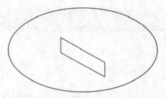

步骤08 将UCS绕*x*轴旋转90°，单击【常用】选项卡【绘图】面板中的【多段线】按钮，命令行提示如下。

命令：_pline
指定起点：131.25,0
当前线宽为 0.0000
指定下一个点或 [圆弧 (A)/ 半宽 (H)/ 长度 (L)/ 放弃 (U)/ 宽度 (W)]：@-1,8.75
指定下一点或 [圆弧 (A)/ 闭合 (C)/ 半宽 (H)/ 长度 (L)/ 放弃 (U)/ 宽度 (W)]：@-32,0
指定下一点或 [圆弧 (A)/ 闭合 (C)/ 半宽 (H)/ 长度 (L)/ 放弃 (U)/ 宽度 (W)]：
结果如下图所示。

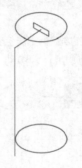

2.成型建模

步骤01 将UCS设置为世界坐标系，单击【常用】选项卡【建模】面板中的【拉伸】按钮，选择绘制的第一个圆形作为需要拉伸的对象，拉伸高度指定为133，如下图所示。

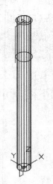

步骤02 将UCS设置为世界坐标系，单击【常用】选项卡【建模】面板中的【旋转】按钮，选择绘制的第一个矩形作为需要旋转

的对象，旋转轴指定为z轴，旋转角度指定为360°，如下图所示。

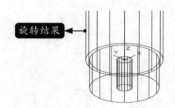

旋转结果

步骤 03 单击【常用】选项卡【建模】面板中的【放样】按钮🗔，选择半径为6的两个圆形作为横截面，结果如下图所示。

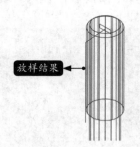

放样结果

步骤 04 单击【常用】选项卡【建模】面板中的【扫掠】按钮🗔，选择绘制的第二个矩形作为需要扫掠的对象，选择多段线作为扫掠路径，结果如下图所示。

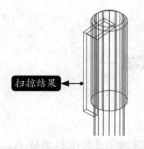

扫掠结果

步骤 05 单击【常用】选项卡【修改】面板中的【圆角】按钮🗔，圆角半径设置为1，对扫掠得到的对象进行圆角，如下图所示。

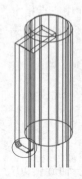

步骤 06 将所有模型移动至适当位置，选择【视图】➤【视觉样式】➤【概念】菜单命令，结果如下图所示。

提示

很多二维编辑命令也适合三维图形，比如圆角、倒角、移动、复制、阵列、缩放等。

11.1.14 练习——绘制烟感报警器模型

绘制烟感报警器模型的过程会运用到【圆柱体】【矩形】【旋转】【移动】【多段线】【扫掠】【环形阵列】【视觉样式】命令，绘制思路如下图所示。

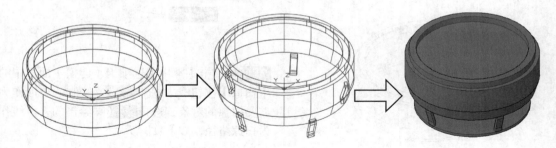

步骤 01 新建一个DWG文件，并将视图设置为【西南等轴测】视图，ISOLINES设置为16。单击【常用】选项卡【建模】面板中的【圆柱体】按钮🔲，底面中心点指定为"0，0，10"，底面半径指定为50，高度指定为20，如下图所示。

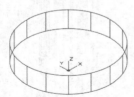

步骤 02 将UCS绕x轴旋转90°，单击【常用】选项卡【绘图】面板中的【矩形】按钮🔲，矩形第一个角点指定为"-47，30"，矩形另一个角点指定为"@5，5"，如下图所示。

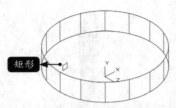

矩形

步骤 03 单击【常用】选项卡【建模】面板中的【旋转】按钮🔲，选择 步骤 02 绘制的矩形作为需要旋转的对象，选择y轴作为旋转轴，旋转角度指定为360°，如下图所示。

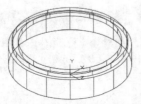

步骤 04 将UCS设置为世界坐标系，单击【常用】选项卡【绘图】面板中的【圆心、半径】按钮◯，以原点为圆心，绘制半径为50和47的同心圆，并将半径为50的圆形向上移动10，如下图所示。

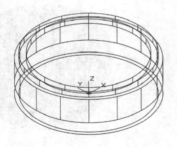

步骤 05 单击【常用】选项卡【建模】面板中的【放样】按钮🔲，选择 步骤 04 绘制的两个圆形作为横截面，如下图所示。

步骤 06 将UCS绕x轴旋转90°，单击【常用】选项卡【绘图】面板中的【多段线】按钮🔲，命令行提示如下。

```
命令：_pline
指定起点：-45，0    当前线宽为 0.0000
指定下一个点或 [圆弧 (A)/ 半宽 (H)/ 长度 (L)/ 放弃 (U)/ 宽度 (W)]：@0，-3
指定下一点或 [圆弧 (A)/ 闭合 (C)/ 半宽 (H)/ 长度 (L)/ 放弃 (U)/ 宽度 (W)]：@3，-10
指定下一点或 [圆弧 (A)/ 闭合 (C)/ 半宽 (H)/ 长度 (L)/ 放弃 (U)/ 宽度 (W)]：@0，-3
指定下一点或 [圆弧 (A)/ 闭合 (C)/ 半宽 (H)/ 长度 (L)/ 放弃 (U)/ 宽度 (W)]：    // 按【Enter】键
```

结果如下图所示。

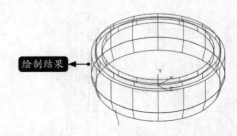

绘制结果

步骤 07 将UCS设置为世界坐标系，调用矩形命令，矩形第一个角点指定为"-46，-2.5"，另一个角点指定为"@2，5"，如下图所示。

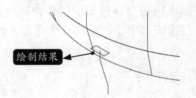

绘制结果

步骤 08 单击【常用】选项卡【建模】面板中的【扫掠】按钮🔲，选择 步骤 07 绘制的矩形作为需要扫掠的对象，选择 步骤 06 绘制的多段线作为扫掠路径，如下页图所示。

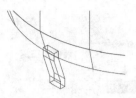

步骤09 单击【常用】选项卡【修改】面板中的【环形阵列】按钮┆┆，选择 **步骤08** 扫掠得到的对象作为需要阵列的对象，阵列中心点指定为原点，参数设置如下图所示。

结果如下图所示。

步骤10 调用【圆柱体】命令，底面中心点指定为"0，0，-16"，底面半径指定为43，高度指定为-2，如下图所示。

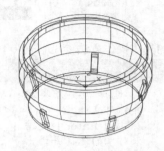

步骤11 将所有模型移动至适当的位置，选择【视图】▷【视觉样式】▷【概念】菜单命令，结果如下图所示。

11.2 编辑三维模型

　　　　三维模形编辑就是对模形对象进行布尔运算、对齐、镜像、旋转，以及对模型的边、面、体等进行修改。三维编辑功能很多，本节只介绍几个常用的功能。

11.2.1 布尔运算

　　布尔运算就是对多个面域和三维实体进行并集、差集和交集运算。

1.并集

　　进行并集运算时，可以在图形中选择两个或两个以上的三维模型，系统将自动删除模型相交的部分，并将不相交部分保留下来合并成一个新的组合体。

　　在AutoCAD 2024中调用【并集】命令的常用方法有以下4种。

- 选择【修改】▷【实体编辑】▷【并集】菜单命令，如下页左图所示。
- 在命令行中输入"UNION/UNI"命令并按空格键。
- 单击【常用】选项卡【实体编辑】面板中的【实体，并集】按钮，如下页中图所示。
- 单击【实体】选项卡【布尔值】面板中的【并集】按钮，如下页右图所示。

并集的具体操作方法参见下表。

操作内容	操作步骤	结果图形	相应命令行显示
并集	1. 选择需要并集运算的对象； 2. 按【Enter】键结束对象的选择并退出【并集】运算命令		命令: _union 选择对象: //选择球体 选择对象: //选择长方体 选择对象: //按【Enter】键

2.差集运算

差集运算是将两个相交模型或面域中相交的部分保留，移除不相交的部分，从而生成一个新的模型。

在AutoCAD 2024中调用【差集】命令的常用方法有以下4种。

- 选择【修改】➤【实体编辑】➤【差集】菜单命令，如下左图所示。
- 在命令行中输入"SUBTRACT/SU"命令并按空格键。
- 单击【常用】选项卡【实体编辑】面板中的【实体，差集】按钮，如下中图所示。
- 单击【实体】选项卡【布尔值】面板中的【差集】按钮，如下右图所示。

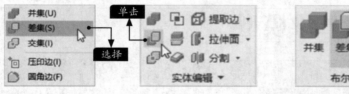

差集的具体操作方法参见下表。

操作内容	操作步骤	结果图形	相应命令行显示
差集	1. 选择要从中减去的对象； 2. 选择要减去的对象		命令: _subtract 选择要从中减去的实体、曲面和面域... 选择对象: //选择圆锥体 选择对象: //按【Enter】键 选择要减去的实体、曲面和面域... 选择对象: //选择球体 选择对象: //按【Enter】键

3.交集运算

交集运算是指对两个或两组模型进行相交运算。当对多个模型进行交集运算时，它会删除模型不相交的部分，并将相交部分保留下来生成一个新组合体。

在AutoCAD 2024中调用【交集】命令的常用方法有以下4种。

- 选择【修改】➤【实体编辑】➤【交集】菜单命令，如下页左图所示。
- 在命令行中输入"INTERSECT/IN"命令并按空格键。

- 单击【常用】选项卡【实体编辑】面板中的【实体，交集】按钮，如下中图所示。
- 单击【实体】选项卡【布尔值】面板中的【交集】按钮，如下右图所示。

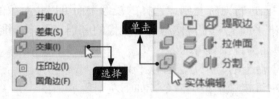

交集的具体操作方法参见下表。

操作内容	操作步骤	结果图形	相应命令行显示
交集	1. 选择需要进行交集运算的对象； 2. 按【Enter】键结束对象的选择并退出【交集】运算命令		命令: _intersect 选择对象: //选择圆锥体 选择对象: //选择长方体 选择对象: //按【Enter】键

11.2.2 三维对齐

在AutoCAD 2024中调用【三维对齐】命令的常用方法有以下3种。
- 选择【修改】➤【三维操作】➤【三维对齐】菜单命令，如下左图所示。
- 在命令行中输入 "3DALIGN/3AL" 命令并按空格键。
- 单击【常用】选项卡【修改】面板中的【三维对齐】按钮，如下右图所示。

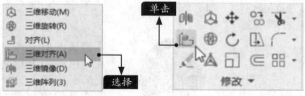

三维对齐的具体操作方法参见下表。

操作内容	操作步骤	结果图形	相应命令行显示
三维对齐	1. 选择需要三维对齐的对象； 2. 分别捕捉相应的基点； 3. 分别捕捉相应的目标点		命令: _3dalign 选择对象: //选择小的正方体 选择对象: //按【Enter】键 指定源平面和方向 ... 指定基点或 [复制(C)]: //捕捉第一个对齐点 指定第二个点或 [继续(C)] <C>: //捕捉第二个对齐点 指定第三个点或 [继续(C)] <C>: //捕捉第三个对齐点 指定目标平面和方向 ... 指定第一个目标点: //捕捉第一个目标点 指定第二个目标点或 [退出(X)] <X>: //捕捉第二个目标点 指定第三个目标点或 [退出(X)] <X>: //捕捉第三个目标点

11.2.3 三维镜像

三维镜像是将三维模型按照指定的平面进行对称复制，选择的镜像平面可以是对象的面、由3个点创建的面，也可以是坐标系的3个基准平面。三维镜像与二维镜像的区别在于，二维镜像是以直线为镜像参考的，而三维镜像则是以平面为镜像参考的。

在AutoCAD 2024中调用【三维镜像】命令的常用方法有以下3种。

● 选择【修改】➤【三维操作】➤【三维镜像】菜单命令，如下左图所示。
● 在命令行中输入"MIRROR3D"命令并按空格键。
● 单击【常用】选项卡【修改】面板中的【三维镜像】按钮，如下右图所示。

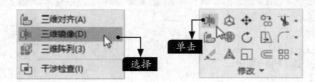

三维镜像的具体操作方法参见下表。

操作内容	操作步骤	结果图形	相应命令行显示

三维镜像	1. 选择需要三维镜像的对象；
	2. 指定镜像平面；
	3. 指定是否删除源对象
			命令: _mirror3d
			选择对象:　　　//选择整个图形
			选择对象:　　　//按【Enter】键
			指定镜像平面 (三点) 的第一个点或
			　[对象(O)/最近的(L)/Z 轴(Z)/视图(V)/
			XY 平面(XY)/YZ 平面(YZ)/ZX 平面
			(ZX)/三点(3)] <三点>: 3
			
			在镜像平面上指定第一点:
			在镜像平面上指定第二点:
			在镜像平面上指定第三点:
			//依次捕捉左图所示的3个点
			是否删除源对象? [是(Y)/否(N)] <否>:
			//按【Enter】键

11.2.4 三维旋转

在AutoCAD 2024中调用【三维旋转】命令的常用方法有以下3种。

● 选择【修改】➤【三维操作】➤【三维旋转】菜单命令，如下左图所示。
● 在命令行中输入"3DROTATE/3R"命令并按空格键。
● 单击【常用】选项卡【修改】面板中的【三维旋转】按钮，如下右图所示。

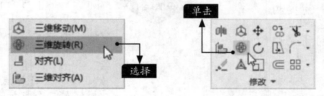

三维旋转的具体操作方法参见下页表。

操作内容	操作步骤	结果图形	相应命令行显示
三维旋转	1. 选择需要三维旋转的对象； 2. 指定旋转基点； 3. 拾取旋转轴； 4. 指定旋转角度		命令: _3drotate UCS 当前的正角方向：ANGDIR=逆时针 ANGBASE=0 选择对象: //选择实体 选择对象: //按【Enter】键 指定基点: //捕捉圆心 拾取旋转轴: //将十字光标移动到蓝色圆环处，当出现蓝色轴线（z轴）时单击 指定角的起点或键入角度:-90 正在重生成模型。

提示

AutoCAD默认x轴为红色，y轴为绿色，z轴为蓝色。

11.2.5 圆角边

在AutoCAD 2024中调用【圆角边】命令的常用方法有以下3种。

● 选择【修改】➤【实体编辑】➤【圆角边】菜单命令，如下左图所示。
● 在命令行中输入"FILLETEDGE"命令并按空格键。
● 单击【实体】选项卡【实体编辑】面板中的【圆角边】按钮，如下右图所示。

圆角边的具体操作方法参见下表。

操作内容	操作步骤	结果图形	相应命令行显示
圆角边	1. 指定圆角半径值； 2. 选择需要圆角的边		命令: _FILLETEDGE 半径 = 1.0000 选择边或 [链(C)/环(L)/半径(R)]: r 输入圆角半径或 [表达式(E)] <1.0000>: 3 选择边或 [链(C)/环(L)/半径(R)]: //选择边 选择边或 [链(C)/环(L)/半径(R)]: //按【Enter】键 已选定 1 个边用于圆角。 按 Enter 键接受圆角或 [半径(R)]: //按【Enter】键

11.2.6 倒角边

在AutoCAD 2024中调用【倒角边】命令的常用方法有以下3种。

- 选择【修改】➤【实体编辑】➤【倒角边】菜单命令，如下左图所示。
- 在命令行中输入"CHAMFEREDGE"命令并按空格键。
- 单击【实体】选项卡【实体编辑】面板中的【倒角边】按钮，如下右图所示。

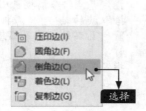

倒角边的具体操作方法参见下表。

操作内容	操作步骤	结果图形	相应命令行显示
倒角边	1. 指定倒角距离值； 2. 选择需要倒角的边	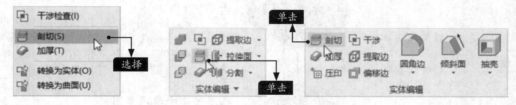	命令: _CHAMFEREDGE 距离 1 = 2.0000，距离 2 = 2.0000 选择一条边或 [环(L)/距离(D)]: d 指定距离 1 或 [表达式(E)] <2.0000>: 3 指定距离 2 或 [表达式(E)] <2.0000>: 3 选择一条边或 [环(L)/距离(D)]: //选择边 选择同一个面上的其他边或 [环(L)/距离(D)]: //按【Enter】键 按 Enter 键接受倒角或 [距离(D)]: //按【Enter】键

11.2.7 剖切

在AutoCAD 2024中调用【剖切】命令的常用方法有以下4种。

- 选择【修改】➤【三维操作】➤【剖切】菜单命令，如下左图所示。
- 在命令行中输入"SLICE/SL"命令并按空格键。
- 单击【常用】选项卡【实用编辑】面板中的【剖切】按钮，如下中图所示。
- 单击【实体】选项卡【实用编辑】面板中的【剖切】按钮，如下右图所示。

剖切的具体操作方法参见下页表。

操作内容	操作步骤	结果图形	相应命令行显示
剖切	1.选择需要剖切的对象； 2.指定剖切位置； 3. 指定保留两个侧面还是单个侧面		命令: _slice 选择要剖切的对象：　　//选择整个实体 选择要剖切的对象：　　//按【Enter】键 指定切面的起点或 [平面对象(O)/曲面(S)/z轴(Z)/视图(V)/xy(XY)/yz(YZ)/zx(ZX)/三点(3)] <三点>: zx 指定 YZ 平面上的点 <0,0,0>: 0,0,0 在所需的侧面上指定点或 [保留两个侧面(B)] <保留两个侧面>: //在实体的下侧单击

11.2.8 抽壳

在AutoCAD 2024中调用【抽壳】命令的常用方法有以下3种。

- 选择【修改】➤【实体编辑】➤【抽壳】菜单命令，如下左图所示。
- 单击【常用】选项卡【实用编辑】面板中的【抽壳】按钮，如下中图所示。
- 单击【实体】选项卡【实用编辑】面板中的【抽壳】按钮，如下右图所示。

抽壳的具体操作方法参见下表。

操作内容	操作步骤	结果图形	相应命令行显示

抽壳	1.选择需要抽壳的三维实体对象；
	2.选择需要删除的面；
	3.指定抽壳距离值；
	4.按【Enter】键退出【抽壳】命令
		删除面	命令: _solidedit
			实体编辑自动检查: SOLIDCHECK=1
			输入实体编辑选项 [面(F)/边(E)/体(B)/放弃(U)/退出(X)] <退出>: _body
			输入体编辑选项
			[压印(I)/分割实体(P)/抽壳(S)/清除(L)/检查(C)/放弃(U)/退出(X)] <退出>: _shell
			选择三维实体：　　//选择实体
			删除面或 [放弃(U)/添加(A)/全部(ALL)]: //选择实体底面
			删除面或 [放弃(U)/添加(A)/全部(ALL)]: //按【Enter】键
			输入抽壳偏移距离: 2
			已开始实体校验。
			已完成实体校验。
			输入体编辑选项
			[压印(I)/分割实体(P)/抽壳(S)/清除(L)/检查(C)/放弃(U)/退出(X)] <退出>: //按【Enter】键
			实体编辑自动检查: SOLIDCHECK=1
			输入实体编辑选项 [面(F)/边(E)/体(B)/放弃(U)/退出(X)] <退出>: //按【Enter】键

11.2.9 实例——绘制泵盖模型

绘制泵盖模型的过程会运用到【并集】【差集】【圆柱体】【拉伸】【旋转】【三维多段线】【环形阵列】【三维镜像】【三维旋转】【圆角边】【剖切】【视觉样式】等命令，绘制思路如下图所示。

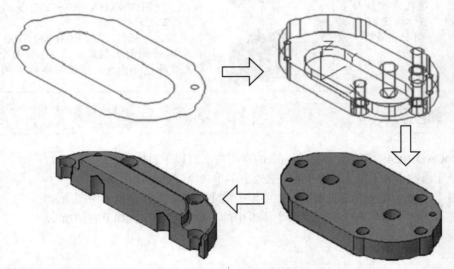

步骤01 打开"素材\CH12\泵盖.dwg"文件，如下图所示。

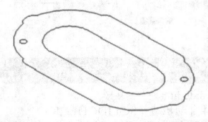

步骤02 单击【常用】选项卡【建模】面板中的【拉伸】按钮，将内部环形沿z轴反方向拉伸6，如下图所示。

```
    选择要拉伸的对象或 [ 模式 (MO)]: 找到
1 个              // 选择内部环形
    选择要拉伸的对象或 [ 模式 (MO)]:
// 按【Enter】键
    指定拉伸的高度或 [ 方向 (D)/ 路径 (P)/ 倾
斜角 (T)/ 表达式 (E)] <-3.0000>: -6
```

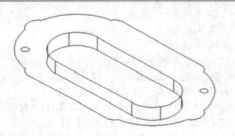

步骤03 重复【拉伸】命令，将外部环形沿z轴正方向拉伸10，如下图所示。

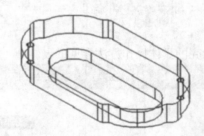

步骤04 单击【常用】选项卡【实体编辑】面板中的【实体，并集】按钮，在命令行中输入"UCS"并按空格键，根据提示，将坐标系移动到下图所示位置。

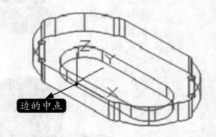

边的中点

步骤05 单击【常用】选项卡【绘图】面板中的【三维多段线】按钮，命令行提示如下。

```
命令：_3dpoly
```

指定多段线的起点：20,25,5
指定直线的端点或 [放弃 (U)]: @4,0,0
指定直线的端点或 [放弃 (U)]: @0,0,-15
指定直线的端点或 [闭合 (C)/ 放弃 (U)]:
@-4,0,-2.5
指定直线的端点或 [闭合 (C)/ 放弃 (U)]: c
结果如下图所示。

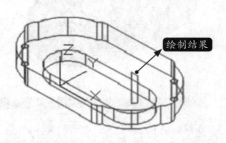

步骤 06 单击【常用】选项卡【建模】面板中的【旋转】按钮，将多段线旋转360°，如下图所示。

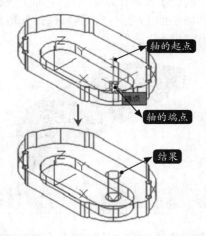

步骤 07 将UCS设置为世界坐标系，单击【常用】选项卡【建模】面板中的【圆柱体】按钮，绘制两个圆柱体，如下图所示。

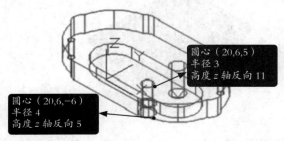

步骤 08 单击【常用】选项卡【修改】面板中的【环形阵列】按钮，选择 **步骤 07** 绘制的圆柱体为阵列对象，参数设置如右上图所示。

	项目数：	5
极轴	介于：	90
	填充：	180
类型		项目

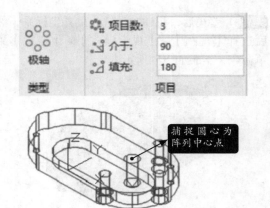

步骤 09 单击【常用】选项卡【修改】面板中的【三维镜像】按钮，选择 **步骤 06** ～ **步骤 08** 的所有图形为阵列对象，然后通过三点指定镜像平面，结果如下图所示。

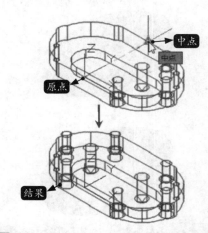

步骤 10 单击【常用】选项卡【实体编辑】面板中的【实体，差集】按钮，选择 **步骤 04** 合并后的对象为从中减去的实体，其余所有对象为减去的实体，如下图所示。

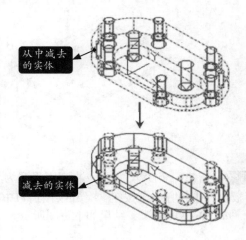

步骤⑪ 差集后，将UCS设置为世界坐标系，然后选择【视图】▶【视觉样式】▶【概念】菜单命令，结果如下图所示。

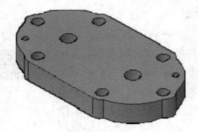

步骤⑫ 单击【常用】选项卡【修改】面板中的【三维旋转】按钮，选择旋转对象后将鼠标指针移至下图所示位置，当出现绿色轴线（y轴）时单击，然后指定旋转角度为180°。

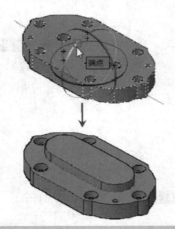

步骤⑬ 单击【实体】选项卡【实体编辑】面板中的【圆角边】按钮，选择所有的边为圆角对象，设置圆角半径为1，结果如下图所示。

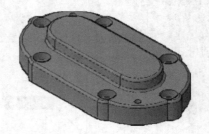

> **提示**
>
> 当命令行提示选择边时，选择"环（L）"，然后单击环上的任意直线或圆弧，可以将整个环选上。

步骤⑭ 单击【实体】选项卡【实体编辑】面板中的【剖切】按钮，在中心平面上选择三点作为剖切平面上的三点，然后选择保留侧，结果如下图所示。

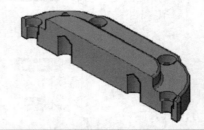

11.2.10 练习——绘制收纳箱模型

收纳箱模型的绘制过程会应用到【长方体】【三维镜像】【并集】【抽壳】【视觉样式】命令，绘制思路如下图所示。

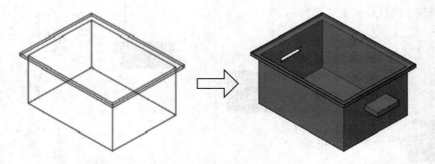

步骤① 新建一个DWG文件，将视图设置为【西南等轴测】视图，单击【常用】选项卡【建模】面板中的【长方体】按钮，在绘图窗口中的任意位置单击以指定第一个角点，另一个角点设置为"@150,200,100"，结果如下页图所示。

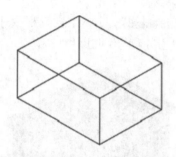

步骤 **02** 调用【长方体】命令，在命令行提示下输入"fro"并按【Enter】键，捕捉下图所示的端点。

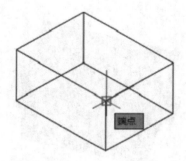

命令行提示如下。

< 偏移 >: @–10,–10,0
指定其他角点或 [立方体 (C)/ 长度 (L)]:
@170,220,5
结果如下图所示。

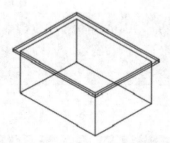

步骤 **03** 调用【长方体】命令，在命令行提示下输入"fro"并按【Enter】键，捕捉下图所示的端点。

命令行提示如下。

< 偏移 >: @50,0,60
指定其他角点或 [立方体 (C)/ 长度 (L)]:
@50,–30,10
结果如下图所示。

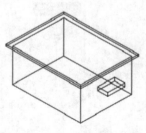

步骤 **04** 将UCS的原点移至下图所示的中点，其他参数不变。

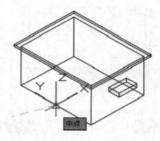

步骤 **05** 选择【修改】▶【三维操作】▶【三维镜像】菜单命令，选择步骤 **03** 中得到的长方体作为镜像对象，选择zx平面作为镜像平面，保留源对象，结果如下图所示。

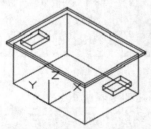

步骤 **06** 将坐标系调整为世界坐标系，单击【常用】选项卡【建模】面板中的【拉伸】按钮，选择所有对象进行并集运算，结果如下图所示。

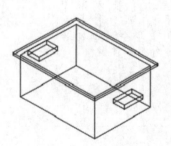

步骤 07 单击【实体】选项卡【实体编辑】面板中的【抽壳】按钮，选择并集运算后的三维对象，然后选择下图所示3个面，按【Enter】键确认，抽壳偏移距离设置为1。

步骤 08 选择【视图】➤【视觉样式】➤【概念】菜单命令，结果如下图所示。

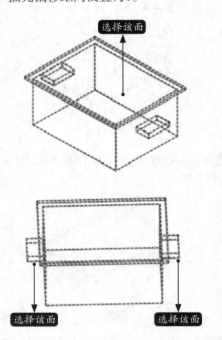

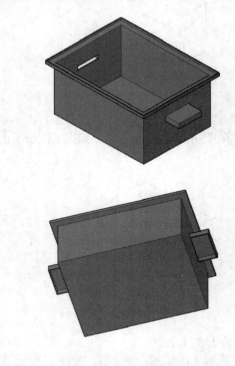

11.3 综合应用——插卡音响建模

插卡音响模型的绘制主要会运用到【长方体】【圆角边】【复制】【圆柱体】【布尔运算】【镜像】等命令。

绘制思路如下表所示。

序号	绘制内容	结果	备注
1	通过【长方体】【圆角边】【复制】命令，创建音响外形和按键		二维编辑命令【复制】在三维绘图中的应用

续表

序号	绘制内容	结果	备注
2	通过【圆柱体】【长方体】【差集】命令创建音响内部结构		注意"fro"命令的运用
3	通过【圆柱体】【镜像】【视觉样式】命令，绘制音响播放喇叭		二维编辑命令【镜像】在三维绘图中的应用

步骤 01 新建一个DWG文件，将视图设置为【西南等轴测】视图，单击【常用】选项卡【建模】面板中的【长方体】按钮▇，第一角点可以任意单击指定，第二角点指定为"@10,100,40"，如下图所示。

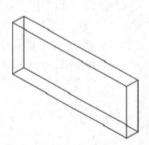

步骤 02 单击【实体】选项卡【实体编辑】面板中的【圆角边】按钮▇，选择长方体所有边为圆角对象，设置圆角半径为3，如下图所示。

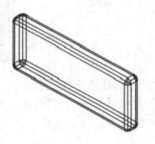

步骤 03 调用【长方体】命令，在命令行提示下输入"fro"并按【Enter】键确认，捕捉下图所示中点作为基点。

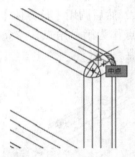

步骤 04 在命令行提示下输入"@-1,10,0""@2,3,2"并分别按【Enter】键确认，如下图所示。

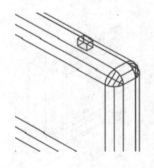

步骤 05 调用【圆角边】命令，圆角半径设置为0.5，将刚绘制的长方体部分边进行圆角操作，结果如下图所示。

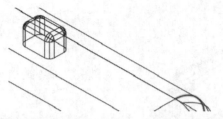

步骤 06 单击【常用】选项卡【修改】面板中的【复制】按钮，将刚圆角的长方体进行复制操作，任意单击一点作为复制基点，复制第二点分别指定为"@0,10,0""@0,20,0""@0,30,0"，如下图所示。

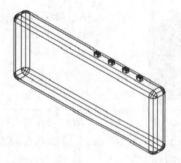

步骤 07 在命令行中输入"UCS"，将坐标系绕x轴旋转90°，然后调用【长方体】命令，捕捉下图所示中点作为第一角点，"@10,-40,10"作为第二角点。

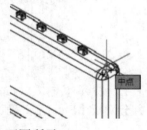

结果如下图所示。

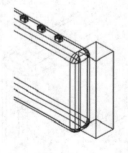

步骤 08 单击【常用】选项卡【实体编辑】面板中的【实体，差集】按钮，选择 步骤 02 中创建的圆角长方体并按【Enter】键确认，继续选择 步骤 08 中创建的长方体并按【Enter】键确认，如下图所示。

步骤 09 单击【常用】选项卡【建模】面板中的【圆柱体】按钮，在命令行提示下输入"fro"并按【Enter】键确认，捕捉下图所示端点作为基点。

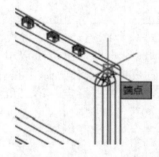

步骤 10 底面中心点指定为"@0,-10,0"，底面半径指定为1，高度指定为-10，结果如下图所示。

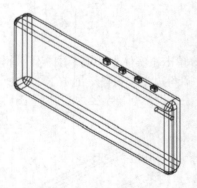

步骤 11 重复【圆柱体】命令，在命令行提示下输入"fro"并按【Enter】键确认，捕捉下页图所示端点作为基点。

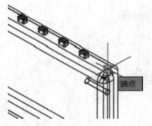

步骤12 底面中心点指定为"@0,-20,0"，底面半径指定为0.5，高度指定为-5，结果如下图所示。

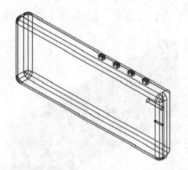

步骤13 调用【长方体】命令，在命令行提示下输入"fro"并按【Enter】键确认，捕捉下图所示端点作为基点。

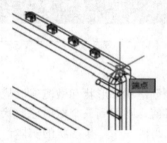

步骤14 在命令行中输入"@-0.5,-25,0""@1,-10,-10"并分别按【Enter】键确认，如下图所示。

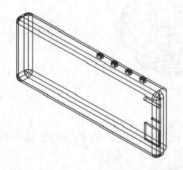

步骤15 调用【差集】命令，选择 **步骤08** 中得到的对象并按【Enter】键确认，继续选择 **步骤09**

~ **步骤14** 中得到的3个对象并按【Enter】键确认，如下图所示。

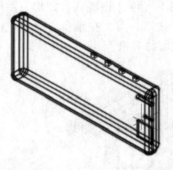

步骤16 将坐标系移动到下图所示的中点位置处，可以进行适当旋转调整。

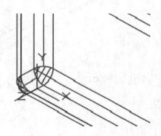

步骤17 调用【圆柱体】命令，底面中心点指定为"@25,20,5"，底面半径指定为15，高度指定为1，如下图所示。

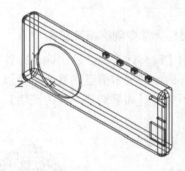

步骤18 调用【圆角边】命令，半径指定为1，将刚才绘制的圆柱体部分边进行圆角操作，如下图所示。

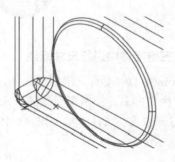

步骤⑲ 单击【常用】选项卡【修改】面板中的【镜像】按钮▲，选择步骤⑱中得到的圆角圆柱体并按【Enter】键确认，捕捉下图所示中点作为镜像线第一点，在垂直方向指定镜像线第二点，保留源对象。

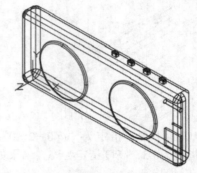

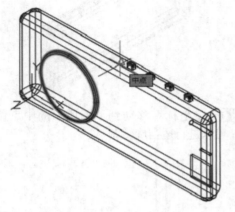

步骤⑳ 将坐标系调整为世界坐标系，【视觉样式】切换为【概念】，结果如下图所示。

结果如右上图所示。

 疑难解答

1.通过圆环体命令创建特殊实体

使用【圆环体】命令除了能创建普通的圆环体外，还能创建苹果形状和橄榄球形状的实体。如果圆环的半径为负值且圆管的半径值大于圆环半径的绝对值，则得到一个橄榄球形状的实体，如下左图所示。如果圆环半径为正值且小于圆管半径值，则得到一个苹果形状的实体，如下右图所示。

 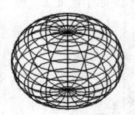

2.如何在三维实体中进行尺寸标注

在AutoCAD中没有三维标注功能，尺寸标注都是基于xy平面内的二维平面的标注。因此，必须通过转换坐标系，把需要标注的对象放置到xy二维平面上才能进行标注。

步骤① 打开"素材\CH11\给三维实体添加尺寸标注"文件，如下页图所示。

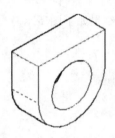

步骤 02 在命令行中输入 "UCS"，拖曳鼠标将坐标系转换到圆心的位置，如下图所示。

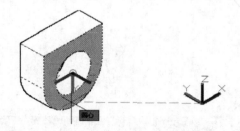

步骤 03 拖曳鼠标指引 *x* 轴方向，如下图所示。

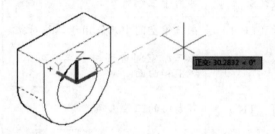

步骤 04 拖曳鼠标指引 *y* 轴方向，如下图所示。

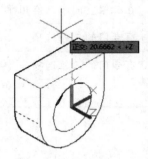

步骤 05 让 *xy* 平面与实体的前侧面平齐后如下图所示。

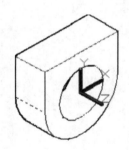

提示

移动UCS前，首先应将对象捕捉和正交模式打开。

步骤 06 调用直径标注命令，然后选择前侧面的圆为标注对象，拖曳鼠标在合适的位置放置尺寸线，结果如下图所示。

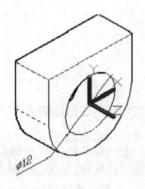

步骤 07 调用半径标注命令，然后选择前侧面的大圆弧为标注对象，拖曳鼠标在合适的位置放置尺寸线，结果如下图所示。

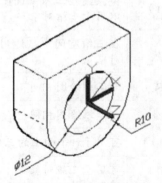

步骤 08 重复 **步骤 02** ～ **步骤 04**，将 *xy* 平面切换到与顶面平齐的位置，然后调用线性标注命令，给顶面进行尺寸标注，结果如下图所示。

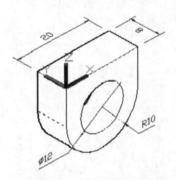

步骤 09 重复 **步骤 02** ～ **步骤 04**，将 *xy* 平面切换

到与竖直面平齐的位置，然后调用线性标注命令进行尺寸标注，结果如下图所示。

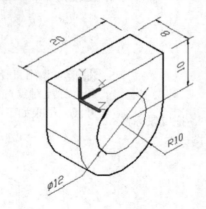

3.适用于三维绘图的二维编辑命令

很多二维编辑命令都可用于三维绘图，如下表所示。

命令	在三维绘图中的用法	命令	在三维绘图中的用法
删除（E）	与二维绘图相同	缩放（SC）	可用于三维对象
复制（CO）	与二维绘图相同	拉长（LEN）	在三维空间中只能用于二维对象
镜像（MI）	镜像线在二维平面上时，可以用于三维对象	拉伸（S）	在三维空间中可用于二维对象、线框和曲面
偏移（O）	在三维空间中只能用于二维对象	修剪（TR）	有专门的三维选项
阵列（AR）	与二维绘图相同	延伸（EX）	有专门的三维选项
移动（M）	与二维绘图相同	打断（BR）	在三维空间中只能用于二维对象
旋转（RO）	可用于xy平面上的三维对象	倒角（CHA）	有专门的三维选项
对齐（AL）	可用于三维对象	圆角（F）	有专门的三维选项
分解（X）	与二维绘图相同		

第 **12** 章

建筑设计实战

设计者可以通过图纸把设计意图和设计结果表达出来，施工者将以此为施工的依据。图纸不仅要解决各个细部的构造方式和具体施工方法，还要在艺术上处理细部与整体的相互关系，包括思路、逻辑的统一性，以及造型、风格、比例、尺寸的协调等。

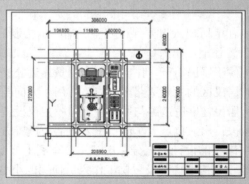

12.1 小区居民住宅楼平面布置图

合理的房间布局、舒适的环境是居民居住品质的保障，平面布置图可以用一种简洁的图解形式表达出住宅楼的布置方案，体现房屋布局。

12.1.1 小区居民住宅楼的设计标准

合理规范的居住区规划设计不仅可以有效使用土地和空间，还可以提高居民的居住水平。

● 居住区的规划设计应符合所在地经济发展水平、民族习俗、传统风貌、气候特点及环境条件，统一规划、合理布局。

● 综合考虑采光、通风、防灾、配建设施，体现出安全、方便、卫生、舒适的居住特点。

● 综合考虑社会、经济、环境3方面的综合效益，着重为老年人、残疾人提供便利条件。

● 适度开发、利用地下空间，合理控制建设用地。

● 规划布局和建筑应体现地方特色，与周围环境相协调，避免烟、尘及噪声对居民的污染和干扰。

● 注重空间的整洁性、统一性，供电、电信、路灯等管线应地下埋设。

● 在重点文物保护单位和历史文化保护区保护规划范围内进行住宅建设时，必须遵循保护规划的指导意见。

● 老年人居住建筑不应低于冬至日日照2小时的标准。

● 居住区配建水平应符合居住人口规模，并与住宅同步规划、同步建设、同步投入使用。

● 居住区内的绿地规划应符合居住区的规划布局形式、环境特点及用地的具体条件，满足当地植树绿化覆土要求。

● 配建公用停车场（库）应就近设置，尽量开发、利用地下或多层车库。

12.1.2 小区居民住宅楼设计的注意事项

小区居民住宅楼的设计与居民的生活息息相关，设计过程中应当充分体现出以人为本的理念。

● 住宅区出入口要保证安全、通畅，控制高峰时间段机动车交通流量，避免在大流量城市干道上设置住宅区出入口。

● 便于居民出行，住宅区应当尽量靠近公交车站及大型公共服务设施。

● 居民区的主要道路至少应该有两个方向与外围道路相连，危急时刻保证消防车辆通行。

● 居民住宅区道路与城市主干道不建议设置交叉口。

● 人行出入口、人车混行出入口需要设置方便残疾人通行的无障碍坡道及标志。

● 岗亭的设计应充分考虑车主停车刷卡或缴费时的遮阳和避雨设施。为保证员工工作的连续性，建议在岗亭内部设置供工作人员使用的小型卫生间。

● 规划设计初期建议将配套设施统一考虑，预埋管线，避免后期施工造成破坏。

● 居住区内用地坡度大于8%时，应辅以梯步解决竖向交通，在梯步旁附设推行小型车辆的通道。

12.1.3 小区居民住宅楼的绘制思路

　　绘制小区居民住宅楼的思路是先设置绘图环境，绘制墙线、门洞、窗洞以及门、窗，然后布置房间并添加文字注释。具体绘制思路如下表所示。

序号	绘制内容	结果	备注
1	设置绘图环境，如图层、文字样式、标注样式、多线样式等	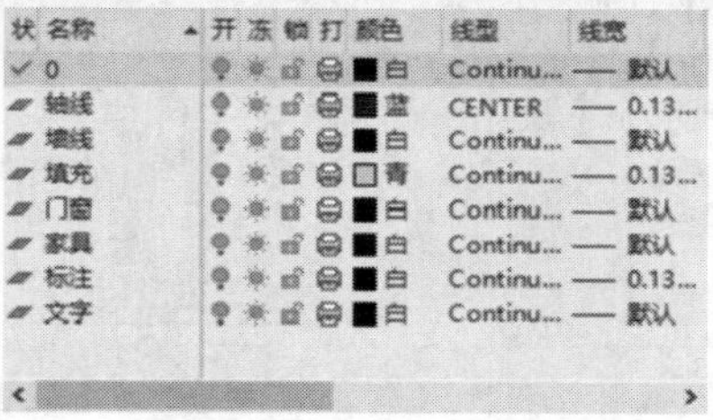	注意各图层的设置
2	利用【直线】【多线】【偏移】【分解】命令绘制墙线	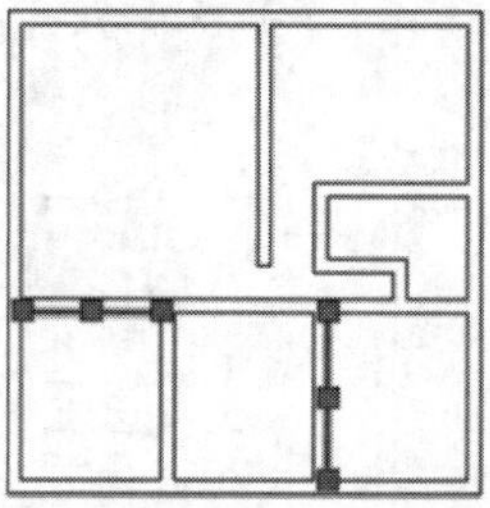	注意【fro】命令的应用
3	利用【直线】【偏移】【修剪】【删除】命令绘制门洞及窗洞	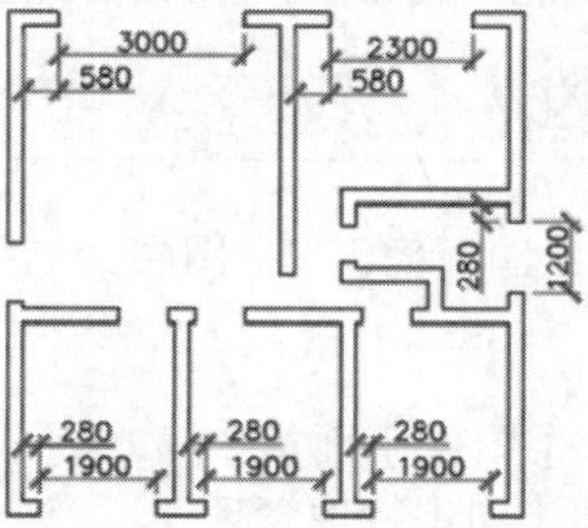	注意门洞及窗洞的位置
4	利用【矩形】【圆弧】命令，以及创建图块和插入图块命令绘制门	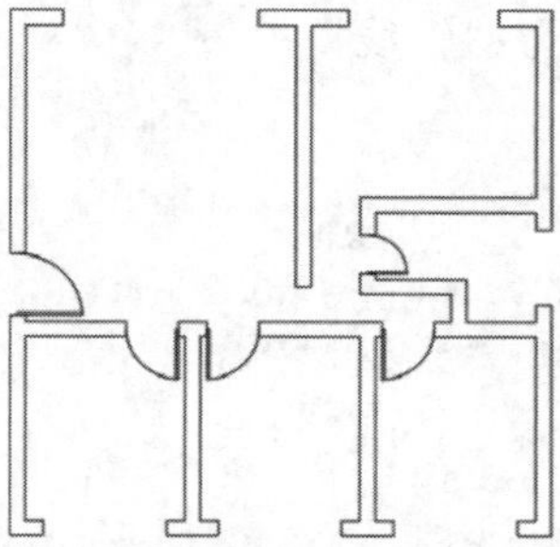	注意图块的插入参数
5	利用【矩形】【分解】【偏移】命令，以及创建图块和插入图块命令绘制窗	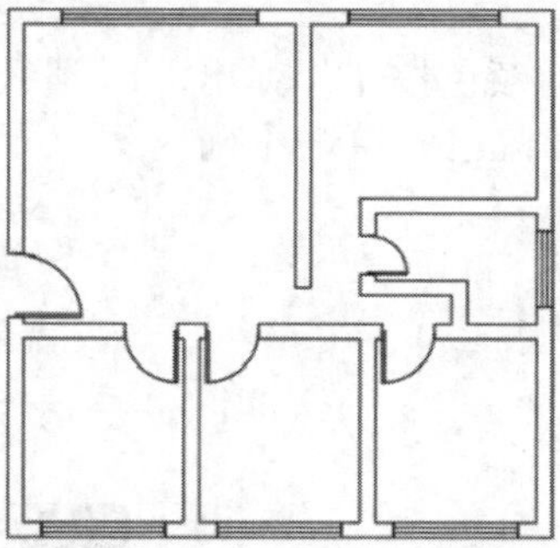	注意图块的插入参数

序号	绘制内容	结果	备注
6	利用【直线】【矩形】【圆】【椭圆】【圆弧】【圆环】【复制】【偏移】【圆角】【修剪】【块选项板】命令布置房间	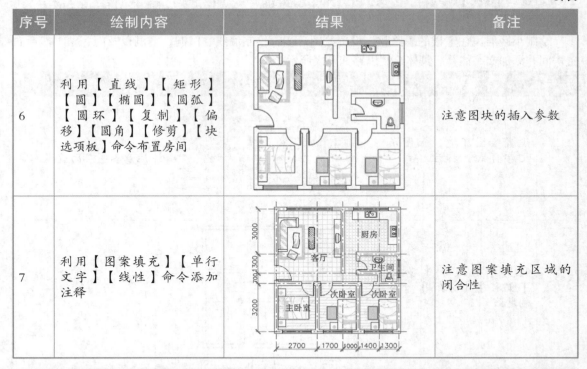	注意图块的插入参数
7	利用【图案填充】【单行文字】【线性】命令添加注释		注意图案填充区域的闭合性

12.1.4 设置绘图环境

在绘制图形之前，要设置绘图环境，包括图层、文字样式、标注样式、多线样式等。

1. 设置图层

步骤01 单击【默认】选项卡【图层】面板中的【图层特性】按钮，弹出【图层特性管理器】选项板，新建一个名称为"轴线"的图层，如下图所示。

步骤02 单击"轴线"图层的颜色按钮，弹出【选择颜色】对话框，选择蓝色，单击【确定】按钮，如右上图所示。

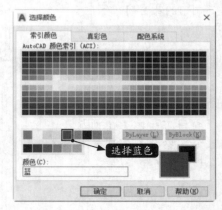

步骤03 返回【图层特性管理器】选项板，"轴线"图层的颜色变为蓝色，如下图所示。

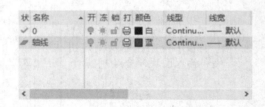

步骤04 单击"轴线"图层的线型按钮，弹

出【选择线型】对话框，单击【加载】按钮，弹出【加载或重载线型】对话框，选择"CENTER"线型，单击【确定】按钮，如下图所示。

步骤05 返回【选择线型】对话框，选择刚才加载的"CENTER"线型，单击【确定】按钮，如下图所示。

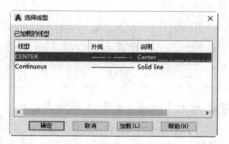

步骤06 返回【图层特性管理器】选项板，"轴线"图层的线型变为"CENTER"，如下图所示。

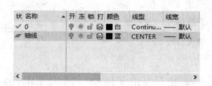

步骤07 单击"轴线"图层的线宽按钮，弹出【线宽】对话框，选择"0.13 mm"，单击【确定】按钮，如下图所示。

步骤08 返回【图层特性管理器】选项板，"轴线"图层的线宽变为"0.13毫米"，如下图所示。

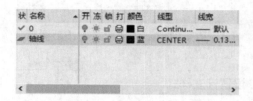

步骤09 继续创建其他图层，如下图所示。

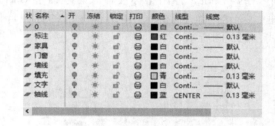

2. 设置文字样式

步骤01 单击【注释】选项卡【文字】面板右下角的按钮，弹出【文字样式】对话框，新建一个名称为"标注样式"的文字样式，如下图所示。

步骤02 字体设置为"simplex.shx"，然后单击【应用】按钮，如下图所示。

步骤03 继续新建一个名称为"文本样式"的文字样式，字体设置为"宋体"，将其设置为当前文字样式，如下页图所示。

3. 设置标注样式

步骤 ① 单击【注释】选项卡【标注】面板右下角的 ↘ 按钮，弹出【标注样式管理器】对话框，新建一个名称为"建筑标注"的标注样式，如下图所示。

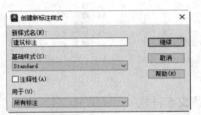

步骤 ② 单击【继续】按钮，在【符号和箭头】选项卡中选择箭头样式为【建筑标记】，其他设置不变。

步骤 ③ 单击【继续】按钮，在【文字】选项卡中选择文字样式为【标注样式】，其他设置不变，如下图所示。

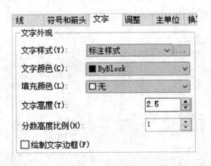

步骤 ④ 单击【调整】选项卡，将【标注特征比例】栏中的【使用全局比例】改为120。最后单击【确定】按钮，返回【标注样式管理器】对话框，将"建筑标注"标注样式设置为当前标注样式。

4. 设置多线样式

步骤 ① 选择【格式】➤【多线样式】菜单命令，弹出【多线样式】对话框，新建一个名称为"墙线"的多线样式，如下图所示。

步骤 ② 单击【继续】按钮，弹出【新建多线样式：墙线】对话框，进行下图所示的设置。

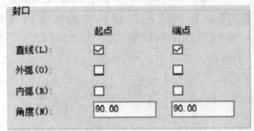

步骤 ③ 单击【确定】按钮，返回【多线样式】对话框，将"墙线"多线样式设置为当前多线样式。

12.1.5 绘制墙线

墙线可以使用多线进行绘制，绘制墙线之前应先绘制轴线，具体绘制步骤如下。

步骤 01 单击【默认】选项卡【图层】面板中的【图层特性】按钮，将"轴线"图层设置为当前图层，单击【默认】选项卡【绘图】面板中的【直线】按钮，绘制一条长度为9100的水平线段，如下图所示。

步骤 02 重复【直线】命令，在命令行提示下输入"fro"并按【Enter】键，捕捉下图所示的端点作为基点。

步骤 03 在命令行提示下输入坐标值"@500，-500/@0，9200"，分别按【Enter】键确认，绘制一条竖直线段，如下图所示。

步骤 04 单击【默认】选项卡【修改】面板中的【偏移】按钮，偏移距离如下图所示。

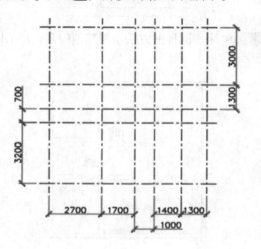

步骤 05 将"墙线"图层设置为当前图层，选择【绘图】➤【多线】菜单命令，比例设置为240，对正方式设置为"无"，绘制下图所示的多线对象。

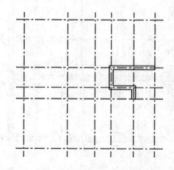

步骤 06 继续进行多线的绘制，比例及对正方式不变，如下图所示。

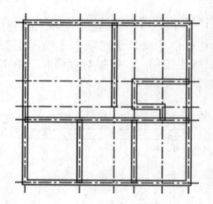

步骤 07 选择【修改】➤【对象】➤【多线】菜单命令，弹出【多线编辑工具】对话框，如下图所示。

步骤 08 单击【T形打开】按钮，对多线进行编辑，如下图所示。

步骤 09 关闭"轴线"图层，单击【默认】选项卡【修改】面板中的【分解】按钮🗐，将多线对象全部分解，如下图所示。

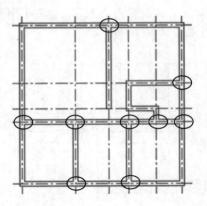

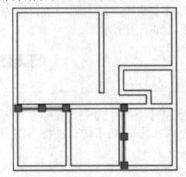

12.1.6 绘制门洞及窗洞

门洞及窗洞可以通过修剪的方式进行绘制，具体绘制步骤如下。

步骤 01 单击【默认】选项卡【绘图】面板中的【直线】按钮╱，捕捉端点绘制一条水平线段，如下图所示。

步骤 03 单击【默认】选项卡【修改】面板中的【修剪】按钮💥，对圆形进行修剪操作，将步骤 01 中绘制的水平线段删除，如下图所示。

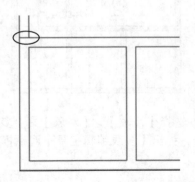

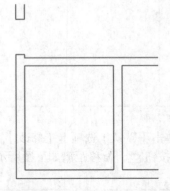

步骤 02 单击【默认】选项卡【修改】面板中的【偏移】按钮⊆，将刚绘制的水平线段向上偏移100，将偏移得到的线段继续向上偏移1000，如下图所示。

步骤 04 采用同样的方法绘制其他门洞，如下图所示。

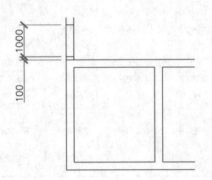

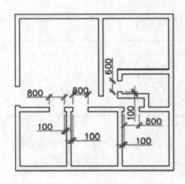

步骤 05 采用同样的方法绘制窗洞，如下图所示。

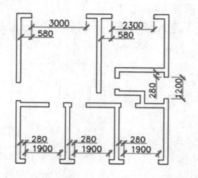

12.1.7 绘制门

下面绘制门，具体绘制步骤如下。

步骤 01 将"门窗"图层设置为当前图层，单击【默认】选项卡【绘图】面板中的【矩形】按钮，在空白区域绘制一个1000×50的矩形，如下图所示。

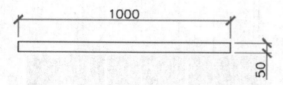

步骤 02 选择【绘图】➤【圆弧】➤【起点、圆心、角度】菜单命令，捕捉下图所示的端点作为起点。

步骤 03 捕捉下图所示的端点作为圆心。

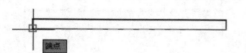

步骤 04 角度设置为90°，结果如下图所示。

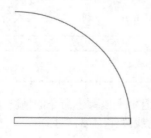

步骤 05 单击【插入】选项卡【块定义】面板中的【创建块】按钮，在弹出的【块定义】对话框中单击【拾取点】按钮，在绘图窗口中捕捉下图所示的端点作为插入基点，返回【块定义】对话框。

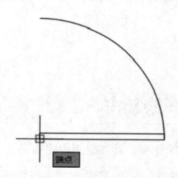

步骤 06 在【对象】栏中选中【删除】单选按钮，单击【选择对象】按钮，在绘图窗口中选择门图形，如下图所示。按【Enter】键确认，返回【块定义】对话框，将名称指定为"门"，单击【确定】按钮。

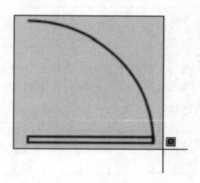

步骤 07 选择【插入】➤【块选项板】菜单命令，在弹出的【块】选项板【当前图形】选项卡中选择"门"，勾选【插入点】复选框，将插入比例【X】【Y】【Z】均设置为1，旋转角度设置为0，如下图所示。

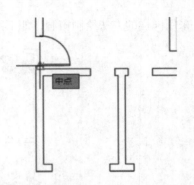

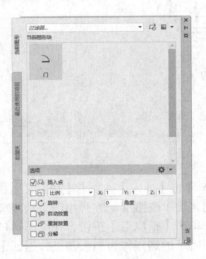

步骤 09 采用相同的方法对其他位置进行"门"图块的插入操作，如下图所示。

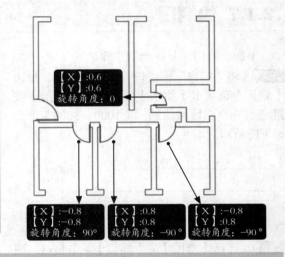

步骤 08 捕捉右上图所示的中点作为插入点。

12.1.8 绘制窗

下面绘制窗，具体绘制步骤如下。

步骤 01 将"门窗"图层设置为当前图层，单击【默认】选项卡【绘图】面板中的【矩形】按钮□，在空白区域绘制一个1000×240的矩形，如下图所示。

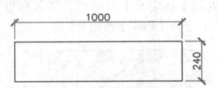

步骤 02 单击【默认】选项卡【修改】面板中的【分解】按钮□，将刚绘制的矩形对象分解，如下图所示。

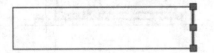

步骤 03 单击【默认】选项卡【修改】面板中的【偏移】按钮 ⊆，偏移距离设置为80，选择下图所示的线段作为偏移对象。

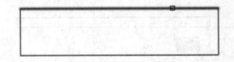

步骤 04 将线段向内侧进行偏移，结果如下图所示。

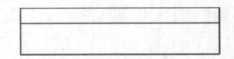

步骤 05 不退出【偏移】命令的情况下，选择下页图所示的线段作为偏移对象。

步骤 06 将线段向内侧进行偏移,按【Enter】键结束【偏移】命令,结果如下图所示。

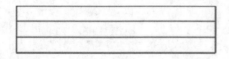

步骤 07 单击【插入】选项卡【块定义】面板中的【创建块】按钮,弹出【块定义】对话框,单击【拾取点】按钮,在绘图窗口中捕捉下图所示的端点作为插入基点,返回【块定义】对话框。

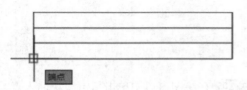

步骤 08 在【对象】栏中选中【删除】单选按钮,单击【选择对象】按钮,在绘图窗口中选择窗图形,如下图所示。按【Enter】键确认,返回【块定义】对话框,将名称指定为"窗",单击【确定】按钮。

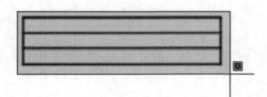

步骤 09 选择【插入】➤【块选项板】菜单命令,在弹出的【块】选项板【当前图形】选项卡中选择"窗",【X】设置为3,【Y】设置为1,其他参数不变,捕捉右上图所示的端点作为插入点。

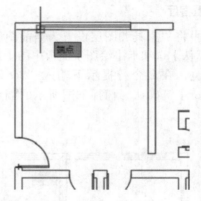

结果如下图所示。

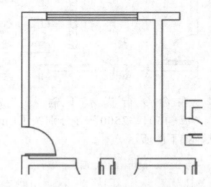

步骤 10 采用相同的方法对其他位置进行"窗"图块的插入操作,如下图所示。

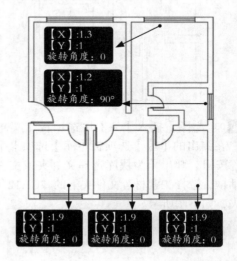

12.1.9 布置房间

房间内的物品可以通过插入图块的方式进行创建。

1. 布置客厅

步骤01 将"家具"图层设置为当前图层，单击【默认】选项卡【绘图】面板中的【矩形】按钮▢，在命令行提示下输入"fro"并按【Enter】键确认，捕捉下图所示的端点作为基点。

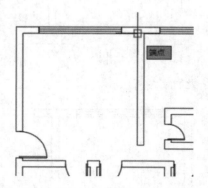

步骤02 在命令行提示下输入"@0，-580""@-450，-2500"并分别按【Enter】键确认，如下图所示。

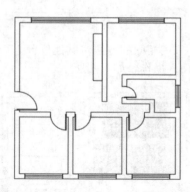

步骤03 选择【插入】➤【块选项板】菜单命令，在弹出的【块】选项板【库】选项卡中单击▦按钮，弹出【为块库选择文件夹或文件】对话框，选择"素材"文件夹下的"CH12"文件夹，如下图所示。

步骤04 单击【打开】按钮，返回【块】选项板，在【库】选项卡中选择"电视机"，将旋转角度设置为270°，其他参数不变，如下图所示。

步骤05 在绘图窗口中单击指定图块插入点，如下图所示。

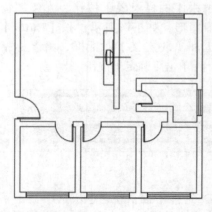

结果如下图所示。

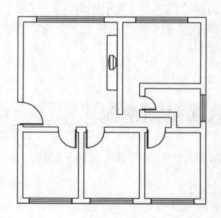

步骤 06 在【库】选项卡中选择"盆景"，统一比例设置为0.02，其他参数不变，在绘图窗口中单击指定图块插入点，如下图所示。

在绘图窗口中单击指定图块插入点，如下图所示。

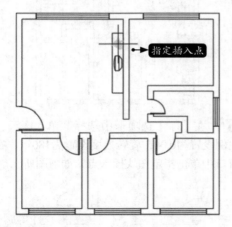

结果如下图所示。

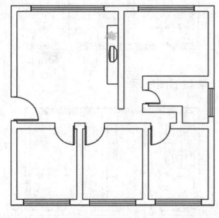

步骤 07 在【当前图形】选项卡中以相同参数再次插入"盆景"图块，如下图所示。

步骤 08 在【库】选项卡中选择"沙发"，统一比例设置为0.03，旋转角度设置为90°，

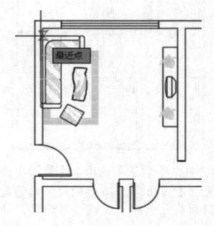

结果如下图所示。

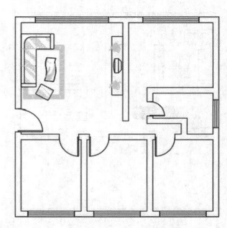

步骤 09 在【库】选项卡中选择"茶几"，统一比例设置为1，旋转角度设置为90°，在绘图窗口中单击指定图块插入点，如下图所示。

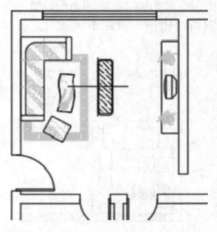

结果如下页图所示。

步骤 ⑩ 单击【默认】选项卡【修改】面板中的【复制】按钮，将电视机旁边的盆景图形复制到茶几上面，位置适当即可，如下图所示。

2. 布置卧室

步骤 ⑴ 在【库】选项卡中选择"双人床"，统一比例设置为0.04，旋转角度设置为90°，在绘图窗口中单击指定图块插入点，如下图所示。

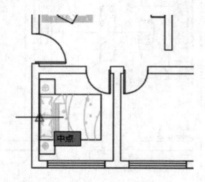

结果如右上图所示。

步骤 ⑵ 在【库】选项卡中选择"单人床"，统一比例设置为0.04，旋转角度设置为180°，在绘图窗口中单击指定图块插入点，如下图所示。

结果如下图所示。

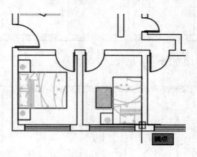

步骤 ⑶ 在【当前图形】选项卡中选择"单人床"，参数设置同 步骤 ⑵，在绘图窗口中单击指定图块插入点，如下图所示。

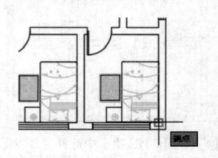

结果如下图所示。

3. 布置厨房

步骤 01 单击【默认】选项卡【绘图】面板中的【直线】按钮 ，在命令行提示下输入"fro"并按【Enter】键确认，捕捉下图所示的端点作为基点。

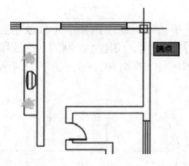

步骤 02 在命令行提示下分别输入"@0，-2260""@-600，0""@0，1660""@-2360，0""@0，600"并按【Enter】键确认，如下图所示。

步骤 03 在【库】选项卡中选择"燃气灶"，统一比例设置为1，旋转角度设置为0，在绘图窗

口中单击指定图块插入点，如下图所示。

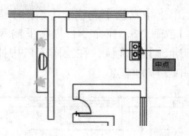

结果如下图所示。

步骤 04 在【库】选项卡中选择"洗涤盆"，统一比例设置为1，旋转角度设置为0，在绘图窗口中单击指定图块插入点，如下图所示。

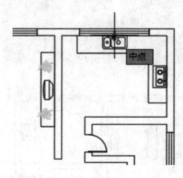

结果如下图所示。

4. 布置卫生间

步骤 01 单击【默认】选项卡【绘图】面板中的【圆心】按钮 ⊙，在命令行提示下输入"fro"并按【Enter】键确认，在绘图窗口中捕捉下图所示的中点作为基点。

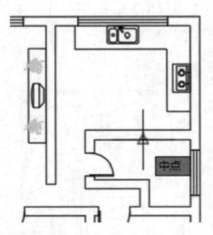

步骤 02 在命令行提示下进行如下操作。

```
命令：_ellipse
指定椭圆的轴端点或 [ 圆弧 (A)/ 中心点 (C)]：_c
指定椭圆的中心点：fro 基点： // 捕捉上图所示的中点
＜偏移＞：@0,−250
指定轴的端点：@265,0
指定另一条半轴长度或 [ 旋转 (R)]：200
结果如下图所示。
```

绘制的椭圆形

步骤 03 单击【默认】选项卡【修改】面板中的【偏移】按钮 ⊑，将刚才绘制的椭圆形向内侧偏移30，如右上图所示。

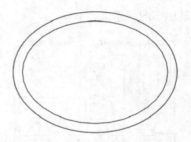

步骤 04 单击【默认】选项卡【修改】面板中的【修剪】按钮 ✂，连接椭圆形象限点绘制两条线段，如下图所示。

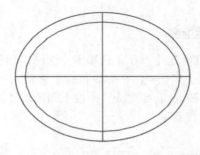

步骤 05 单击【默认】选项卡【修改】面板中的【偏移】按钮 ⊑，将刚才绘制的水平线段分别向上、下两侧各偏移110、90，如下图所示。

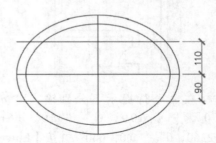

步骤 06 单击【默认】选项卡【修改】面板中的【圆角】按钮 ，圆角半径设置为25，选择中间的水平线段，并在小椭圆上侧单击，对洗脸盆的两侧进行圆角，结果如下图所示。

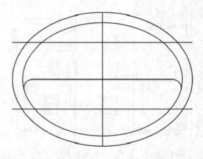

步骤 07 单击【默认】选项卡【绘图】面板中的

【圆环】按钮◎，根据命令行提示进行如下操作。

命令：_DONUT
指定圆环的内径 <0.5000>: 0
指定圆环的外径 <1.0000>: 20
指定圆环的中心点或 < 退出 >:
// 选择最上面水平线段与小椭圆左侧的交点
指定圆环的中心点或 < 退出 >:
// 选择最上面水平线段与小椭圆右侧的交点
指定圆环的中心点或 < 退出 >:
// 按【Enter】键结束
结果如下图所示。

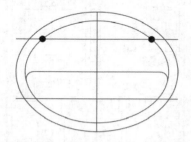

步骤08 选择【绘图】➤【圆】➤【圆心，半径】菜单命令，以最下面的水平线段与竖直线段的交点为圆心，绘制一个半径为15的圆，结果如下图所示。

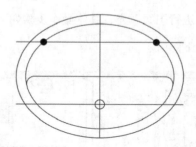

步骤09 单击【默认】选项卡【修改】面板中的【修剪】按钮✂，修剪掉多余的部分，结果如下图所示。

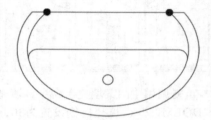

步骤10 单击【默认】选项卡【绘图】面板中的【直线】按钮╱，在命令行提示下输入"fro"并按【Enter】键确认，在绘图窗口中捕捉右上图

所示的中点作为基点。

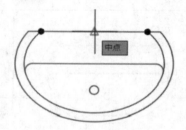

步骤11 在命令行提示下输入分别"@365，140""@0，-350"并按【Enter】键确认，如下图所示。

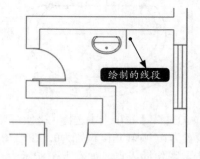

绘制的线段

步骤12 单击【默认】选项卡【修改】面板中的【偏移】按钮☰，将上步绘制的线段向左偏移730，结果如下图所示。

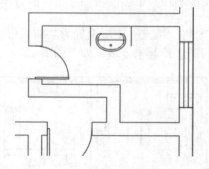

步骤13 选择【绘图】➤【圆弧】➤【起点，端点，半径】菜单命令，捕捉下图所示的端点作为圆弧起点。

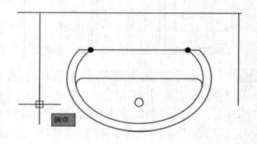

端点

步骤 ⑭ 捕捉下图所示的端点作为圆弧端点。

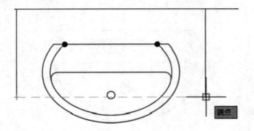

步骤 ⑮ 圆弧半径指定为520，如下图所示。

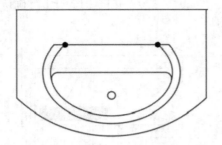

步骤 ⑯ 在【库】选项卡中选择"坐便器"，统一比例设置为1，旋转角度设置为0，在绘图窗口中单击指定图块插入点，如右上图所示。

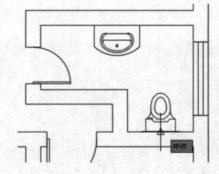

结果如下图所示。

12.1.10 添加文字注释

可以为住宅平面图添加文字说明及标注，同时还可以进行图案填充，具体操作步骤如下。

步骤 ⑴ 将"填充"图层设置为当前图层，用直线将门洞连接起来，结果如下图所示。

步骤 ⑵ 单击【默认】选项卡【绘图】面板中的【图案填充】按钮，填充图案选择"NET"，填充比例设置为100，填充角度设置为0，然后单击【拾取点】按钮，对客厅进行填充，如下图所示。

步骤 ⑶ 重复调用【图案填充】命令，填充图案选择"DOLMIT"，填充比例设置为30，填充角度设置为0，然后单击【拾取点】按钮，对卧室进行填充，如下页图所示。

步骤 04 重复调用【图案填充】命令,填充图案选择"ANGLE",填充比例设置为30,填充角度设置为0,然后单击【拾取点】按钮,对厨房和卫生间进行填充,如下图所示。

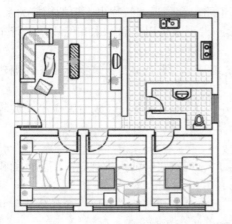

步骤 05 将"文字"图层设置为当前图层,选

择【绘图】➤【文字】➤【单行文字】菜单命令,文字高度设置为400,角度设置为0,分别在适当的位置处创建单行文字对象,如下图所示。

步骤 06 将"轴线"图层打开,并将 **步骤 01** 中绘制的直线删除,结果如下图所示。

步骤 07 将"标注"图层设置为当前图层,单击【默认】选项卡【注释】面板中的【线性】按钮，创建线性标注对象,如下图所示。

12.2 城市广场总平面图设计

城市广场作为一种城市艺术建设类型，它既承载着传统和历史，也传递着美的韵律和节奏；它既是一种公共艺术形态，也是城市的重要构成元素。在日益走向开放、多元、现代的今天，城市广场所蕴含的信息成为规划设计者深入研究的课题。

12.2.1 城市广场的设计标准

下面将对城市广场的设计标准进行介绍。

● 城市广场按其性质、用途以及在道路网中的位置，可以分为公共活动广场、集散广场、交通广场、纪念性广场和商业广场5类，这5类广场是相对划分的，有些广场兼具多种功能。

● 广场应按照城市总体规划确定其性质、功能和用地范围，并结合地形、自然环境和交通特征进行合理设计，应与四周建筑物相协调，处理好毗邻道路口和附近建筑物出入口的衔接关系。

● 广场应实行人流、车流分离，设置分隔、导流设施，可以采用交通标志和标线指示行车方向、停车场地、步行活动区等。

● 广场竖向设计应综合考虑地形、地下管线、土方工程、广场上主要建筑物标高、周围建筑设施标高、给排水要求等，实现广场整体布置的美观。

● 广场坡度设计，平原地区应小于或等于1%，最小为0.3%；丘陵地区或山区应小于或等于3%，地形复杂的情况下可以建成阶梯式广场。

各类广场的功能如下。

（1）公共活动广场主要供居民休息、活动，有集会时，应按集会的人数计算需用场地面积，并对各类车辆停放场地进行合理布置。

（2）集散广场应根据高峰时间段人流量和车流量，以及公共建筑物主要出入口的位置，并结合地形，综合布置人流与车流的进出通道，以及停车场地、步行活动区等。

（3）交通广场需要合理确定交通组织方式和广场平面布置，处理好广场与所衔接道路的交通，减小不同流向人、车的相互干扰，必要情况下可以设置人行天桥或人行地道。

（4）纪念性广场以纪念性建筑物为主体，结合地形布置绿化场地、游览活动区，整体环境以安静为主，可以在附近其他位置设置停车场地。

（5）商业广场以人行活动为主，人流进出口应与周围公共交通站协调，合理解决人流与车流的互相干扰。

12.2.2 城市广场设计的注意事项

城市广场在设计时应注意以下几点。

● 城市广场是面向大众的公共场所，在设计时需要避免因过度追求时尚、个性、高端化而与人民大众产生距离。

● 避免模仿攀比，城市广场应该承载城市历史、传承城市文化。

● 城市广场应与周围环境相协调，避免因过度彰显而与周围设施不协调，从而显得格格不入。

● 应充分考虑交通便利性，避免因交通不畅而导致城市广场功能性的降低。

● 要有明显的标志物，增强可识别性。

● 整体统一，无论是铺装材料还是铺装图案，都应该与周围设施相互协调，确保无论是在视觉上还是在功能上都是一个统一的整体。

● 安全性，需要做到铺装材料无论是在干燥还是潮湿的环境下都可以防滑，确保人们安全。

● 可以通过铺装材料的图案和色彩变化，界定空间范围，实现区域的划分。

● 灯柱、花台、花架、景墙、栏杆等广场小品可以作为艺术品进行设计，可以在色彩、质感、尺度、造型、肌理上加以创新，合理布置，从而实现广场空间的层次感和色彩的丰富变化。

12.2.3　城市广场总平面图的绘制思路

绘制城市广场总平面图的思路是先设置绘图环境，然后绘制轴线、广场轮廓线、人行道、广场内部建筑、指北针及添加注释等。具体绘制思路如下表所示。

序号	绘图方法	结果	备注
1	设置绘图环境，包括图层、文字样式、标注样式等		注意各图层的正确创建
2	利用【直线】【偏移】等命令绘制轴线		注意线型比例因子的设置
3	利用【矩形】【多线】【分解】【圆角】等命令绘制广场轮廓线和人行道		注意多线参数的设置
4	利用【直线】【圆】【多段线】【圆角】【镜像】【偏移】【修剪】【矩形】【阵列】等命令绘制广场内部建筑		注意阵列参数的设置

序号	绘图方法	结果	备注
5	利用【多段线】【路径】【阵列】【镜像】【图案填充】【单行文字】和插入图块等命令插入图块、填充图形并绘制指北针		注意阵列参数的设置
6	利用插入图块、【多行文字】、智能标注等命令给图形添加注释		注意标注位置的选择

12.2.4 设置绘图环境

在绘制广场总平面图前要建立相应的图层、设置文字样式和标注样式。

1.创建图层

启动AutoCAD 2024，新建一个图形文件，单击【默认】选项卡【图层】面板中的【图层特性】按钮。在弹出的【图层特性管理器】选项板中分别创建"轴线""标注""轮廓线""填充""文字"和"其他"图层，然后修改相应的颜色、线型、线宽等特性，结果如下图所示。

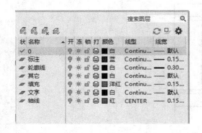

2.设置文字样式

步骤01 单击【注释】选项卡【文字】面板右下角的按钮，弹出【文字样式】对话框，单击【新建】按钮，在弹出的【新建文字样式】对话框的【样式名】文本框中输入"广场平面文字"，如右上图所示。

步骤02 单击【确定】按钮，将【字体名】设置为【楷体】，将文字高度设置为100，如下图所示。

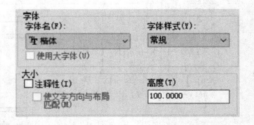

步骤03 单击【置为当前】按钮，然后单击【关闭】按钮。

3.设置标注样式

步骤01 单击【注释】选项卡【标注】面板右下角的按钮，弹出【标注样式管理器】对话框上，单击【新建】按钮，在弹出的【创建新标注样式】对话框的【新样式名】文本框中输入

"广场平面标注"，如下图所示。

步骤 02 单击【继续】按钮，在【符号和箭头】选项卡中将箭头样式设置为【建筑标记】，其他设置不变，如下图所示。

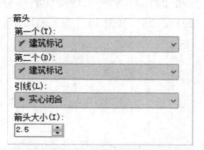

步骤 03 单击【调整】选项卡，将【标注特征比例】中的【使用全局比例】改为50，其他设置不变，如下图所示。

步骤 04 单击【主单位】选项卡，将【测量单位比例】中的【比例因子】改为100，其他设置不变，如下图所示。

步骤 05 单击【确定】按钮，返回【标注样式管理器】对话框，单击【置为当前】按钮，然后单击【关闭】按钮。

12.2.5 绘制轴线

图层创建完毕后，接下来介绍绘制轴线的方法。轴线是外轮廓的定位线，因为建筑图形一般都比较大，所以在绘制时经常采用较小的绘图比例，本小节采用的绘图比例为1∶100。轴线的具体绘制步骤如下。

步骤 01 单击【默认】选项卡【图层】面板中的【图层特性】按钮，选中【轴线】图层，单击（置为当前）按钮将该图层设置为当前图层，如下图所示。

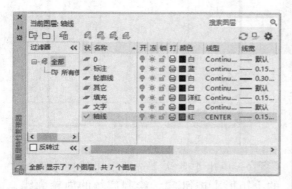

步骤 02 关闭【图层特性管理器】选项板后，单击【默认】选项卡【绘图】面板中的【直线】按钮，绘制两条直线，AutoCAD命令行提示如下。

```
命令：LINE
指定第一点：-400,0
指定下一点或 [ 放弃 (U)]: @4660,0
指定下一点或 [ 放弃 (U)]: // 按【Enter】键
命令：LINE
指定第一点：0,-400
指定下一点或 [ 放弃 (U)]: @0,4160
指定下一点或 [ 放弃 (U)]: // 按【Enter】键
```
结果如下图所示。

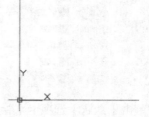

步骤 03 单击【默认】选项卡【特性】面板中的【线型】下拉按钮，选择【其他】选项，如下页图所示。

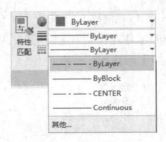

步骤 04 在弹出的【线型管理器】对话框中将【全局比例因子】改为15，如下图所示。

步骤 05 单击【确定】按钮，修改线型比例后，轴线的显示结果如下图所示。

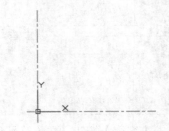

步骤 06 单击【默认】选项卡【修改】面板中的【偏移】按钮，将水平线段向上分别偏移480、2880和3360，将竖直线段向右侧分别偏移1048、2217、2817和3860，如下图所示。

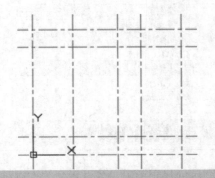

12.2.6 绘制广场轮廓线和人行道

轴线绘制完成后，接下来介绍绘制广场的轮廓线和人行道的方法。

1. 绘制广场轮廓线

步骤 01 单击【默认】选项卡【图层】面板中的【图层】下拉按钮，将"轮廓线"图层设置为当前图层，如下图所示。

步骤 02 单击【默认】选项卡【绘图】面板中的【矩形】按钮，根据命令行提示捕捉轴线的交点，结果如右图所示。

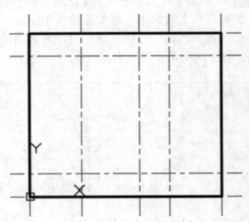

步骤 03 单击【默认】选项卡【绘图】面板中的【矩形】按钮，绘制广场的内轮廓线，矩形的两个角点分别指定为"888，320"和"2977，3040"，结果如下页图所示。

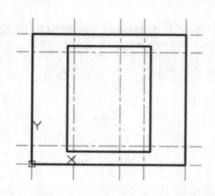

2.绘制人行道

步骤 01 选择【绘图】▷【多线】菜单命令，命令行提示如下。

命令：MLINE
当前设置：对正 = 上，比例 = 20.00，样式 = STANDARD
指定起点或 [对正 (J)/ 比例 (S)/ 样式 (ST)]：S
输入多线比例 <20.00>：120
当前设置：对正 = 上，比例 = 120.00，样式 = STANDARD
指定起点或 [对正 (J)/ 比例 (S)/ 样式 (ST)]：j
输入对正类型 [上 (T)/ 无 (Z)/ 下 (B)] < 上 >：z
当前设置：对正 = 无，比例 = 120.00，样式 = STANDARD
指定起点或 [对正 (J)/ 比例 (S)/ 样式 (ST)]：// 捕捉轴线的交点
指定下一点：// 捕捉另一端的交点
指定下一点或 [放弃 (U)]：// 按【Enter】键结束命令

结果如下图所示。

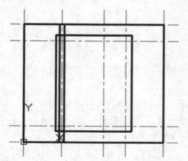

步骤 02 继续绘制其他多线，结果如右上图所示。

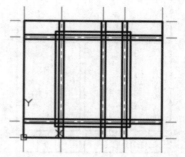

步骤 03 选择【修改】▷【对象】▷【多线】菜单命令，弹出【多线编辑工具】对话框，如下图所示。

步骤 04 单击【十字合并】按钮，然后选择相交的多线进行修剪，结果如下图所示。

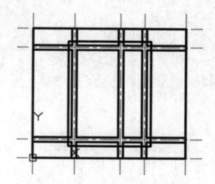

步骤 05 单击【默认】选项卡【修改】面板中的【分解】按钮，然后选择十字合并后的多线，将其分解。

步骤 06 单击【默认】选项卡【修改】面板中的【圆角】按钮，输入"R"将圆角半径设置为100，然后输入"M"进行多处圆角，最后选择需要圆角的两条边，圆角的结果如下页图所示。

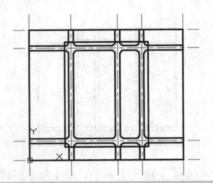

12.2.7　绘制广场内部建筑

本小节介绍绘制广场内部建筑的方法，广场内部建筑主要有护栏、树池、平台、喷泉等。广场内部建筑也是广场平面图的重点。

1. 绘制广场护栏、树池和平台

步骤 01 单击【默认】选项卡【绘图】面板中的【直线】按钮 ╱，绘制广场的护栏，命令行提示如下。

```
命令：LINE
指定第一点：1168,590
指定下一点或 [ 放弃 (U)]: @0, 1390
指定下一点或 [ 放弃 (U)]: @-40,0
指定下一点或 [ 闭合 (C)/ 放弃 (U)]:
@0,−1390
指定下一点或 [ 闭合 (C)/ 放弃 (U)]:
@1009,0
指定下一点或 [ 闭合 (C)/ 放弃 (U)]: @0,
1390
指定下一点或 [ 放弃 (U)]: @-40,0
指定下一点或 [ 放弃 (U)]: @0,−1390
指定下一点或 [ 闭合 (C)/ 放弃 (U)]:
// 按【[Enter]】键
```

结果如下图所示。

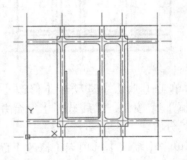

步骤 02 单击【默认】选项卡【修改】面板中的【圆角】按钮 ╭，对绘制的护栏进行圆角，圆角半径为30，结果如右图所示。

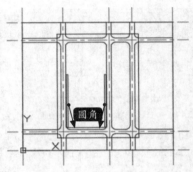

步骤 03 单击【默认】选项卡【绘图】面板中的【多段线】按钮 ⊃，绘制树池，命令行提示如下。

```
命令：PLINE
指定起点：1390,590 当前线宽为 0.0000
指定下一点或 [ 圆弧 (A)/……/ 宽度 (W)]:
@0,80
指定下一点或 [ 圆弧 (A)/……/ 宽度 (W)]:
@-80,0
指定下一点或 [ 圆弧 (A)/……/ 宽度 (W)]:
@0,350
指定下一点或 [ 圆弧 (A)/……/ 宽度
(W)]: a
指定圆弧的端点或 [ 角度 (A)/……/ 宽度
(W)]: r
指定圆弧的半径：160
指定圆弧的端点或 [ 角度 (A)]: a
指定包含角：−120
指定圆弧的弦方向 <90>: 90
指定圆弧的端点或 [ 角度 (A)/……/ 宽度
(W)]: l
指定下一点或 [ 圆弧 (A)/……/ 宽度
(W)]: @0,213
```

指定下一点或 [圆弧 (A)/……/ 宽度 (W)]：// 按【Enter】键

结果如下图所示。

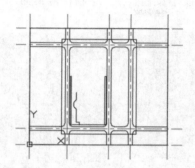

步骤 04 单击【默认】选项卡【修改】面板中的【镜像】按钮，绘制另一侧的树池，结果如下图所示。

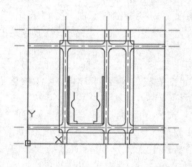

步骤 05 单击【默认】选项卡【绘图】面板中的【直线】按钮，绘制平台，命令行提示如下。

```
命令：LINE
指定第一点：1200,1510
指定下一点或 [ 放弃 (U)]: @0,90
指定下一点或 [ 放弃 (U)]: @870,0
指定下一点或 [ 闭合 (C)/ 放弃 (U)]: @0,-90
指定下一点或 [ 闭合 (C)/ 放弃 (U)]: c
```

结果如下图所示。

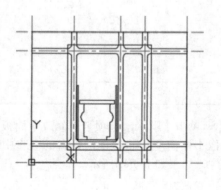

2. 绘制喷泉

步骤 01 选择【绘图】➤【圆】➤【圆心，半径】菜单命令，绘制一个圆心在"1632.5，1160"、半径为25的圆，如下图所示。

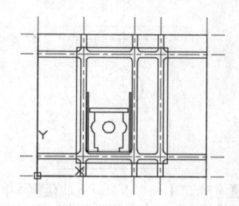

步骤 02 单击【默认】选项卡【修改】面板中的【偏移】按钮，将**步骤 01**中绘制的圆向内侧偏移5、50、70和110，结果如下图所示。

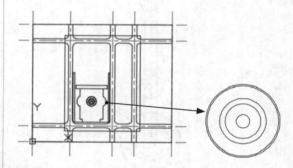

步骤 03 单击【默认】选项卡【绘图】面板中的【直线】按钮，绘制一条端点过喷泉圆心、长为650的线段，如下图所示。

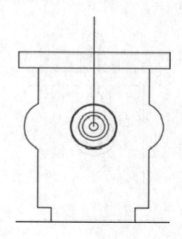

步骤04 调用【圆】命令，分别以"1632.5，1410"和"1632.5，1810"为圆心，绘制两个半径为50的圆，如下图所示。

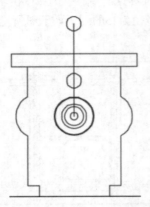

步骤05 调用【偏移】命令，将**步骤03**中绘制的线段分别向左右两侧偏移25和30，将**步骤04**中绘制的圆向外侧偏移5，如下图所示。

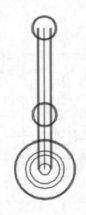

步骤06 单击【默认】选项卡【修改】面板中的【修剪】按钮，对平台和甬道进行修剪，结果如下图所示。

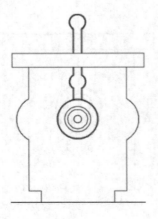

3. 绘制花池和台阶

步骤01 单击【默认】选项卡【绘图】面板中的【多段线】按钮，绘制花池，命令行提示如下。

```
命令：PLINE
指定起点：1452.5,1600
当前线宽为 0.0000
指定下一点或 [ 圆弧 (A)/ 半宽 (H)/ 长度 (L)/ 放弃 (U)/ 宽度 (W)]: @0,70
指定下一点或 [ 圆弧 (A)/ 闭合 (C)/ 半宽 (H)/ 长度 (L)/ 放弃 (U)/ 宽度 (W)]: @65,0
指定下一点或 [ 圆弧 (A)/ 闭合 (C)/ 半宽 (H)/ 长度 (L)/ 放弃 (U)/ 宽度 (W)]: @0,-30
指定下一点或 [ 圆弧 (A)/ 闭合 (C)/ 半宽 (H)/ 长度 (L)/ 放弃 (U)/ 宽度 (W)]: a
指定圆弧的端点或
[ 角度 (A)/ 圆心 (CE)/ 闭合 (CL)/ 方向 (D)/ 半宽 (H)/ 直线 (L)/ 半径 (R)/ 第二个点 (S)/ 放弃 (U)/ 宽度 (W)]: ce
指定圆弧的圆心：1517.5,1600
指定圆弧的端点或 [ 角度 (A)/ 长度 (L)]: a
指定包含角：90
指定圆弧的端点或 [ 角度 (A)/ 圆心 (CE)/ 闭合 (CL)/ 方向 (D)/ 半宽 (H)/ 直线 (L)/ 半径 (R)/ 第二个点 (S)/ 放弃 (U)/ 宽度 (W)]:
// 按【Enter】键结束命令
```

结果如下图所示。

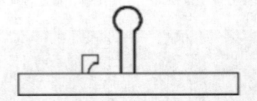

步骤02 单击【默认】选项卡【修改】面板中的【偏移】按钮，将上一步绘制的花池外轮廓线向内偏移5，如下图所示。

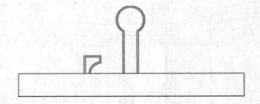

步骤03 单击【默认】选项卡【修改】面板中的【镜像】按钮，将花池沿平台的竖直中线进行镜像，结果如下页图所示。

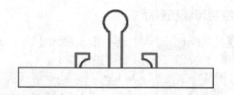

步骤 04 选择【修改】➤【阵列】➤【矩形阵列】菜单命令，选择平台左侧竖直线段作为阵列对象，列和行的设置如下图所示。

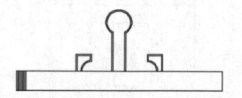

阵列的结果如下图所示。

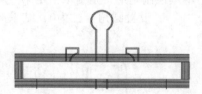

步骤 05 对平台的其他3条边也进行阵列，阵列个数也为9，阵列间距为5，结果如下图所示。

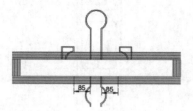

步骤 06 调用【偏移】命令，将甬道的两条边分别向左右两侧偏移85，如下图所示。

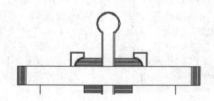

步骤 07 单击【默认】选项卡【修改】面板中的【修剪】按钮，对台阶进行修剪，结果如下图所示。

4. 绘制办公楼

步骤 01 单击【默认】选项卡【绘图】面板中的【矩形】按钮，分别以"1450，2350"和"1810，2550"为角点绘制一个矩形，如下图所示。

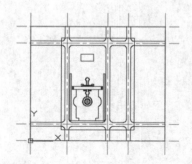

步骤 02 继续绘制矩形，命令行提示如下。

```
命令：_ RECTANG
指定第一个角点或 [ 倒角 (C)/ 标高 (E)/
圆角 (F)/ 厚度 (T)/ 宽度 (W)]: f
指定矩形的圆角半径 <0.0000>: 100
指定第一个角点或 [ 倒角 (C)/ 标高 (E)/
圆角 (F)/ 厚度 (T)/ 宽度 (W)]: 1155,2635
指定另一个角点或 [ 面积 (A)/ 尺寸 (D)/
旋转 (R)]: @230,-340
命令：RECTANG
当前矩形模式： 圆角 =100.0000
指定第一个角点或 [ 倒角 (C)/ 标高 (E)/
圆角 (F)/ 厚度 (T)/ 宽度 (W)]: 1435,2635
指定另一个角点或 [ 面积 (A)/ 尺寸 (D)/
旋转 (R)]: @390,-340
命令： RECTANG
当前矩形模式： 圆角 =100.0000
指定第一个角点或 [ 倒角 (C)/ 标高 (E)/
圆角 (F)/ 厚度 (T)/ 宽度 (W)]: 1883,2635
指定另一个角点或 [ 面积 (A)/ 尺寸 (D)/
旋转 (R)]: @230,-340
```

结果如下图所示。

步骤 03 单击【默认】选项卡【绘图】面板中的【多段线】按钮，命令行提示如下。

```
命令：PLINE
指定起点：1560,2350   当前线宽为
```

0.0000

　　　　指定下一点或 [圆弧 (A)/ 半宽 (H)/ 长度 (L)/ 放弃 (U)/ 宽度 (W)]: @0,-26

　　　　指定下一点或 [圆弧 (A)/ 闭合 (C)/ 半宽 (H)/ 长度 (L)/ 放弃 (U)/ 宽度 (W)]: @-315,0

　　　　指定下一点或 [圆弧 (A)/ 闭合 (C)/ 半宽 (H)/ 长度 (L)/ 放弃 (U)/ 宽度 (W)]: @0,-185

　　　　指定下一点或 [圆弧 (A)/ 闭合 (C)/ 半宽 (H)/ 长度 (L)/ 放弃 (U)/ 宽度 (W)]: @145,0

　　　　指定下一点或 [圆弧 (A)/ 闭合 (C)/ 半宽 (H)/ 长度 (L)/ 放弃 (U)/ 宽度 (W)]: @0,-90

　　　　指定下一点或 [圆弧 (A)/ 闭合 (C)/ 半宽 (H)/ 长度 (L)/ 放弃 (U)/ 宽度 (W)]: @488,0

　　　　指定下一点或 [圆弧 (A)/ 闭合 (C)/ 半宽 (H)/ 长度 (L)/ 放弃 (U)/ 宽度 (W)]: @0,90

　　　　指定下一点或 [圆弧 (A)/ 闭合 (C)/ 半宽 (H)/ 长度 (L)/ 放弃 (U)/ 宽度 (W)]: @137,0

　　　　指定下一点或 [圆弧 (A)/ 闭合 (C)/ 半宽 (H)/ 长度 (L)/ 放弃 (U)/ 宽度 (W)]: @0, 185

　　　　指定下一点或 [圆弧 (A)/ 闭合 (C)/ 半宽 (H)/ 长度 (L)/ 放弃 (U)/ 宽度 (W)]: @-307,0

　　　　指定下一点或 [圆弧 (A)/ 闭合 (C)/ 半宽 (H)/ 长度 (L)/ 放弃 (U)/ 宽度 (W)]: @0,26

　　　　指定下一点或 [圆弧 (A)/ 闭合 (C)/ 半宽 (H)/ 长度 (L)/ 放弃 (U)/ 宽度 (W)]:
// 按【Enter】键结束命令

　　　结果如下图所示。

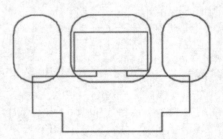

步骤 04 单击【默认】选项卡【修改】面板中的【修剪】按钮 ✂，对图形进行修剪，结果如下图所示。

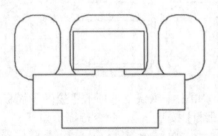

5. 绘制球场和餐厅

步骤 01 单击【默认】选项卡【绘图】面板中的【矩形】按钮 ▭，命令行提示如下。

　　命令：RECTANG
　　指定第一个角点或 [倒角 (C)/ 标高 (E)/ 圆角 (F)/ 厚度 (T)/ 宽度 (W)]: f
　　　指定矩形的圆角半径 <100.0000>: 45
　　　指定第一个角点或 [倒角 (C)/ 标高 (E)/ 圆角 (F)/ 厚度 (T)/ 宽度 (W)]: 2327,1640
　　　指定另一个角点或 [面积 (A)/ 尺寸 (D)/ 旋转 (R)]: 2702,1100

　　结果如下图所示。

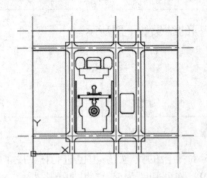

步骤 02 继续绘制矩形，当提示指定第一个角点时输入 "F"，设置圆角半径为0，结果如下图所示。

> **提示**
>
> 　　对于重复使用的命令，可以在命令行中先输入 "multiple"，然后再输入相应的命令即可重复使用该命令。例如，本例可以在命令行中输入 "multiple"，然后再输入 "rectang"（或 "rec"）即可重复绘制矩形，直到按【Esc】键退出【矩形】命令为止。

各矩形的角点分别为"2327，2820"/"2702，
2534"、"2365，2764"/"2664，2594"、"2437，
2544"/"2592，2494"、"2327，2434"/"2592，
2384"、"2437，2334"/"2592，2284"、"2327，
2284"/"2702，1774"、"2450，2239"/"2580，
1839"。

步骤03 单击【默认】选项卡【修改】面板中
的【偏移】按钮◿，将该区域最左边的竖直线
段向右偏移110、212、262和365，结果如下图
所示。

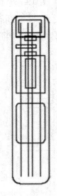

步骤04 单击【默认】选项卡【修改】面板中的
【修剪】按钮✂，对图形进行修剪，结果如下
图所示。

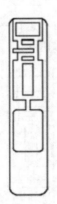

步骤05 单击【默认】选项卡【绘图】面板中的
【直线】按钮╱，绘制两条水平线段，如右上
图所示。

> **提示**
>
> 两线段的端点分别为"2277，
> 1010"/"2757，1010"、"2277，1050"/
> "2757，1050"。

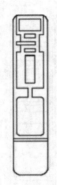

步骤06 调用【偏移】命令，将上步绘制的上
侧水平线段向上偏移830、980、1284和1434，
将下侧水平线段向下偏移354和370，如下图
所示。

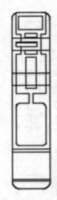

步骤07 将两侧的竖直线段向内侧分别偏移32和
57，如下图所示。

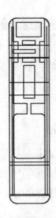

步骤08 单击【默认】选项卡【修改】面板中的
【延伸】按钮╼┨，将偏移后的竖直线段延伸到
与圆弧相交，结果如下页图所示。

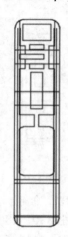

步骤 09 调用【修剪】命令，对图形进行修剪，结果如下图所示。

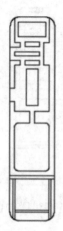

6. 绘制台阶和公寓楼

步骤 01 选择【修改】➤【阵列】➤【矩形阵列】菜单命令，选择最左侧的竖直线段作为阵列对象，列和行的设置如下图所示。

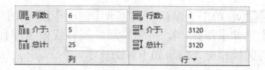

列数	6	行数	1
介于	5	介于	3120
总计	25	总计	3120
列		行 ▾	

步骤 02 单击【关闭阵列】按钮，结果如右上图所示。

步骤 03 单击【默认】选项卡【修改】面板中的【修剪】按钮，对阵列得到的线段进行修剪，得到台阶，结果如下图所示。

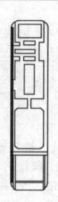

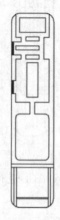

步骤 04 选择【绘图】➤【矩形】菜单命令，绘制两个矩形，如下图所示。

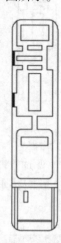

步骤 05 调用【矩形阵列】命令，选择上一步绘制的大矩形作为阵列对象，列和行的设置如下图所示。

列数:	1	行数:	3
介于:	427.5	介于:	-145
总计:	427.5	总计:	-290
列		行 ▼	

步骤 06 单击【关闭阵列】按钮，结果如下图所示。

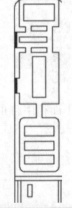

步骤 07 重复【矩形阵列】命令，对另一个矩形进行阵列，列和行的设置如下图所示。

列数:	2	行数:	2
介于:	181	介于:	-144
总计:	181	总计:	-144
列		行 ▼	

结果如下图所示。

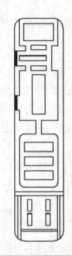

12.2.8 插入图块、填充图形并绘制指北针

广场内部建筑绘制完毕后，接下来需要进一步完善广场内部建筑，本小节主要介绍如何插入图块、填充图形及绘制建筑指北针。

1.插入盆景图块

步骤 01 把 "0" 图层设置为当前图层，选择【插入】➤【块选项板】菜单命令，在【库】选项卡中选择 "盆景2"，将插入点设置为 "1440，610"，命令行提示如下。

> 指定插入点或 [基点 (B)/ 比例 (S)/X/Y/Z/ 旋转 (R)]: 1440,610

结果如下图所示。

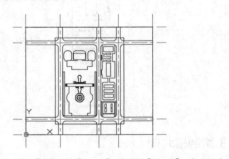

步骤 02 选择【修改】➤【阵列】➤【路径阵

列】菜单命令，选择 "盆景2" 作为阵列对象，选择树池的左轮廓线作为阵列的路径，在弹出的【阵列创建】选项卡中对阵列的特性进行设置，取消【对齐项目】单选项的选中，其他设置不变，如下图所示。

步骤 03 单击【关闭阵列】按钮，结果如下图所示。

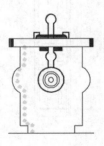

步骤④ 单击【默认】选项卡【修改】面板中的【镜像】按钮▲，选择阵列得到的盆景，然后将其沿两边树池的竖直中心线进行镜像，结果如下图所示。

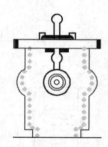

步骤⑤ 在【块】选项板的【当前图形】选项卡中选择"盆景2"，在办公楼的花池中插入"盆景2"，盆景随意放置，结果如下图所示。

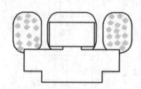

步骤⑥ 重复步骤⑤，给台阶处的花池插入"盆景2"，插入比例设置为0.5，盆景随意放置，结果如下图所示。

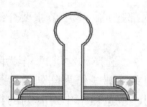

步骤⑦ 重复步骤⑤，给球场四周插入"盆景2"，插入比例设置为0.5，插入后进行矩形阵列。为了便于插入后调整，插入时取消关联，结果如下图所示。

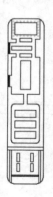

2.图案填充

步骤① 把"填充"图层设置为当前图层，然后单击【默认】选项卡【绘图】面板中的【图案填充】按钮▦，弹出【图案填充创建】选项卡，单击【图案】面板中的 ▬ 按钮，选择【AR-PARQ1】图案，如下图所示。

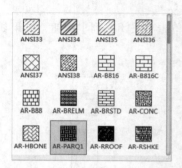

步骤② 在【特性】面板中将角度改为45°，比例改为0.2，如下图所示。

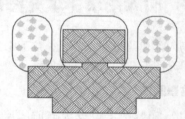

步骤③ 单击办公楼区域，结果如下图所示。

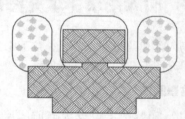

步骤④ 用相同的方法对篮球场和公寓楼进行填充，结果如下图所示。

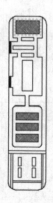

3.绘制指北针

步骤① 把"其他"图层设置为当前图层，然后单击【默认】选项卡【绘图】面板中的【圆环】按钮◎，绘制一个内径为180、外径为200的圆环，如下图所示。

步骤 02 单击【默认】选项卡【绘图】面板中的【多段线】按钮，命令行提示如下。

```
命令：PLINE
指定起点：      // 捕捉下图所示的 A 点
当前线宽为 0.0000
指定下一个点或 [ 圆弧 (A)/ 半宽 (H)/ 长
度 (L)/ 放弃 (U)/ 宽度 (W)]: w
指定起点宽度 <0.0000>: 0
指定端点宽度 <0.0000>: 50
指定下一个点或 [ 圆弧 (A)/ 半宽 (H)/ 长
度 (L)/ 放弃 (U)/ 宽度 (W)]:    // 捕捉下图所
示的 B 点
指定下一点或 [ 圆弧 (A)/ 闭合 (C)/ 半
宽 (H)/ 长度 (L)/ 放弃 (U)/ 宽度 (W)]:    // 按
【Enter】键
```

结果如下图所示。

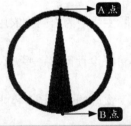

12.2.9 给图形添加文字和标注

图形的主体部分绘制完毕后，一般还要给图形添加文字说明、尺寸标注及插入图框等。

步骤 01 把"文字"图层设置为当前图层，然后单击【默认】选项卡【注释】面板中的【多行文字】按钮A，输入"广场总平面图"各部分的名称及图纸的名称和比例，结果如右图所示。

步骤 03 将"文字"图层设置为当前图层，单击【默认】选项卡【注释】面板中的【单行文字】按钮A，指定文字的起点位置后，将文字高度设置为50，旋转角度设置为0，输入"北"，退出文字输入命令后，结果如下图所示。

步骤 04 单击【默认】选项卡【修改】面板中的【移动】按钮，将绘制好的指北针移动到合适的位置，结果如下图所示。

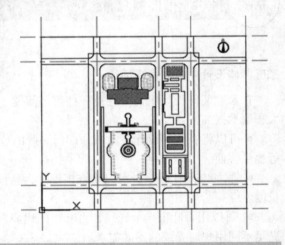

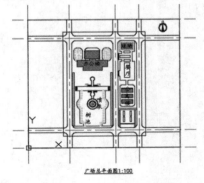

广场总平面图1:100

步骤 **02** 把"标注"图层设置为当前图层，然后单击【默认】选项卡【注释】面板中的【标注】按钮，利用智能标注功能对"广场总平面图"进行标注，结果如下图所示。

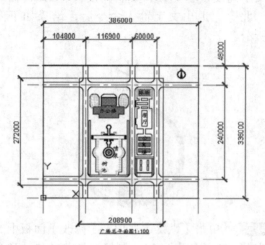

步骤 **03** 将图层切换到"0"图层，在【块】选项板的【库】选项卡中选择"图框"，将图框插入图中合适的位置，结果如下图所示。

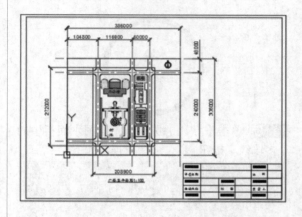

疑难解答

家庭装修设计中的注意事项

在家庭装修设计中需要注意一些细节问题，这样可以使装修之后整体更加美观，也可以在很大程度上提高实用性。

● 可以将衣帽间设计在门口，即门一侧的位置，以便在实际生活中为出门换衣服、取放背包等提供方便。

● 假如空间比较小，可以将鞋柜设计为悬挂式，这样柜体可以设计得薄一些，仅为一双鞋的长度。

● 可以用百叶窗调节光线，百叶窗的优势在于可以通过调节窗叶的角度调节室内的光线，以满足不同用户对光线的不同需求。

● 可以为小家电设计专用的展示架，展示架的外侧可以设计滑动的玻璃门，当不需要使用该小家电时可以将滑动的玻璃门关闭，从而达到更加美观的效果。

● 可以使用入墙式马桶，将马桶的储水部分安装到墙壁里面，从而使卫生间的整体更加整洁、美观。

第 **13** 章

机械设计实战

学习内容

　　机械设计是机械工程的重要组成部分，是决定机械性能的重要因素，需要根据实际需求对机械工作的原理、运动方式、结构、润滑方法、力和能量的传递方式、各个零件的材料/形状/尺寸等进行分析和计算，以便得出最佳方案，并将其作为生产制造的依据。

学习效果

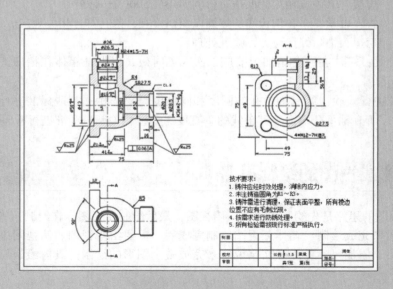

13.1 绘制箱体三视图

在机械制图中，箱体结构所采用的视图较多，除基本视图外，还常使用辅助视图、剖面图和局部视图等。在绘制箱体类零件图时，应考虑合理的制图步骤，使整个绘制工作有序进行，从而提高制图效率。

13.1.1 箱体零件的设计标准

箱体零件一般为部件的外壳，按结构的不同作用通常分为支承、润滑、安装、加强4个部分。

● 箱体零件的设计基准通常为平面，对平面度和表面粗糙度有较高要求。

● 为保证齿轮啮合精度，对孔轴线间的平行度、孔轴线间的尺寸精度、同一轴线上各孔的同轴度误差和孔端面对轴线的垂直度误差均应提出严格要求。

● 为保证箱体孔与轴承外围配合及轴的回转精度，孔的尺寸精度、几何形状误差均需控制在尺寸公差范围之内。

● 箱体上主要孔与箱体安装基面之间应按实际需求规定平行度要求。

13.1.2 箱体零件的设计注意事项

箱体的主要功能是包容各种传动零件（例如轴承、齿轮等），使它们能够保持正常的运动关系及运动精度，在进行箱体零件的设计时需要注意以下几点。

● 设计图纸准确：设计图纸必须保证准确、清晰，尺寸及公差需要标注到位。

● 焊接之前的检查工作：焊接之前必须严格检查每一个零件的几何尺寸和外观质量是否符合设计图纸的要求，不符合要求的零件不能进行装配组焊。

● 焊接件标准：焊接件必须按相关标准执行，例如JB/T 5000.3—1998。

● 焊缝应探伤检查：轴承座与各钢板间的焊缝应探伤检查，使其符合相关规定。

● 焊后处理：焊后退火消除焊接应力，喷丸处理。

● 二次人工时效：箱体在组合精加工前应二次人工时效，以保证箱体在精加工后各尺寸的稳定。

● 按相关标准进行检验：所有轴承孔的圆度和圆柱度需要按相关制造标准进行检验，例如GB/T 1985—2017；所有轴承孔端面与其轴线的垂直度需要按相关制造标准进行检验，例如GB/T 1985—2017。

13.1.3 箱体三视图的绘制思路

绘制箱体三视图的思路是先绘制主视图、俯视图，最后绘制左视图。在绘制俯视图、左视图时，需结合主视图来完成绘制。箱体三视图绘制完成后，需要给主视图、俯视图添加剖面线，最后通过插入图块、添加尺寸标注和文字说明来完成整个图形的绘制。具体绘制思路如下页表所示。

序号	绘制内容	结果	备注
1	利用【直线】【偏移】【修剪】等命令,以及编辑夹点和更换对象图层等操作绘制箱体主视图的主要结构		绘制水平线段时注意【fro】命令的应用,偏移和修剪时注意对象的选取
2	利用【圆】【射线】【偏移】【修剪】等命令绘制俯视图的主要轮廓		注意视图之间的对应关系
3	利用【射线】【偏移】【修剪】等命令绘制左视图的轮廓		注意视图之间的对应关系
4	利用【射线】【样条曲线】【修剪】【打断于点】【图案填充】等命令完善视图		注意视图之间的对应关系
5	插入图块和添加尺寸标注、文字说明(长度单位mm省略)		

13.1.4　绘制主视图

一般情况下，主视图是反映图形最多内容的视图，因此，我们先来绘制主视图，然后根据视图之间的相互关系绘制其他视图。

1.绘制主视图的外形和壁厚

步骤 01 打开"素材\CH13\箱体三视图.dwg"文件，本素材文件已经将绘图环境设置好了，如下图所示。有兴趣的读者也可以自行设置，步骤可以参考12.1.4小节的内容。

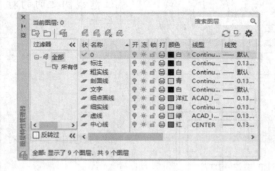

步骤 02 将"粗实线"图层设置为当前图层，在命令行中输入"L"并按空格键，绘制一条长度为108的竖直线段，如下图所示。

步骤 03 绘制一条长度为120的水平线段，命令行提示如下。

```
命令：LINE
指定第一个点：fro 基点：   // 捕捉竖直
线段上侧的端点
```

```
< 偏移 >：@45,-48
指定下一点或 [ 放弃 (U)]：@-120,0
指定下一点或 [ 放弃 (U)]：// 按空格键结
束命令
```

结果如下图所示。

步骤 04 在命令行中输入"o"并按空格键调用【偏移】命令，将水平线段分别向上偏移20、38，向下偏移20、50，结果如下图所示。

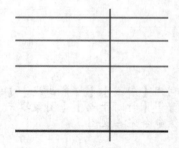

步骤 05 继续使用【偏移】命令，以竖直线段为偏移对象，向右偏移24.5、35，向左偏移24.5、35、65，结果如下图所示。

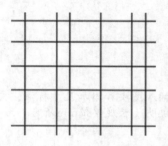

步骤 06 在命令行中输入"tr"并按空格键调用【修剪】命令，对图形进行修剪，如下页图所示。

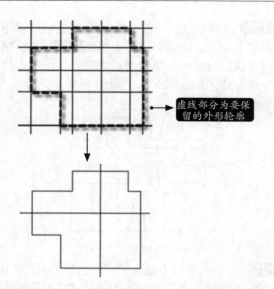

虚线部分为要保留的外形轮廓

步骤 07 在命令行中输入 "o" 并按空格键调用【偏移】命令，将水平中心线向上下两侧各偏移14，如下图所示。

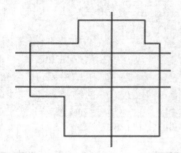

步骤 08 继续使用【偏移】命令，将竖直线段向左偏移19.5，向右偏移19.5和29，如下图所示。

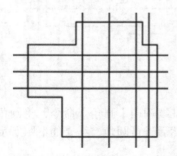

步骤 09 在命令行中输入 "tr" 并按空格键调用【修剪】命令，然后在绘图窗口中修剪掉不需要的线段，如右上图所示。

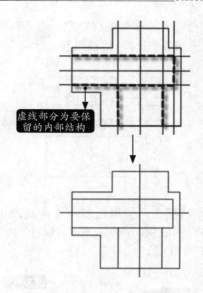

虚线部分为要保留的内部结构

2.绘制孔和凸台在主视图上的投影

步骤 01 在命令行中输入 "o" 并按空格键调用【偏移】命令，将竖直线段向左右两侧各偏移8和15。

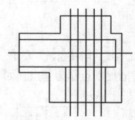

步骤 02 在命令行中输入 "tr" 并按空格键调用【修剪】命令，对图形进行修剪，如下图所示。

虚线部分为要保留部分

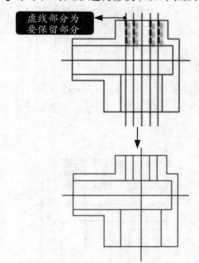

步骤 03 选择 **步骤 01** 偏移15得到的两条竖直线段

（此时已修剪）作为偏移对象，每条线段分别向左右两侧各偏移2，结果如下图所示。

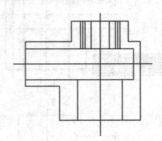

步骤 04 利用夹点编辑功能对中间线段进行拉伸，将它们分别向两侧拉伸得到孔的中心线，结果如下图所示。

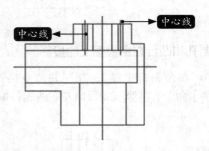

步骤 05 在命令行中输入"L"并按空格键调用【直线】命令，当提示输入第一点时输入"fro"，然后捕捉中点作为基点，如下图所示。

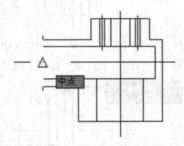

步骤 06 接着输入偏移量"@35，16"，再输入"@0，-32"作为第二个点，绘制凸台的中心线，如下图所示。

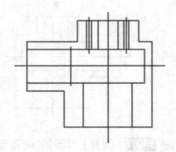

步骤 07 在命令行中输入"c"并按空格键调用【圆】命令，在绘图窗口中捕捉**步骤 06**中绘制的直线段与水平线段的交点为圆心，绘制半径分别为5和10的同心圆，结果如下图所示。

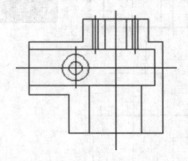

步骤 08 在命令行中输入"f"并按空格键调用【圆角】命令，根据命令行提示进行如下操作。

```
命令：FILLET
当前设置：模式 = 修剪，半径 = 0.0000
选择第一个对象或 [ 放弃 (U)/ 多段线 (P)/
半径 (R)/ 修剪 (T)/ 多个 (M)]：r
指定圆角半径 <0.0000>：1
选择第一个对象或 [ 放弃 (U)/ 多段线 (P)/
半径 (R)/ 修剪 (T)/ 多个 (M)]：m
选择第一个对象或 [ 放弃 (U)/ 多段线 (P)/
半径 (R)/ 修剪 (T)/ 多个 (M)]： // 选择需要圆
角的边……       // 选择需要圆角的边
```
结果如下图所示。

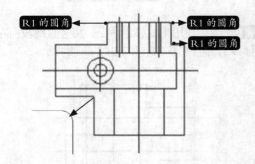

步骤 09 继续调用【圆角】命令，将圆角半径设置为3，然后进行圆角，结果如下图所示。

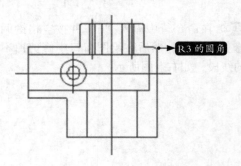

步骤⑩ 选中竖直线段和拉伸的线段，然后在【默认】选项卡的【图层】面板的【图层】下拉列表中选中"中心线"图层，将所选的线段放置到"中心线"图层上，结果如右图所示。

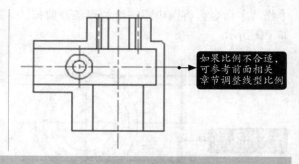

如果比例不合适，可参考前面相关章节调整线型比例

13.1.5　绘制俯视图

主视图绘制结束后，根据主视图和俯视图之间的关系绘制俯视图。绘制俯视图时，主要会用到【直线】【圆】【偏移】【修剪】等命令。

1.绘制俯视图的外形和壁厚

步骤① 将"粗实线"图层设置为当前图层，在绘图窗口中绘制两条互相垂直的线段（其中竖直线段与主视图竖直中心线对齐，长度为90，水平线段与主视图水平中心线等长），如下图所示。

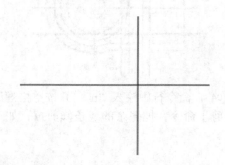

步骤② 在命令行中输入"c"并按空格键调用【圆】命令，以两条线段的交点为圆心，绘制一个半径为35的圆，如下图所示。

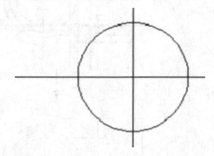

步骤③ 继续绘制半径分别为29、24.5、19.5、8的同心圆，结果如右上图所示。

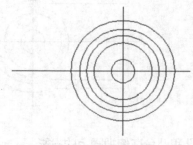

步骤④ 在命令行中输入"o"并按空格键调用【偏移】命令，将水平线段向上下两侧各偏移26.5，结果如下图所示。

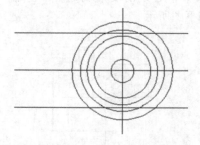

步骤⑤ 继续使用【偏移】命令，将水平线段向上下两侧各偏移32.5，然后将竖直线段向左偏移65，结果如下图所示。

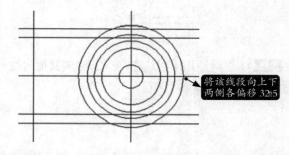

将该线段向上下两侧各偏移 32.5

步骤⑥ 在命令行中输入"tr"并按空格键调用

【修剪】命令，将图中不需要的线条修剪掉，如下图所示。

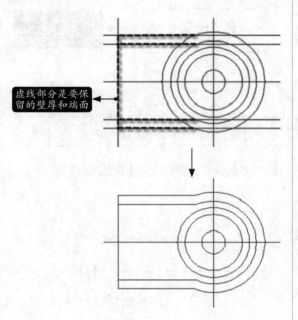

虚线部分是要保留的壁厚和端面

2.绘制孔和凸台在俯视图上的投影

步骤01 在命令行中输入"ray"并按空格键调用【射线】命令，在绘图窗口中以主视图中的圆与水平中心线的交点为起点，绘制一条射线，如下图所示。

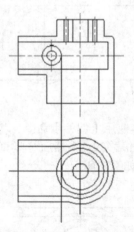

步骤02 继续使用【射线】命令，完成其他射线的绘制，如右上图所示。

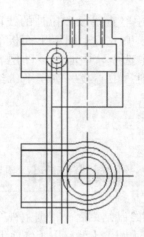

步骤03 在命令行中输入"o"并按空格键调用【偏移】命令，将水平线段向上下两侧各偏移19.5，结果如下图所示。

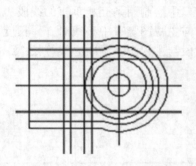

步骤04 在命令行中输入"tr"并按空格键调用【修剪】命令，把多余的线条修剪掉，如下图所示。

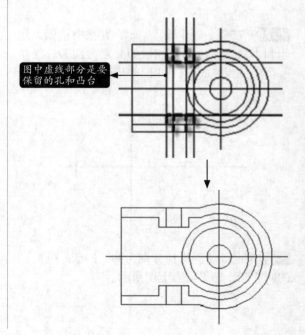

图中虚线部分是要保留的孔和凸台

13.1.6 绘制左视图

主视图和俯视图绘制结束后，根据视图关系绘制左视图。绘制左视图时，主要会用到【射线】【直线】【修剪】【偏移】等命令。

1.绘制左视图的外形

步骤 01 在命令行中输入 "ray" 并按空格键调用【射线】命令，分别以主视图的两个端点为起点绘制两条射线，结果如下图所示。

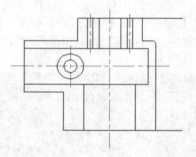

步骤 02 在命令行中输入 "l" 并按空格键调用【直线】命令，绘制左视图的竖直中心线，结果如下图所示。

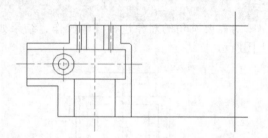

步骤 03 在命令行中输入 "o" 并按空格键调用【偏移】命令，将上方的射线向下偏移18，将竖直线段向两侧各偏移24.5和35，结果如下图所示。

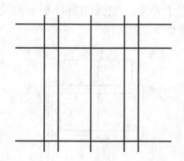

步骤 04 在命令行中输入 "tr" 并按空格键调用【修剪】命令，对图形中多余的线条进行修剪，如下图所示。

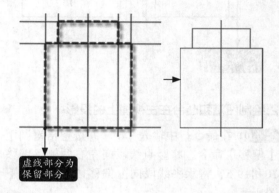

虚线部分为保留部分

步骤 05 在命令行中输入 "o" 并按空格键调用【偏移】命令，将竖直线段向左右两侧各偏移26.5和32.5，结果如下图所示。

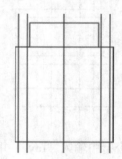

步骤 06 继续使用【偏移】命令，将下方水平线段分别向上偏移30、36、64，结果如下图所示。

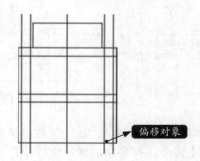

偏移对象

步骤 07 在命令行中输入 "tr" 并按空格键调用【修剪】命令，把多余的线段修剪掉，如下页图所示。

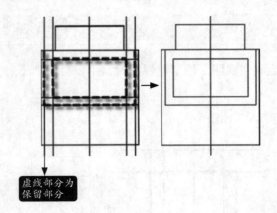

虚线部分为
保留部分

2.绘制凹槽和凸台在左视图上的投影

步骤 01 在命令行中输入"o"并按空格键调用【偏移】命令，将竖直线段向左右两侧各偏移10和19.5，将水平线段向上偏移13，结果如下图所示。

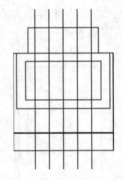

步骤 02 在命令行中输入"ray"并按空格键调用【射线】命令，以主视图箱体内凸圆的边为起点，绘制两条射线，结果如下图所示。

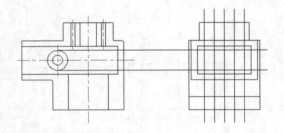

步骤 03 在命令行中输入"tr"并按空格键调用【修剪】命令，把多余的线段修剪掉，如右上图所示。

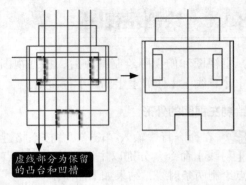

虚线部分为保留
的凸台和凹槽

步骤 04 在命令行中输入"f"并按空格键调用【圆角】命令，在命令行提示下将"修剪模式"设置为"不修剪"，圆角半径设置为1，命令行提示如下。

```
命令：FILLET
当前设置：模式 = 修剪，半径 = 1.0000
选择第一个对象或 [ 放弃 (U)/ 多段线 (P)/
半径 (R)/ 修剪 (T)/ 多个 (M)]：t
输入修剪模式选项 [ 修剪 (T)/ 不修剪 (N)]
< 修剪 >：n
选择第一个对象或 [ 放弃 (U)/ 多段线 (P)/
半径 (R)/ 修剪 (T)/ 多个 (M)]：// 选择需要圆
角的对象
……       // 选择需要圆角的对象
```

对需要圆角的对象进行圆角操作，结果如下图所示。

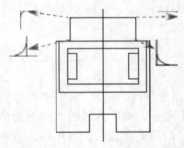

步骤 05 在命令行中输入"tr"并按空格键调用【修剪】命令，把倒圆角处多余的线段修剪掉，结果如下图所示。

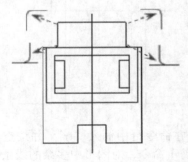

步骤 06 在命令行中输入"f"并按空格键调用
【圆角】命令，当提示"选择第一个对象"
时输入"t"，然后输入"t"（"修剪"选
项），当再次提示"选择第一个对象"时输入
"r"，并输入圆角半径3，然后选择需要圆角
的两条线段，结果如右图所示。

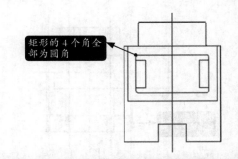

矩形的4个角全
部为圆角

13.1.7　完善三视图

　　三视图的主要轮廓绘制结束后，结合三视图之间的关系完成视图细节部分的绘制，具体操作
步骤如下。

1.完善主视图

步骤 01 在命令行中输入"o"并按空格键调用
【偏移】命令，将俯视图中的水平线段向上下
两侧各偏移10，如下图所示。

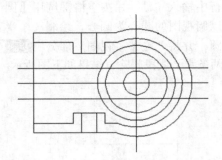

步骤 02 继续使用【偏移】命令，将主视图最下
方的水平线段向上偏移13，如下图所示。

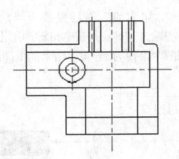

步骤 03 在命令行中输入"ray"并按空格键
调用【射线】命令，以俯视图中的水平线段
与圆的交点为起点绘制射线，结果如右上图
所示。

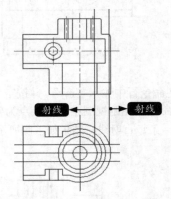

射线　　射线

步骤 04 在命令行中输入"mi"并按空格键调
用【镜像】命令，在绘图窗口中选择两条射线
为镜像的对象，然后捕捉中心线上的任意两点
作为镜像线上的两点，结果如下图所示。

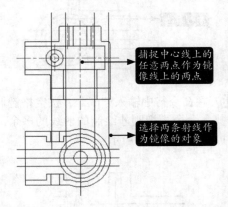

捕捉中心线上的
任意两点作为镜
像线上的两点

选择两条射线作
为镜像的对象

步骤 05 在命令行中输入"tr"并按空格键调用
【修剪】命令，把多余的线段修剪掉，如下页
图所示。

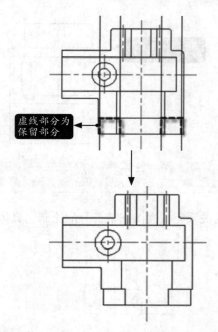

虚线部分为
保留部分

步骤 06 在命令行中输入"ray"并按空格键调用【射线】命令，在俯视图中捕捉交点为射线的起点，绘制一条竖直射线，结果如下图所示。

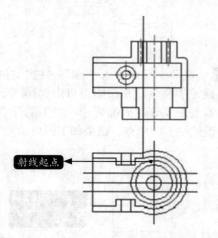

射线起点

步骤 07 在命令行中输入"tr"并按空格键调用【修剪】命令，把刚才绘制的射线的多余部分修剪掉，结果如下图所示。

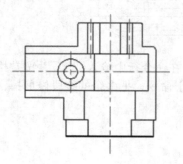

步骤 08 将"剖面线"图层设置为当前图层，然后在命令行中输入"h"并按空格键调用【图案填充】命令，填充图案选择"ANSI31"，然后在绘图窗口中拾取内部点，结果如下图所示。

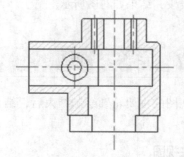

2.完善俯视图

步骤 01 将图层切换到"细点画线"图层，在命令行中输入"c"并按空格键调用【圆】命令，以俯视图的圆心为圆心，绘制一个半径为15的圆，并将"完善主视图"部分中 **步骤 01** 偏移的两条水平线段删除，结果如下图所示。

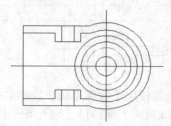

步骤 02 将"粗实线"图层设置为当前图层，在命令行中输入"c"并按空格键调用【圆】命令，绘制两个半径为2的圆，结果如下图所示。

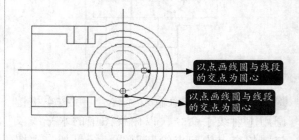

以点画线圆与线段
的交点为圆心

以点画线圆与线段
的交点为圆心

步骤 03 将"细实线"图层设置为当前图层，在命令行中输入"spl"并按空格键调用【样条曲线】命令，在合适的位置绘制一条样条曲线，如下页图所示。

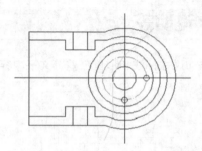

步骤 04 在命令行中输入"tr"并按空格键调用【修剪】命令，在图形中修剪掉剖开时不可见的部分，如下图所示。

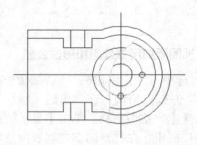

步骤 05 单击【默认】选项卡【修改】面板中的【打断于点】按钮，在绘图窗口中选择要打断的对象并捕捉交点作为打断点，如下图所示。

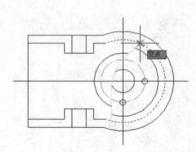

步骤 06 重复打断于点操作，在另一处选择打断点，如下图所示。

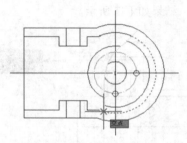

步骤 07 选择不可见的部分，然后在【默认】选项卡【图层】面板的【图层】下拉列表中选择"虚线"图层，结果如右上图所示。

步骤 08 在命令行中输入"f"并按空格键调用【圆角】命令，输入"r"，将圆角半径设置为3，然后输入"M"进行圆角，结果如下图所示。

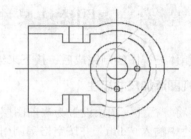

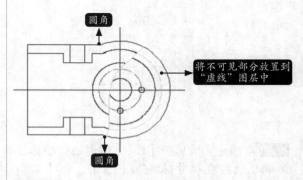

步骤 09 将"中心线"图层设置为当前图层，然后在图形上绘制中心线，并把俯视图和左视图的中心线都放置到"中心线"图层中，结果如下图所示。

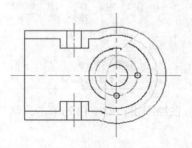

步骤 10 将"剖面线"图层设置为当前图层，对俯视图进行图案填充，结果如下图所示。

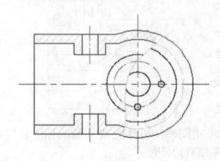

13.1.8 给三视图添加尺寸标注和文字说明等

在箱体三视图绘制完成后，接下来给所绘制的图形添加尺寸标注和形位公差等文字内容。

1.给主视图添加尺寸标注

步骤 **01** 将"标注"图层设置为当前图层，然后在命令行中输入"dim"并按空格键调用智能标注命令，在主视图中进行线性标注，结果如下图所示。

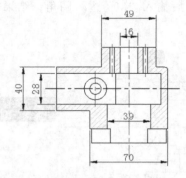

步骤 **02** 标注完成后按【Esc】键退出智能标注命令，然后在尺寸标注70上双击，在【文字编辑器】选项卡中选择【符号】➤【直径】选项，如下图所示。

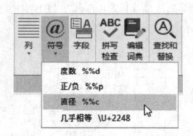

步骤 **03** 在绘图窗口的空白处单击，结果如下图所示。

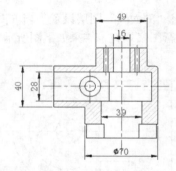

步骤 **04** 用同样的方法完成其他的标注，完成后的效果如右上图所示。

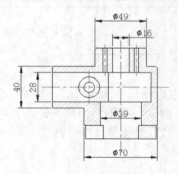

2.给主视图添加尺寸公差和形位公差

步骤 **01** 选中尺寸标注$\phi16$，然后在命令行中输入"pr"并按空格键，在弹出的【特性】选项板中选择【公差】选项，单击【显示公差】右侧的下拉按钮，在打开的下拉列表中选择【极限偏差】选项，分别在【公差下偏差】【公差上偏差】后面输入0和0.025，并将【公差精度】设置为0.000，如下图所示。

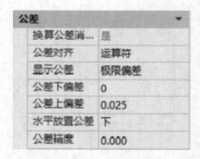

步骤 **02** 在【公差】选项卡中选择【公差文字高度】选项，并设置文字高度为0.5，按【Esc】键退出，结果如下图所示。

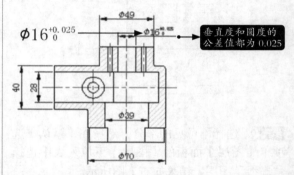

步骤 **03** 用相同的方法为其他尺寸标注添加公

差，结果如下图所示。

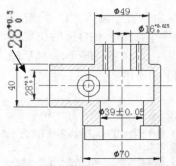

步骤 04 在命令行中输入"dra"并按空格键调用【半径】标注命令，为图形中的圆角添加半径标注。

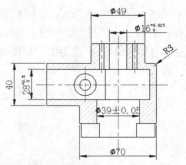

步骤 05 在命令行中输入"tol"并按空格键，弹出【形位公差】对话框，单击【符号】下面的⊥按钮，在弹出的【特征符号】对话框中单击⊥按钮，并输入相应的公差值和参考基准。然后在【特征符号】对话框中单击◉按钮并输入公差值，如下图所示。

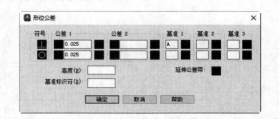

步骤 06 单击【确定】按钮，在绘图窗口中将形位公差放到合适的位置，结果如下图所示。

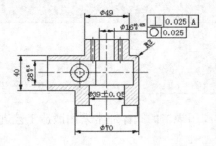

3.给左视图和俯视图添加标注

步骤 01 给左视图添加标注，完成后的结果如下图所示。

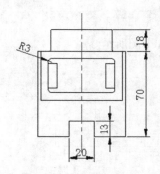

步骤 02 给俯视图添加标注，结果如下图所示。

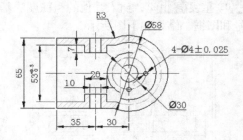

4.插入图块

步骤 01 在命令行中输入"i"并按空格键，在弹出的【块】选项板的【库】选项卡中单击按钮，弹出【为块库选择文件夹或文件】对话框，选择"素材\CH13"文件，如下图所示。

步骤 02 单击【打开】按钮，在【块】选项板的【库】选项卡中选择"粗糙度"，设置插入比例为0.5，把图块插入合适的位置，在弹出的【编辑属性】对话框中输入粗糙度的值为6.3，如下页图所示。

结果如下图所示。

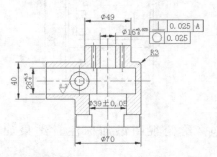

步骤 03 重复**步骤** 02，插入其他的粗糙度、基准符号和图框，结果如下图所示。

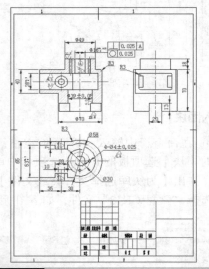

5.添加说明文字

步骤 01 在命令行中输入"t"并按空格键调用【多行文字】命令，在合适的位置插入文字的输入框，并指定文字高度为4，然后输入相应的内容，如下图所示。

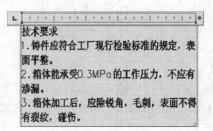

步骤 02 在命令行中输入"dt"并按空格键调用【单行文字】命令，根据命令行提示将文字高度设置为8，倾斜角度设置为0，填写标题栏，结果如下图所示。

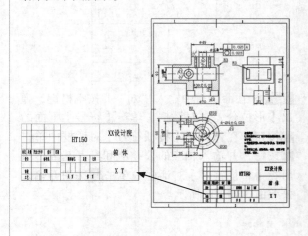

13.2 阀体绘制

　　阀体是阀门中的主要零部件，有多种压力等级，主要用于控制流体的方向、压力、流量等。不同规格的阀体所采用的制造工艺有所差别。

13.2.1 阀体的设计标准

中低压规格的阀体通常采用铸造工艺进行生产，中高压规格的阀体通常采用锻造工艺进行生产，下面将分别进行介绍。

1.铸造

铸造是将金属熔炼成符合要求的液体并浇进铸型里，经冷却凝固并有效清理后得到有预定形状、尺寸和性能的铸件。铸造是现代机械制造工业的基础工艺。

铸造生产的毛坯成本低廉，对于形状复杂（特别是具有复杂内腔）的零件，更可以突显出其经济性。另外，因为铸造的适应性较强，所以其更加具有综合机械性能。

铸造生产所需要的材料和设备会产生粉尘、噪声等，对环境会有所污染。

铸造按造型可以分为普通砂型铸造和特种铸造，铸造工艺通常包括铸型准备、铸造金属的熔化与浇注以及铸件的处理和检验等。

2.锻造

锻造是利用锻压机械对金属坯料施加压力，使其产生塑性变形，以获得具有预定性能、形状和尺寸的锻件。

铸造能消除金属的铸态疏松，铸件的机械性能在一般情况下优于同样材料的铸件。机械中除了形状简单的可用轧制的板材、型材和焊接件外，负载高、工作条件严峻的重要零件大部分会采用锻件。

锻造按成型方式一般可分为开式锻造和闭式锻造。锻造用料主要是碳素钢、合金钢，以及铝、镁、钛、铜等。

13.2.2　阀体设计的注意事项

由于阀门有多种类型，因此阀体的结构形式又分为许多类别。由于阀体在受力功能方面基本相似，因此阀体在结构上也有共性。下面以阀体的流道和旋启式阀体结构设计为例，对阀体设计的注意事项进行介绍。

1.阀体的流道

阀体的流道通常可分为直通式、直角式和直流式，进行流道设计时需要注意以下几点。

● 阀体端口必须为圆形，介质流道应尽可能设计成直线形或流线形，尽量避免介质流动方向的突然改变以及通道形状和截面积的急剧变化，以有效减少流体阻力、腐蚀和冲蚀。

● 直通式阀体设计时应保证通道喉部的流通面积至少等于阀体端口的截面积。

● 阀座直径不得小于阀体端口直径（公称通径）的90%。

● 设计直流式阀体时，阀瓣启闭轴线与阀体流道出口端轴线的夹角通常为45°～60°。

2.旋启式阀体结构设计

旋启式阀体结构设计需要注意以下几点。

● 摇杆回转中心距，即摇杆销轴孔至阀座中心的距离，在整体尺寸允许的情况下要增加一些，从而增大以销轴孔为支点的阀瓣开启力矩。

● 阀瓣应有适当的开启高度。

● 阀瓣开启时，必须使流道任意处的横截面面积不小于通道口的截面积。

13.2.3 阀体的绘制思路

绘制阀体的思路是绘制阀体主视图、全剖视图、半剖视图并添加注释。具体绘制思路如下表所示。

序号	绘图方法	结果	备注
1	利用【直线】【矩形】【圆】【构造线】【延伸】【镜像】【修剪】【圆角】【倒角】【偏移】等命令绘制阀体俯视图		注意【fro】命令的应用
2	利用【直线】【矩形】【构造线】【圆】【圆弧】【修剪】【圆角】【倒角】【图案填充】等命令绘制阀体全剖视图		注意视图之间的对应关系
3	利用【直线】【构造线】【圆】【偏移】【修剪】【圆角】【图案填充】等命令绘制阀体半剖视图		注意视图之间的对应关系
4	利用标注、插入图块、【多行文字】等命令为阀体零件图添加注释		注意标注对象中文字内容的有效处理

13.2.4 绘制俯视图

1.利用【直线】【圆】【矩形】【修剪】【镜像】【圆角】等命令绘制俯视图

步骤01 打开"素材\CH13\阀体.dwg"文件，本素材文件已经将绘图环境设置好了，如下图所示。有兴趣的读者可以根据自己的绘图习惯自行设置，绘图环境的参数不做统一规定，能满足实际需求即可。

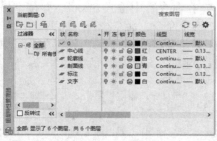

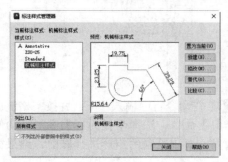

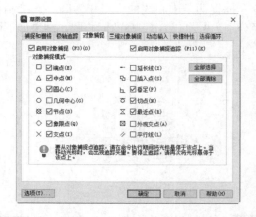

步骤02 将"中心线"图层设置为当前图层，在命令行中输入"L"并按空格键调用【直线】命令，在绘图窗口中的任意位置绘制一条长度为83的水平线段，结果如下图所示。

> **提示**
>
> 可以通过【特性】选项板对线型比例进行适当调整。

步骤03 重复调用【直线】命令，命令行提示如下。

```
命令：_line
指定第一个点：fro
基点：  // 捕捉 步骤02 中绘制的线段的
左侧端点
< 偏移 >: @25，-31.5
指定下一点或 [ 放弃 (U)]: @0,65
指定下一点或 [ 退出 (E)/ 放弃 (U)]: // 按
【Enter】键结束【直线】命令
结果如下图所示。
```

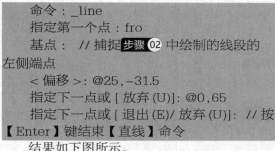

步骤 04 将"轮廓线"图层设置为当前图层，在命令行中输入"c"并按空格键调用【圆】命令，捕捉两条中心线的交点作为圆心，绘制半径分别为9、11、13、18的同心圆，结果如下图所示。

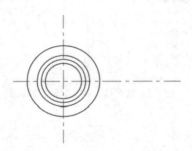

步骤 05 在命令行中输入"L"并按空格键调用【直线】命令，命令行提示如下。

```
命令：_line
指定第一个点：fro
基点：   // 捕捉 步骤 04 中绘制的圆形
的圆心点
< 偏移 >：@-13<-45
指定下一点或 [ 放弃 (U)]：@-5<-45
指定下一点或 [ 退出 (E)/ 放弃 (U)]：// 按
【Enter】键结束【直线】命令
```
结果如下图所示。

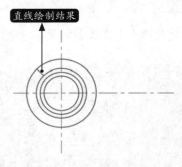

直线绘制结果

步骤 06 在命令行中输入"mi"并按空格键调用【镜像】命令，命令行提示如下。

```
命令：_mirror
选择对象：   // 选择 步骤 05 中绘制的线段
选择对象：   // 按【Enter】键确认
指定镜像线的第一点：     // 捕捉水平中
心线的左侧端点
指定镜像线的第二点：     // 捕捉水平中
心线的右侧端点
要删除源对象吗？ [ 是 (Y)/ 否 (N)] < 否 >：
// 按【Enter】键确认
```

结果如下图所示。

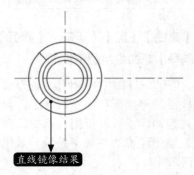

直线镜像结果

步骤 07 在命令行中输入"rec"并按空格键调用【矩形】命令，命令行提示如下。

```
命令：_rectang
指定第一个角点或 [ 倒角 (C)/ 标高 (E)/
圆角 (F)/ 厚度 (T)/ 宽度 (W)]：fro
基点：     // 捕捉 步骤 04 中绘制的圆形
的圆心
< 偏移 >：@-21，-37.5
指定另一个角点或 [ 面积 (A)/ 尺寸 (D)/
旋转 (R)]：@12，75
```
结果如下图所示。

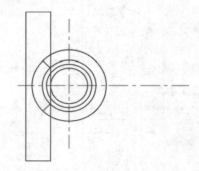

步骤 08 在命令行中输入"tr"并按空格键调用【修剪】命令，选择半径为18的圆形作为修剪的边界，对刚绘制的矩形进行修剪，结果如下图所示。

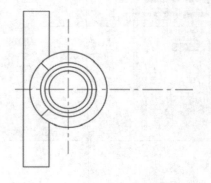

步骤 **09** 在命令行中输入"x" 并按空格键调用【分解】命令，将修剪后的矩形分解，结果如下图所示。

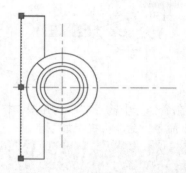

步骤 **10** 在命令行中输入"f" 并按空格键调用【圆角】命令，将圆角半径设置为2，对下图所示的两个位置进行圆角。

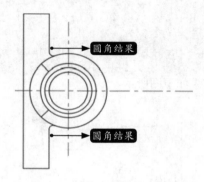

圆角结果

圆角结果

2.利用【构造线】【圆】【延伸】【偏移】【修剪】【镜像】【圆角】【倒角】等命令绘制俯视图

步骤 **01** 在命令行中输入"c" 并按空格键调用【圆】命令，命令行提示如下。

```
命令：_circle
    指定圆的圆心或 [ 三点 (3P)/ 两点 (2P)/ 切点、切点、半径 (T)]: fro
    基点： // 捕捉中点线交点
    ＜偏移＞: @8,0
    指定圆的半径或 [ 直径 (D)] <18.0000>:
27.5
```

结果如右上图所示。

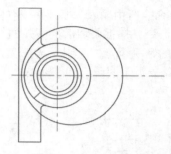

步骤 **02** 在命令行中输入"o" 并按空格键调用【偏移】命令，将最左侧的竖直线段向右侧偏移29和50，结果如下图所示。

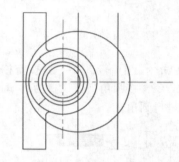

步骤 **03** 在命令行中输入"tr" 并按空格键调用【修剪】命令，将偏移得到的两条竖直线段作为修剪的边界，对步骤 **01** 中绘制的圆形进行修剪，结果如下图所示。

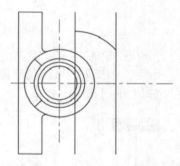

步骤 **04** 选择偏移得到的两条竖直线段，按【Delete】键将其删除，结果如下图所示。

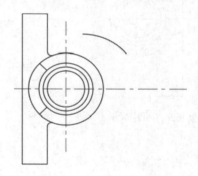

步骤 05 在命令行中输入"L" 并按空格键调用【直线】命令，捕捉修剪后的圆弧的左侧端点作为线段的第一个点，绘制一条长度为17的水平线段，结果如下图所示。

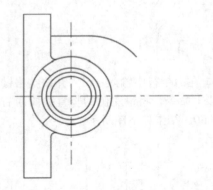

步骤 06 在命令行中输入"f" 并按空格键调用【圆角】命令，将圆角半径设置为2，对下图所示的位置进行圆角。

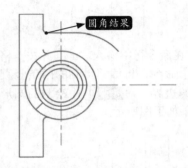

步骤 07 在命令行中输入"ex" 并按空格键调用【延伸】命令，选择下图所示的线段作为延伸的对象，按【Enter】键确认。

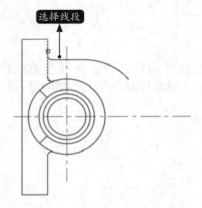

结果如右上图所示。

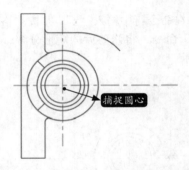

步骤 08 在命令行中输入"L" 并按空格键调用【直线】命令，命令行提示如下。

```
命令：_line
指定第一个点：fro
基点：         // 捕捉上图所示的圆心
＜偏移＞：@29,16
指定下一点或 [ 放弃 (U)]：@10,0
指定下一点或 [ 退出 (E)/ 放弃 (U)]：@0,2
指定下一点或 [ 关闭 (C)/ 退出 (X)/ 放弃
(U)]：@15,0
指定下一点或 [ 关闭 (C)/ 退出 (X)/ 放弃
(U)]： // 按【Enter】键结束【直线】命令
```

结果如下图所示。

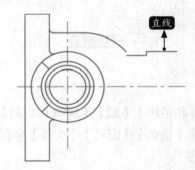

步骤 09 在命令行中输入"f" 并按空格键调用【圆角】命令，将圆角半径设置为5，选择下图所示的圆弧作为圆角的第一个对象。

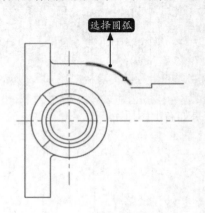

步骤⑩ 选择下图所示的线段作为圆角的第二个对象。

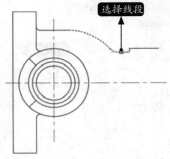

结果如下图所示。

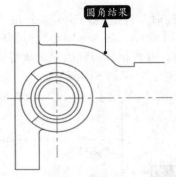

步骤⑪ 重复调用【圆角】命令，将圆角半径设置为1，对下图所示的位置进行圆角。

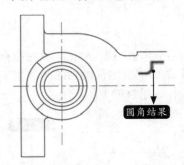

步骤⑫ 在命令行中输入"mi"并按空格键调用【镜像】命令，选择下图所示的对象作为镜像的对象，按【Enter】键确认。

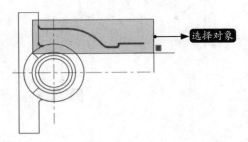

步骤⑬ 分别捕捉水平中心线的两个端点作为

镜像线的第一个点和第二个点，并且保留源对象，结果如下图所示。

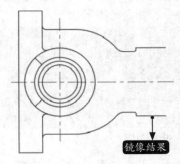

步骤⑭ 在命令行中输入"L"并按空格键调用【直线】命令，分别捕捉相应端点绘制一条竖直线段，结果如下图所示。

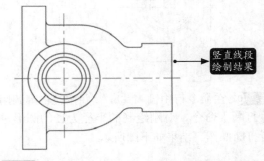

步骤⑮ 在命令行中输入"cha"并按空格键调用【倒角】命令，将倒角距离设置为1.5，命令行提示如下。

命令：CHAMFER
（"不修剪"模式）当前倒角距离 1 = 0.0000，距离 2 = 0.0000
选择第一条直线或 [放弃 (U)/ 多段线 (P)/ 距离 (D)/ 角度 (A)/ 修剪 (T)/ 方式 (E)/ 多个 (M)]: d
指定 第一个 倒角距离 <0.0000>: 1
指定 第二个 倒角距离 <1.0000>: 1
……   // 选择倒角的线段
对下图所示的两个位置进行倒角。

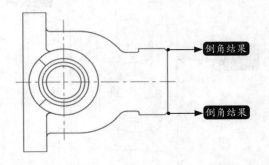

3.完善细节

步骤01 在命令行中输入"c"并按空格键调用【圆】命令，命令行提示如下。

> 命令：_circle
> 指定圆的圆心或[三点(3P)/两点(2P)/切点、切点、半径(T)]：//捕捉半径为18的圆形的圆心
> 指定圆的半径或[直径(D)] <27.5000>：12

结果如下图所示。

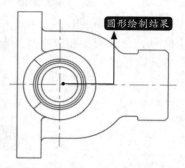

步骤02 在命令行中输入"br"并按空格键调用【打断】命令，对刚绘制的半径为12的圆形进行打断操作，结果如下图所示。

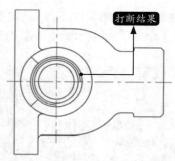

步骤03 在命令行中输入"o"并按空格键调用【偏移】命令，将最左侧的竖直线段向右侧分别偏移53、59、74，结果如下图所示。

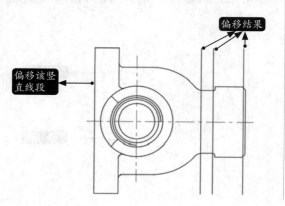

步骤04 在命令行中输入"tr"并按空格键调用【修剪】命令，对偏移得到的3条竖直线段进行修剪操作，结果如下图所示。

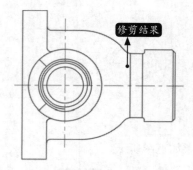

步骤05 在命令行中输入"o"并按空格键调用【偏移】命令，将水平中心线分别向上下两侧偏移17，并将偏移得到的对象放置到"轮廓线"图层中，结果如下图所示。

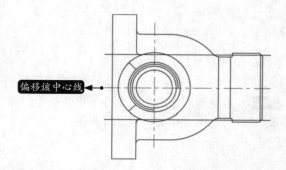

步骤06 在命令行中输入"tr"并按空格键调用【修剪】命令，对偏移得到的两条水平线段进行修剪操作，结果如下图所示。

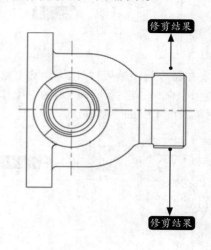

13.2.5　绘制主视图

本实例的主视图是通过将俯视图全剖得到的，下面将综合利用【直线】【矩形】【构造线】【圆】【圆弧】【修剪】【圆角】【倒角】【图案填充】等命令绘制阀体主视图，具体操作步骤如下。

步骤 01 将 "中心线" 图层设置为当前图层，在命令行中输入 "L" 并按空格键调用【直线】命令，在绘图窗口中绘制一条长度为102的竖直线段，并且与俯视图中的竖直中心线对齐，结果如下图所示。

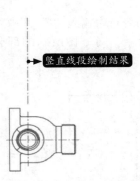

步骤 02 重复调用【直线】命令，命令行提示如下。

```
命令：_line
指定第一个点：fro
基点： // 捕捉 步骤 01 绘制的竖直线段
的下侧端点
< 偏移 >：@-25,41.75
指定下一点或 [ 放弃 (U)]：@83,0
指定下一点或 [ 退出 (E)/ 放弃 (U)]： // 按
【Enter】键结束【直线】命令
```
　　结果如下图所示。

步骤 03 将 "轮廓线" 图层设置为当前图层，在命令行中输入 "XL" 并按空格键调用【构造

线】命令，参考俯视图绘制6条竖直构造线，结果如下图所示。

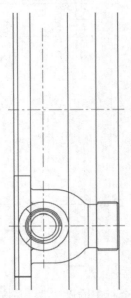

步骤 04 在命令行中输入 "o" 并按空格键调用【偏移】命令，将主视图的水平中心线向上分别偏移16、18、37.5、54、56，向下分别偏移16、18、27.5、37.5，并将偏移得到的水平线段放置到 "轮廓线" 图层中，结果如下图所示。

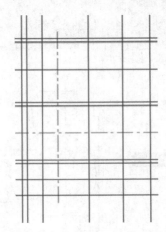

步骤 05 在命令行中输入 "tr" 并按空格键调用【修剪】命令，对 步骤 03 ～ 步骤 05 得到的图形进行修剪，如下页图所示。

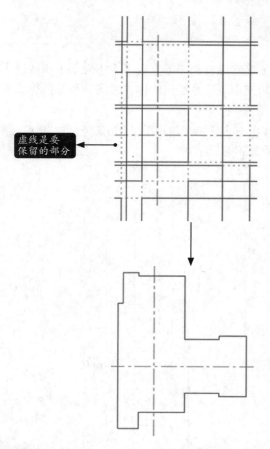

虚线是要
保留的部分

步骤 06 在命令行中输入 "c" 并按空格键调用【圆】命令，命令行提示如下。

命令: _circle
指定圆的圆心或 [三点 (3P)/ 两点 (2P)/ 切点、切点、半径 (T)]: fro
基点: // 捕捉两条中心线的交点
< 偏移 >: @8,0
指定圆的半径或 [直径 (D)] <12.0000>: 27.5

结果如下图所示。

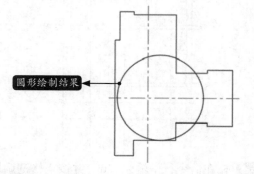

圆形绘制结果

步骤 07 在命令行中输入 "tr" 并按空格键调用【修剪】命令，对图形进行修剪，结果如右上图

所示。

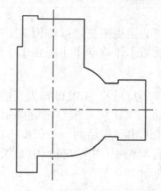

步骤 08 在命令行中输入 "f" 并按空格键调用【圆角】命令，对下图所示的部分图形进行圆角。

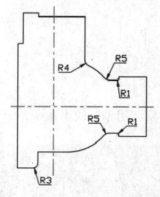

R4 R5 R1
R5 R1
R3

步骤 09 在命令行中输入 "cha" 并按空格键调用【倒角】命令，将倒角距离设置为1.5，对下图所示的部分图形进行倒角。

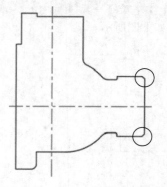

步骤 10 在命令行中输入 "o" 并按空格键调用【偏移】命令，将水平中心线向上下两侧各偏移10、14.25、17.5、21.5、25，并将偏移得到的水平线段放置到 "轮廓线" 图层中，结果如下页图所示。

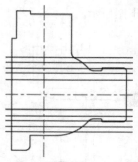

步骤⑪ 重复调用【偏移】命令，将竖直中心线向左侧偏移16，向右侧分别偏移13、20、49，并将偏移得到的竖直线段放置到"轮廓线"图层中，结果如下图所示。

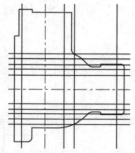

步骤⑫ 在命令行中输入"tr"并按空格键调用【修剪】命令，对 步骤⑩ 、 步骤⑪ 得到的图形进行修剪，如下图所示。

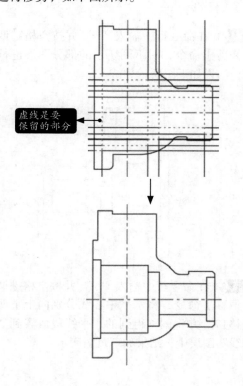

虚线是要保留的部分

步骤⑬ 在命令行中输入"o"并按空格键调用【偏移】命令，将水平中心线向上侧偏移27、40、43、52，并将偏移得到的水平线段放置到"轮廓线"图层中，结果如下图所示。

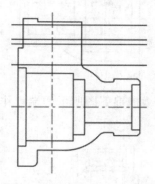

步骤⑭ 重复调用【偏移】命令，将竖直中心线向两侧各偏移9、11、10.65、12.15、13，并将偏移得到的竖直线段放置到"轮廓线"图层中，结果如下图所示。

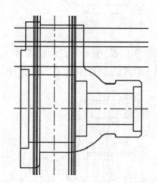

步骤⑮ 在命令行中输入"tr"并按空格键调用【修剪】命令，对 步骤⑬ 、 步骤⑭ 得到的图形进行修剪，结果如下图所示。

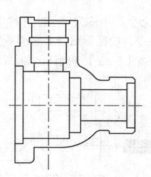

步骤⑯ 选择【绘图】➤【圆弧】➤【起点，端点，半径】菜单命令，捕捉下页图所示的端点作为圆弧的起点。

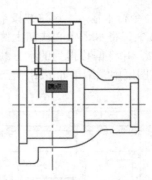

步骤⑰ 继续捕捉下图所示的端点作为圆弧的端点。

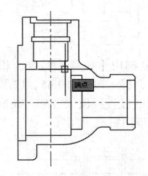

步骤⑱ 在命令行提示下指定圆弧半径为21.5，按【Enter】键确认，结果如下图所示。

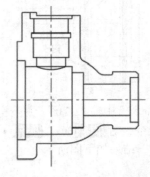

步骤⑲ 在命令行中输入"tr"并按空格键调用【修剪】命令，选择下图所示的水平线段作为修剪的对象，按【Enter】键确认，如下图所示。

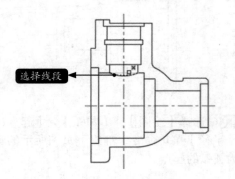

结果如下图所示。

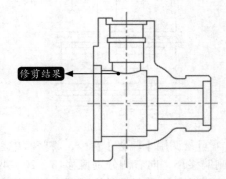

步骤⑳ 在命令行中输入"f"并按空格键调用【圆角】命令，将圆角半径设置为1，模式设置为"不修剪"，对下图所示的部分图形进行圆角。

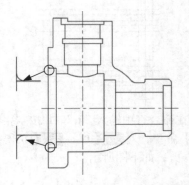

步骤㉑ 在命令行中输入"tr"并按空格键调用【修剪】命令，对下图所示的部分图形进行修剪，结果如下图所示。

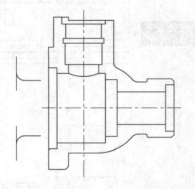

步骤㉒ 在命令行中输入"o"并按空格键调用【偏移】命令，将水平中心线分别向上下两侧偏移17，并将偏移得到的水平线段放置到"轮廓线"图层中，结果如下页图所示。

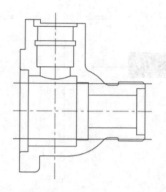

步骤 ㉓ 在命令行中输入 "tr" 并按空格键调用【修剪】命令，对 **步骤 ㉒** 得到的图形进行修剪，结果如下图所示。

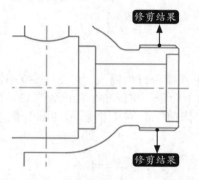

修剪结果

修剪结果

步骤 ㉔ 在命令行中输入 "o" 并按空格键调用【偏移】命令，将右上图所示的两条竖直线段分别向外侧偏移1。

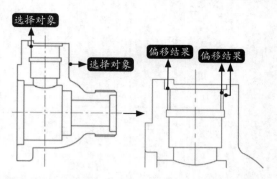

选择对象

选择对象

偏移结果   偏移结果

步骤 ㉕ 将 "剖面线" 图层设置为当前图层，在命令行中输入 "h" 并按空格键调用【图案填充】命令，在弹出的【图案填充创建】选项卡中选择填充图案为 "ANSI31"，填充比例设置为0.7，填充角度设置为0，在绘图窗口中选择适当的填充区域，然后关闭【图案填充创建】选项卡，结果如下图所示。

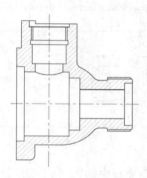

13.2.6　绘制左视图

左视图既要反映阀体的外部结构，又要反映阀体的内部结构，因此左视图采用半剖视图来表达。左视图将综合利用【直线】【构造线】【圆】【偏移】【修剪】【圆角】【图案填充】等命令来绘制，具体操作步骤如下。

步骤 ① 将 "中心线" 图层设置为当前图层，在命令行中输入 "L" 并按空格键调用【直线】命令，在绘图窗口中绘制一条长度为73的水平线段作为中心线，并且与主视图中的水平中心线对齐，结果如下图所示。

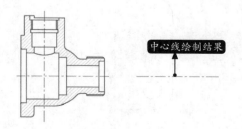

中心线绘制结果

步骤 ② 重复调用【直线】命令，命令行提示如下。

```
命令：_line
指定第一个点：fro
基点：  // 捕捉 步骤 ① 中绘制的水平线
段的左侧端点
＜偏移＞：@41.5,-41.5
指定下一点或 [ 放弃 (U)]：@0,101
指定下一点或 [ 退出 (E)/ 放弃 (U)]： // 按
【Enter】键结束【直线】命令
```

绘制的竖直中心线如下页图所示。

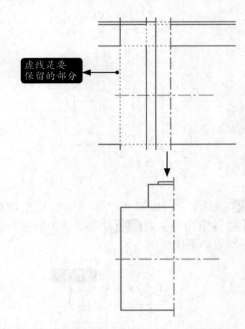

虚线是要
保留的部分

步骤 03 将"轮廓线"图层设置为当前图层，在命令行中输入"XL"并按空格键调用【构造线】命令，参考主视图绘制4条水平构造线，结果如下图所示。

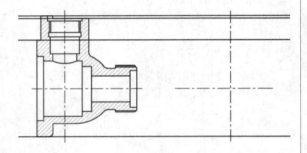

步骤 04 在命令行中输入"o"并按空格键调用【偏移】命令，将左视图中的竖直中心线向左偏移11、18、37.5，并将偏移得到的线段放置到"轮廓线"图层中，结果如下图所示。

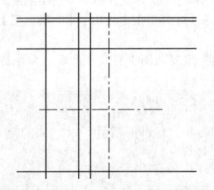

步骤 05 在命令行中输入"tr"并按空格键调用【修剪】命令，对 **步骤 03** 、 **步骤 04** 中绘制的图形进行修剪，如右上图所示。

步骤 06 在命令行中输入"f"并按空格键调用【圆角】命令，将圆角半径设置为13，模式设置为"修剪"，对下图所示的部分图形进行圆角。

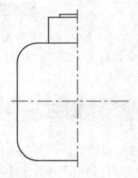

步骤 07 在命令行中输入"c"并按空格键调用【圆】命令，分别捕捉 **步骤 06** 中得到的两个圆弧的圆心作为圆的圆心，圆的半径指定为6，结果如下图所示。

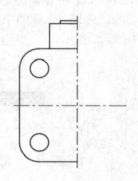

步骤 08 重复调用【圆】命令，捕捉两条中心线的交点作为圆的圆心，圆的半径分别指定为10、17.5、21.5、25、27.5，结果如下图所示。

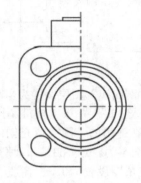

步骤 09 在命令行中输入"tr"并按空格键调用【修剪】命令，对半径为25的圆形进行修剪，结果如下图所示。

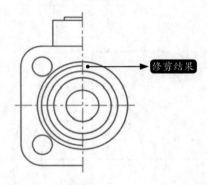

修剪结果

步骤 10 在命令行中输入"XL"并按空格键调用【构造线】命令，参考全剖视图绘制5条水平构造线，结果如下图所示。

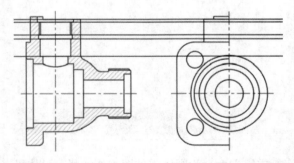

步骤 11 在命令行中输入"o"并按空格键调用【偏移】命令，将左视图的竖直中心线向右偏移9、11、12.15、13、18，并将偏移得到的线段放置到"轮廓线"图层中，结果如右上图所示。

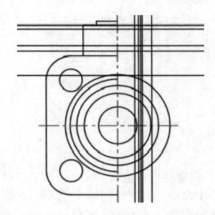

步骤 12 在命令行中输入"tr"并按空格键调用【修剪】命令，对 **步骤 08** ～ **步骤 11** 得到的图形进行修剪，如下图所示。

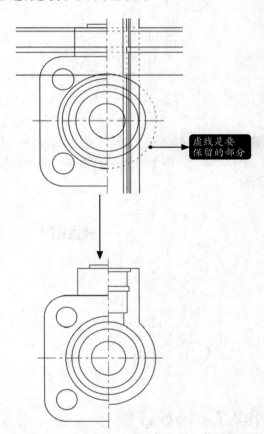

虚线是要
保留的部分

步骤 13 在命令行中输入"c"并按空格键调用【圆】命令，捕捉半径为6的圆形的圆心作为圆心，圆的半径指定为6.5，结果如下页图所示。

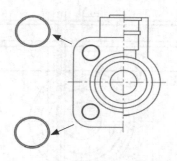

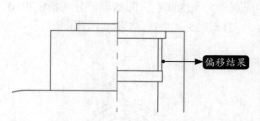

结果如下图所示。

偏移结果

步骤⑭ 在命令行中输入"br"并按空格键调用【打断】命令，对刚绘制的半径为6.5的圆形进行打断操作，结果如下图所示。

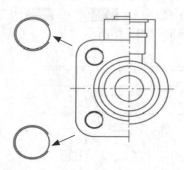

步骤⑯ 将"剖面线"图层设置为当前图层，在命令行中输入"h"并按空格键调用【图案填充】命令，在弹出的【图案填充创建】选项卡中选择填充图案为"ANSI31"，填充比例设置为0.7，填充角度设置为0，选择适当的区域进行填充，然后关闭【图案填充创建】选项卡，结果如下图所示。

步骤⑮ 在命令行中输入"o"并按空格键调用【偏移】命令，将下图所示的竖直线段向右侧偏移1。

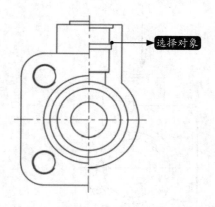

选择对象

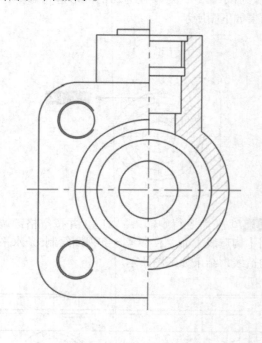

13.2.7 添加注释

下面将综合利用尺寸标注、插入图块以及【多行文字】命令为阀体零件图添加注释，具体操作步骤如下。

步骤 01 将"标注"图层设置为当前图层，选择标注命令，为阀体零件图添加相应的尺寸标注，结果如下图所示。

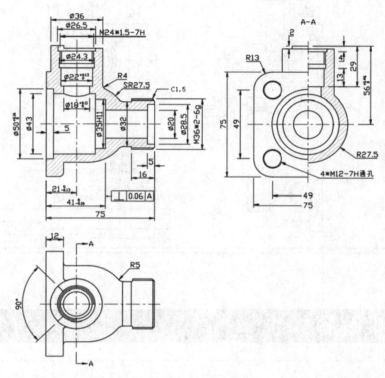

步骤 02 利用插入图块命令插入"粗糙度2"和"图框2"图块，结果如下图所示。

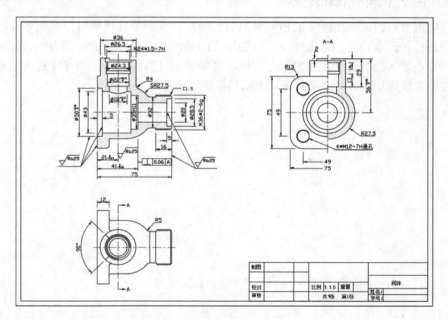

步骤 03 将"文字"图层设置为当前图层，在命令行中输入"t"并按空格键调用【多行文字】命令，文字样式选择"机械样式2"，文字高度设置为5，输入适当的文字内容，结果如下页图所示。

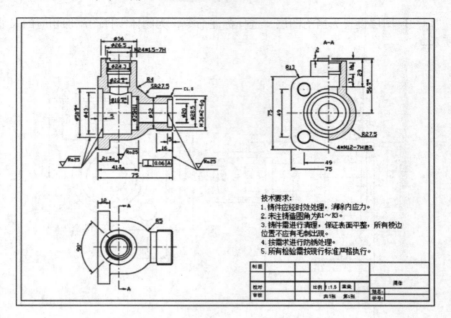

疑难解答

如何理解机械设计过程中的优化设计

　　机械优化主要是指采取措施不断地完善当前的内容，在这个过程中可以采用专业的知识确定设计的限制条件和追求目标，从而确立设计变量之间的相互关系，然后根据力学、机械设计基础知识和各类专业设备的具体知识来推导方程组，进而编制计算机程序，用计算机求出最佳设计参数。优化的根本目的是在满足要求的基础上以最低成本实现最佳性能。